普通高等教育艺术设计类·新形态教材·

环境艺术设计专业省级教学资源库专业核心课教材

重庆市高等学校精品视频公开课教材

环境艺术模型设计制作实战

实践教学 微课视频版

主　编　龚　芸　徐　江

副主编　陈一颖　张　琦　张　佳

　　　　葛　璇　刘　更

中国水利水电出版社

www.waterpub.com.cn

·北京·

内 容 提 要

模型制作作为环境艺术专业必不可少的核心课程，是培养学生空间构思能力和造型能力的重要途径。本教材结合教学和实践经验编写而成，注重对课程实践教学的适用性，强调学生实际动手能力的锻炼和职业素质的提高，内容从真实案例展开，详细介绍环境艺术模型的类别、历史沿革、作用、材料及加工工艺流程等知识。全书共7章，主要内容为：概述，模型制作前期准备，景观模型设计与制作实战，建筑模型设计与制作实战，室内环境模型制作实战，模型后期处理，模型作品欣赏等。书后还附有学习评价表。

本教材为纸数融合新形态一体化教材，配有丰富的实践教学视频、图片、多媒体课件、自测试卷、虚拟仿真资源、课程标准等教学资源。

本教材可供普通高等院校环境艺术设计、室内设计、景观设计、建筑设计等相关专业的师生使用，也可供模型设计制作从业人员参考。

图书在版编目（CIP）数据

环境艺术模型设计制作实战 : 实践教学微课视频版 / 龚芸，徐江主编. -- 北京 : 中国水利水电出版社，2020.3（2025.1 重印）.
普通高等教育艺术设计类新形态教材　重庆市高等学校精品视频公开课教材
ISBN 978-7-5170-7775-6

Ⅰ. ①环… Ⅱ. ①龚… ②徐… Ⅲ. ①环境设计－模型－制作－高等学校－教材 Ⅳ. ①TU-856

中国版本图书馆CIP数据核字(2019)第131420号

书　名	普通高等教育艺术设计类新形态教材 重庆市高等学校精品视频公开课教材 **环境艺术模型设计制作实战（实践教学微课视频版）** HUANJING YISHU MOXING SHEJI ZHIZUO SHIZHAN （SHIJIAN JIAOXUE WEIKE SHIPINBAN）
作　者	主　编　龚　芸　徐　江 副主编　陈一颖　张　琦　张　佳　葛　璇　刘　更
出版发行	中国水利水电出版社 （北京市海淀区玉渊潭南路1号D座　100038） 网址：www.waterpub.com.cn E-mail：sales@mwr.gov.cn 电话：（010）68545888（营销中心）
经　售	北京科水图书销售有限公司 电话：（010）68545874、63202643 全国各地新华书店和相关出版物销售网点
排　版	中国水利水电出版社微机排版中心
印　刷	清淞永业（天津）印刷有限公司
规　格	210mm×285mm　16开本　11.25印张　326千字
版　次	2020年3月第1版　2025年1月第3次印刷
印　数	6001—9000册
定　价	**73.00**元

编委会

主　编　龚　芸（重庆工商职业学院）

　　　　徐　江（重庆工商职业学院）

副主编　陈一颖（重庆工商职业学院）

　　　　张　琦（重庆工商职业学院）

　　　　张　佳（重庆工商职业学院）

　　　　葛　璇（重庆工商职业学院）

　　　　刘　更（重庆工商职业学院）

参　编　何跃东（重庆工商职业学院）

　　　　张　驰（重庆工商职业学院）

　　　　陈倬豪（重庆工商职业学院）

　　　　李春涛（重庆建工集团股份有限公司设计研究院）

　　　　王暑丰（重庆大学建筑规划设计研究总院有限公司）

　　　　许汝才（重庆格列福装饰设计有限公司）

　　　　桑　见（重庆琅筑园林景观设计有限公司）

　　　　许荣华（重庆地景图文有限责任公司）

　　　　陈哲鑫（重庆艺咖源数字传媒有限公司）

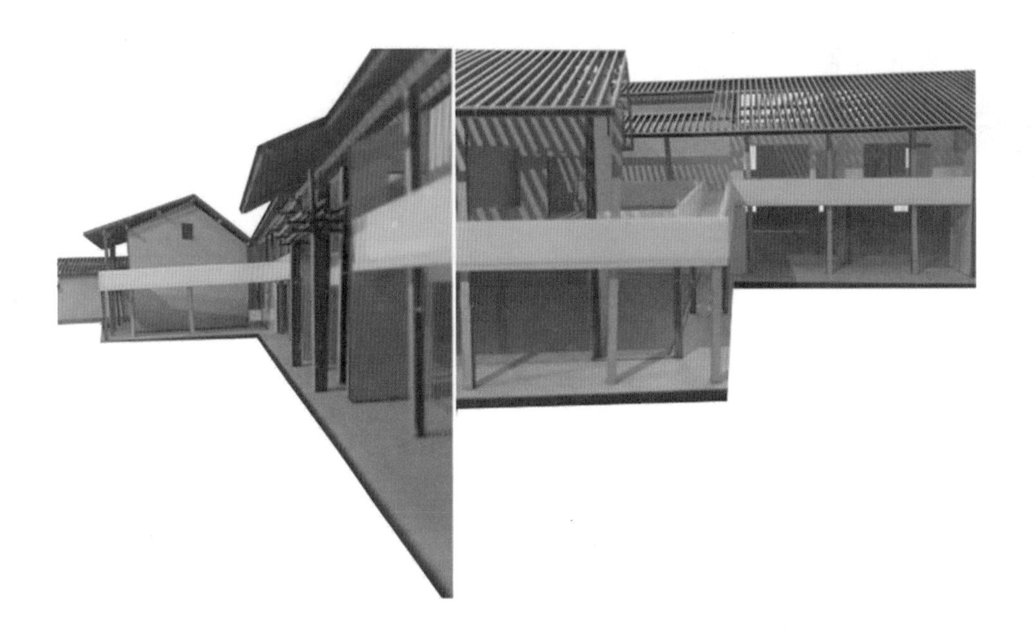

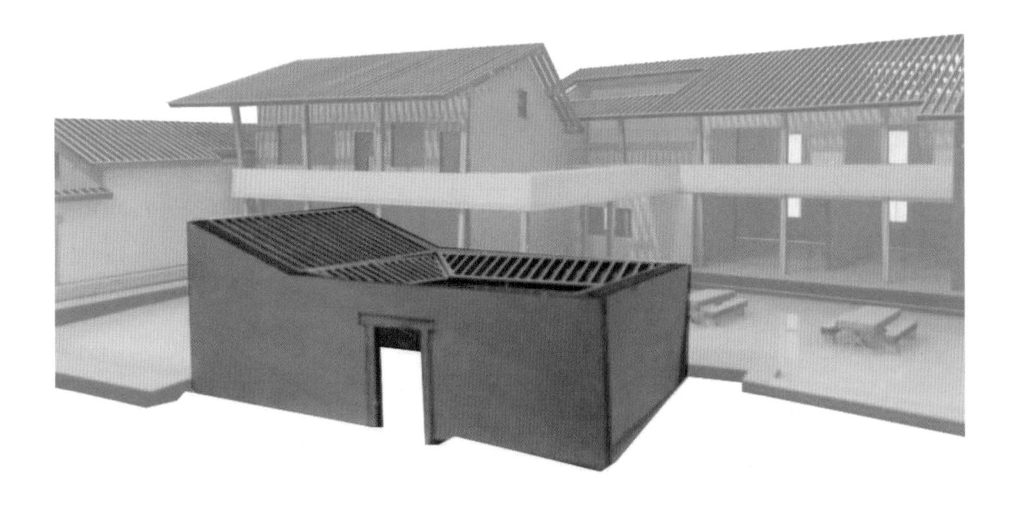

序一

2012年秋，重庆工商职业学院举办“全国高校环境设计专业学生作业竞赛获奖作品展览”，本人应邀作为论坛演讲嘉宾出席。会期，对该校的环境艺术专业学科有了一个出乎意料甚至惊人的认知。一个专科职业学院在全国性的设计竞赛中获得优异的成绩，并得到教育部的奖励和支持。这些也为该校卓有成效的开展设计课程以及本教材的编著出版提供有力的支撑和保证。

本教材相比其他版本的设计模型教材，最大特点与优势是对模型设计与制作实践环节的逻辑性和可操作性进行理性分析与步骤分解，介绍了新材料、新技术、新工艺，使学生更多地掌握新知识、新技术，其内容翔实、图文并茂，易学、易懂、易操作。为此，本教材还运用二维码扫描的新科技获取模型制作的动态演示，使那些复杂、繁冗的实作过程一目了然。

教材目录中出现频率最高的一个词——“实战”，体现了本教材的又一大特点。一切从实战出发，这是中国女排多年来的制胜法宝，也是当下作为职业院校培养人才的指导方针、广泛运用于培养工匠精神的一种途径和方法，还是本教材编写过程中反复强调的“动脑”与“动手”相结合、理论联系实际这一基本原则的深刻体现。

本教材的编著者大多来自于具有十多年教学经历和设计实践的青年骨干教师，他们以极强的事业心和责任心投入本教材的编写与制作。书面上的每一段文字、每一帧图片都渗透着他们的汗水与泪水。此外，为本教材做出贡献的还有那些书中制作模型的同学们，大量的手工操作或制作完成的模型都展现出同学们的实践成果。

为此，我在这儿向编著本教材的各位老师与学生致敬，感谢他们将这部精彩而具有实用价值的《环境艺术模型设计制作实战》呈现在广大读者面前。

重庆大学建筑城规学院教授

2019年冬于重庆

序二

环境艺术设计是一门复杂而且综合性很强的学科，无论是与景观设计还是与室内设计相关的诸多因素，都需要转化体现在设计成果的物质形态中。换言之，无论是景观设计师，还是室内设计师，都需要把场地的气候条件、地形特征、历史文脉、功能要求以及建设的技术手段、成本预算等因素与最终形成的形式关联起来。而最终物质形式的实体与空间又是判断设计是否合理的一个重要标准。因此，环境艺术设计师必须是处理三维形体与空间的专家。同样，形体与空间研究在环境艺术设计教学中有着举足轻重的作用，是环境艺术设计研究的主要对象，也是使设计对象、设计要求介入创意的桥梁与纽带。采用什么样的方法训练学生研究空间的能力，学生该如何去研究空间，这些问题非常值得我们探讨。

模型制作是一种长期被广泛使用的三维设计方法。模型制作以展示实体与空间为特长，以特有的表现方式向人们展现立体空间的视觉形象，可将设计者的设计理念、预想效果实体化。且实体化后，可对预想中的空间设计、形态设计做有效的实际的检验，从而确定设计的合理性与可行性。所以，模型制作能有效地帮助设计师以及在校的学生进行三维视觉判断。

《环境艺术模型设计制作实战》正是基于这一目的编撰而成，书中通过讲授各种景观、建筑及室内模型的制作方法实例，阐述了环境艺术模型的制作规律和注意事项，启发读者从设计师的角度来思考模型制作的问题与策略，对环境艺术设计人员在设计过程中进行三维视觉判断起到直接促进作用。该书以环境艺术设计专业主要面向的景观、建筑和室内三个方向来划定模块，每个模块又以典型实际项目为依托，所讲授的案例丰富，图文并茂且通俗易懂，能有效地帮助学习者由浅及深、循序渐进地掌握环境艺术模型的制作方法。同时，该书特别强调秉承中国传统空间设计理念和结合当代新的设计思维完成方案的设计与制作，让学习者能切身体会我国传统建筑空间、结构等方面的魅力，坚定文化自信的同时又与时俱进，运用新材料、新工具、新工艺，探索模型制作的新途径。该书还顺应信息化发展的潮流，以纸书为核心、数字化教学资源为辅助，通过纸书＋数字化视频资源的一体化设计，充分发挥纸质教材体系完整、数字化资源呈现多样化和服务个性化的优势，形成相互配合、相互支撑的知识体系，并通过二维码等网络技术建立纸质教材和数字化资源的有机联系，支持学习者使用移动终端进行学习，提高了该书的适应性和服务课程教学的能力。

该书由重庆工商职业学院传媒艺术学院一支中青年教师队伍与其校企合作单位历时多年编写完成。书中介绍的实例均是该团队带领学生完成的毕业设计作品。从这些实例中不难看出，其教学模式真正是通过“教师教，学生做，企业人员带”三个层次来贯彻实行的，切实体现了“工学结合”的职业教育特色。教师与学生对待课程的认真程度令人欣慰，作品也令人动容，这也是我一直欣赏他们的原因。

四川美术学院建筑与环境艺术学院院长

2019 年冬于重庆

前言

模型制作是高等教育环境艺术专业必不可少的核心课程，是培养学生空间构思能力和造型能力的重要途径。设计者通过模型的制作可以“无界化”地体验设计，更好地从三维的视角去表现设计思想，感知立体空间关系，甚至能使错综复杂的空间问题得到恰当的解决，从而使得设计更具科学性、可靠性和可预见性。

我们结合多年的教学和实践经验，以《景观与室内模型制作实战》教材为基础，重新组织内容和案例，并引入大量的数字化内容，精心编写了这本《环境艺术模型设计制作实战》教材。本教材引入移动互联网和数字技术，将纸书内容与数字资源一体化，可在移动终端上灵活阅读使用。教材融合了文字、图片、视频等多媒体素材，为学生自主学习提供完整、便捷的内容查询和生动、详细的视频演示功能，让教、学、做更接地气。

本教材依托校企共同研发项目和引进项目，以真实项目案例为载体，将文化自信自强、中华优秀传统文化传承、人与自然和谐共生、社会主义核心价值观、科技创新、劳动精神和工匠精神等思政元素浸润于模型制作实战之中，通过模型制作，让学生感受不同景观、建筑、室内风格之美，并具体体悟模型所蕴含的精妙文化，潜移默化地提升思想认知水平、提高职业素养、增强职业技能。书中大量完整的实践性教学案例全面系统地讲解了从设计方案到模型制作的过程，包括制作要求和所需材料、工具以及不同阶段模型制作的处理方法等，强调模型制作的可操作性和实践性，又以特殊工艺、后期处理技术等内容作为补充，构成一个完整的环境艺术模型教学知识体系。配套的教学实践视频则直观、生动地表现了模型设计与制作的知识和技能，能够充分激发学生自主学习的兴趣和动力。

教材主要内容如下：

第 1 章——概述。介绍模型制作的有关概念、模型制作的历史形成与发展概况。

第 2 章——模型制作前期准备。从模型制作的前期准备工作入手，从模型制作的材料、工具、场地要求 3 个方面展开详细的阐述。

第 3 章——景观模型设计与制作实战。深入介绍从理解设计图纸到空间景观制作的过程。通过完整的模型制作实践，了解模型制作流程，全面地表现不同类型的景观设计方案。

第 4 章——建筑模型设计与制作实战。以独特的视角划分三类建筑模型，并循序渐进地讲解了各个步骤中建筑模型制作的工具、材料以及方法。

第 5 章——室内环境模型制作实战。着重用 5 个实战案例阐释了从材料的选择到切分，再到墙体、家具等室内各个部件的制作，以及最后室内模型组装成型的全过程。

第 6 章——模型后期处理。介绍了模型拍摄的方法以及后期的保存。

第 7 章——模型作品欣赏。展示了优秀的景观规划模型、景观模型、建筑模型、室内模型等。

附录提供了学习评价表，包含学生自评、教师评价和企业评价三个方面。在教学实践中，可根据课程教学实际对评价项目及比例进行调整，围绕“立德树人”的价值取向对学生的学习过程和学习成果进行多维度的评价。

本教材由龚芸、徐江担任主编并负责全书的整理工作，陈一颖、张琦、张佳、葛璇、刘更担任副主编。书中的模型制作实例，均由重庆工商职业学院环境艺术设计专业的教师和学生共同完成。在编写过程中，得到了重庆工商职业学院郭庆教授、陈丹教授以及行业内一些企业和朋友的大力支持，在此深表谢意！环艺教研室的各位老师在书稿编撰过程中提供了帮助，他们积极参与讨论，为书稿收集整理资料提供了许多有效的方法，使本书的内容更加丰富。还要感谢夏伟、杨怀建、李梅梅等制作模型的同学们，他们的鼎力支持使得本教材得以顺利完成！

教材中的视频由学校老师和同学们自己拍摄，我们是想通过自己的记录给读者展现真实的模型制作过程。

由于编者水平有限，书中难免有疏漏和不妥之处，敬请读者批评指正。

编者

2019 年 9 月

目录

第1章　概述

1.1　模型的概念

模型的概念，可简单定义为：依据某一种形式或内在的比较联系，进行模仿性的有形制作。模型是一种表达形式，是所研究的事物、概念、系统或过程的表达形式，也可指根据实验、图样放大或缩小而制作的样品以及用于展览、实验或铸造机器零件等用的模子。121 年成书的《说文解字》中有这样的描述：以木为法曰“模”，以土为法曰“型”。即在营造构筑之前，利用直观的模型来权衡尺度、审时度势，虽盈尺而尽其制。根据《辞海》的解释，模型就是根据实物、设计图纸、设想，按比例、生态或其他特征支撑的同实物（或虚物）相似的物。环境艺术模型是用于景观设计、建筑设计、园林设计、室内设计思想的一种形象的艺术语言，所表现的是设计者对空间的设计展示。它既是设计者进行创作的一个重要手段，同时也是设计者与大众交流的一种重要工具。模型是采用便于加工而又能展示环境质感并能烘托环境气氛的材料，按照设计图、设计构思，以适当的比例制成的缩样小品（图 1.1）。

第 1 章课件

图 1.1　景观规划模型

1.1.1　范围

环境艺术模型介于平面图纸与实际立体空间之间，是一种三维的立体模式。它把平面图纸与立体空间有机地联系在一起。它既是设计者设计过程的一部分，同时也属于设计的一种表现形式，被广泛应用于城市建设、房地产开发、商品房销售、设计投标与招商合作等方面。从设计类院校来说，越来越多地把模型设计与制作作为培养学生设计能力的一种有效途径，可见其重要性是不言而喻的。

环境艺术模型既是设计者设计创作工作中不可或缺的部分，对设计效果起到直观的反映作用，和效果图的作用没有什么区别，同时它又是设计者与大众交流的一种重要工具。设计者不仅要自己动手制作模型，而且要把自己的想法融入到模型当中，解决在平面图纸上无法解决的问题。因此，设计者要充分发挥空间想象能力，以求得最佳的设计方案。从小的方面，环境艺术模型包括建筑局部、内部，乃至周围景观的细部表现；从空间关系上，它不仅要表现景观的空间地形关系、建筑的外部造型，还包括表现建筑室内空间的表达。从注重建筑的朝向、通风、采光，转向注重外立面的艺术设计形式，由室内转向室外的相关环境、功能的配套，这些都无法从平面图上反映出来，因此通过实体再现各个方面的联系，是保证设计成功的必备条件之一（图 1.2）。

图 1.2　精致的室内模型

1.1.2　特征

模型是设计者与业主之间进行交流的重要工具之一。模型逼真的色彩与材料、仿真的环境氛围、建筑室内外空间的比较和模型细部的装饰，都为设计者提供了最有力的表现方法。模型制作是专业训练与创作过程的一部分，它的审美系统仅向理解这一系统的人开放。在这个范围内，模型不仅仅是制作，更是创造。

模型的制作技艺在不断发展，制作材料的品种也在不断增多。常见制作材料有木材、纸张、玻璃、金属、塑料、有机化合物等。表面处理手段（如镀层、喷涂、模压）的发展，加工机械（如切割机械、磨削机械、焊接机械）的完善，胶粘剂种类的丰富，使得模型制作更加方便，模型更加精致，更接近设计者的构想，从而达到使设计日臻完善的目的。

1.2　模型的产生

中西方的模型制作都有悠久的历史，但模型用途有所不同。不过，随着时代的发展，模型最终都成为中西方社会产品制作的重要辅助工具。

西方在古希腊、古罗马时期开始出现神庙建筑的小尺度模型。西方建筑有传承雕塑和绘画的历史，所以西方人非常注重模型的辅助设计作用。人类使用模型进行建筑设计创作，最早记载于哈罗多特斯《达尔菲神庙模型》一书，但直到 14 世纪，欧洲才开始将这种创作手段应用于建筑设计实践。从早期文艺复兴时起，建筑模型较广泛地应用于表现建筑和城市设计构思，尤其是用于防御性的城堡（如15世纪建成的卢昂圣马可教堂、1502年建成的雷根斯堡的斯赫恩·玛利亚教堂和约1744年建成的维尔泽哈林根的朝圣教堂等）设计。《布鲁乃列斯基的生平》一书中提到了人们对模型的应用，还提到在建造穹顶的过程中，布鲁乃列斯基如何用模型与迷惑不解的石匠们交流复杂的结构外形。今天，当人们仰望大穹顶的时候，仍然会为它的规模和比例而倾倒。19世纪后期，以安东尼奥·高迪为代表的建筑师开始以实体模型为工具辅助设计，并发展出一套建筑分析语言。20世纪二三十年代，包豪斯学校及以柯布西耶为代表的建筑师们逐渐重视实体模型在设计中的作用，并将其作为建筑学教育和实践不可或缺的组成部分。

中国的建筑模型发展较早，最早的建筑模型见于汉代。汉代陶楼（图1.3）作为一种“明器”，以土坯烧制而成，外观摹仿木构楼阁，十分精美。它是一种随葬品，但完全可以反映当时的社会生活风貌，是考古研究的重要佐证。沙盘的制作在中国有着悠久的历史。据文献记载，秦在部署灭六国时，秦始皇亲自堆制反映各国地理形势的军事沙盘。后来，秦始皇在修建陵墓时，堆了个大型地形模型。模型中不仅砌有高山、丘陵、城池等，而且还用水银模拟江河、大海，用机械装置使水银流动循环，可以说，这是最早的沙盘雏形，至今已有2200多年历史。中国南朝宋范晔撰写的《后汉书·马援传》中记载有汉建武八年（公元32年）光武帝征伐天水、武都一带地方豪强隗嚣时，大将马援“聚米为山谷，指画形势”，使光武帝顿有“虏在吾目中矣”的感觉。

图1.3 汉代的陶楼

第一次世界大战以后，沙盘得到广泛应用。随着电子计算技术的发展，出现了模拟战场情况的新技术，为研究作战指挥提供了新的手段。

到了现代，随着建筑行业和房地产行业的飞速发展，建筑环境模型设计制作也随之发展起来，并逐步发展成为一个新兴的行业。模型制作公司、展览服务公司、建筑设计公司、房地产开发公司等对模型制作人才的需求越来越大，然而目前，模型制作从业人员的素质参差不齐，尚不能满足行业的人才需求。目前虽然还没有专门的建筑环境模型制作专业出现，但大部分大专院校已经开设模型制作类课程，作为环境艺术设计专业学生的专业选修课，以拓宽学生的就业面。

1.3 模型的分类

由于在设计全过程中，模型能与不同设计环节相对应，所以必然会形成不同类型的模型。因此，模型具有多样性、复杂性的特点。模型的种类很多，很难从一个角度对其进行全面的分类归纳。当我们观察设计主题时，模型可以作为形式和形式间辨识和分析的工具。常见的模型分类主要有以下几种：

（1）从表现形态的角度分类，模型可分为地形模型、建筑主体模型、电脑制作模型。

（2）从用途的角度分类，模型可分为设计模型（工作模型）、施工模型、展览模型（成果模型）、销售模型、报建模型、投标模型（方案模型）等。无论哪种类型的模型，都是平面向立面的转化，即把图纸上的平面、立面垂直发展成为三维空间形体，来形象地表达设计者的思想。

（3）从内容的角度分类，模型可分为建筑模型、小区模型、都市模型、园林模型、室内模型、家具模型、车船模型、港口码头模型、桥梁模型。

（4）从时代的角度分类，模型可分为古建筑模型、现代建筑模型、未来建筑模型等。

（5）从技术的角度分类，模型可分为传统模型、数字化沙盘、多媒体模型、虚拟漫游、半境画模型、互动投影沙盘等。

（6）从材料的角度分类，模型可分为木质模型、水晶模型、ABS 树脂模型、金属模型等。

模型的设计表现有多种方法，相关术语在不同的领域有时说法不一。为了更好地把握模型的根本特点，就需要从模型本身的功能特性和表达的内容对象两方面考虑来进行分类。下面，我们按照模型在设计工作不同阶段所起的作用和表现特性，对模型进行分类，目的是加强人们对模型表现与设计内在联系的认识。

模型是设计的方法和过程。模型表现既反映设计的阶段性，又体现了不同的传达交流对象：一类是设计过程的表现，是产生与交流设计思想的一种手段，其交流的对象主要是业内人士；另一类是设计结果的表现，其交流的对象主要是业主和公众。因此，在这些重重叠叠的模型类群中，我们主要讨论以下两种基本类型：①从设计过程划分——设计性模型；②从模型的表现目的划分——表现性模型。

1.3.1 设计性模型

模型表现是设计过程的一部分，是景观与室内环境设计实践的一种手段。设计性模型与设计进展的阶段有关，它们随时表达出设计上的可变动性。模型思维是设计者工作的一种方法，设计者所进行的设计是一个空间设计的过程，它不同于其他种类的设计（如商标设计、服装设计等），而且它的成品不可能 1∶1 地制作完成后再做修改，所以需要按一定比例制成模型，把构思在施工之前表现出来，再经过反复推敲，不断修改，以求得最佳视觉效果。

在设计过程中，模型不仅能表现建筑的未来空间，反映平面图纸上无法反映的问题，而且能充分发挥建筑师的空间想象力，节省实验工作时间，甚至能使错综复杂的空间问题得到恰当的解决。另外，与图示表现相比，空间表现（模型）更容易向业主展示设计者的构思。

模型通常按照一定的设计图纸制作，与设计图的 3 个阶段（概念草图、方案设计和施工图阶段）相对应。无论哪种模型，都是对平面、立面图的转化，即把在绘图版上设计出的平面图、立面图垂直发展成三维空间形体来形象地表达建筑。模型制作中，一般先用墙和构件把建筑的各个面同时装配起来，然后在顶部像加盖子一样加上屋顶，就形成了建筑的基本形态。在这个过程中，最重要的空间塑造要素是房屋的实际尺寸，平面图提供了地平面以上的细部划分和内外墙体的位置，立面图提供了门窗和饰件的大小及位置。

设计过程中使用的概念模型、扩展模型和最终模型，均可被称为研究模型或工作模型。它们的作用是使设计者通过模型思维产生设计思想。作为进一步研究探索的阶段性辅助设计工具，无论模型的形态如何，这些称谓不同的设计模型，都意味着设计思想处在进一步的发展与完善的过程中。

设计性模型主要包括概念模型、扩展模型和最终模型三类，它们分别对应于设计工作的三个阶段。

第一阶段：草案概念草图——概念模型；

第二阶段：设计方案设计——扩展模型；

第三阶段：执行实作平面图——最终模型。

作为设计表现的一种手段，概念模型、扩展模型与最终模型三者之间既有区别又互有联系，分开描述的主要目的是强调模型在设计过程中的不同作用，以便更好地利用它们为方案设计服务。

1.3.1.1 概念模型

概念模型，顾名思义就是当设计构思还处在较为朦胧的状态时，以简单和易于加工的材料快速地加减和群体的组合、拼接为手段制作完成的一种模型形式，相当于完成设计的立体草图。只是以实际的制作代替用笔绘画，其优越性显而易见。在高校，概念模型一般主要为教学所用。在大专院校建筑专业的学习初期，教师先用概念模型做示范性讲解，然后要求学生自己动手制作。制作概念模型的常用材料有 KT 板和卡纸，这些材料易于切割和黏结，制作简单，无需专业培训和操作机具。模型也只用来表示构件间的关系，为后续设计中的布局设计铺垫基本认识。

在设计公司，概念模型是设计者的一种工作模型。设计建筑模型时，可做体块模型来辅助表现；分析结构时，可做框架模型来解剖结构；推敲内部空间时，可做剖面模型来展示结构；布置周围环境时，可做沙盘模型来布局。

模型是按照设计图纸来制作的，而设计图纸需要根据设计任务的要求（如面积、功能、高度、形式和风格等）解决建筑物的问题，设计者根据基本要求构思出空间结构并绘出初步草图（初步草图可以是平面图，也可以是立面图），然后以此为基础，横向或纵向发展形成空间立体形式。按照初步草图可以制作出初步模型。概念模型往往捕捉住了设计者最重要的第一灵感，在设计思想产生与发展的过程中有不可忽视的作用。概念模型具有朴实无华、概括性和随意性等特征，通常采用简单的方法和易于加工的材料快速加工而成。它可协助设计者动态、立体地观察和修改设计对象，分析体量、尺度，进一步论证设计的可行性。它还可作为回顾之用。也就是说，在设计项目完成或正在实施时，概念模型可以作为建筑构思形成过程的佐证。

概念模型是在建设工程的设计初始阶段制作的，用来研究抽象特性（例如物质属性、基地关系）和解释设计主题的模型（图 1.4）。这类模型可以看作是概要模型的一种特殊形式，常被用作“遗传编码”来获悉建筑学的方向。在环境艺术设计中，概念模型伴随着设计思维的形成与发展，设计者可以直接在二维和三维空间中展开设计。尽管模型的比例较小，但可帮助设计者思考，使设计概念经过再三推敲、逐步完善而成型。在这一过程中，设计者自始至终都有从多个设计思路中选择的余地，如果设计构思只局限在二维图纸上，设计者就不会有如此多的选择。

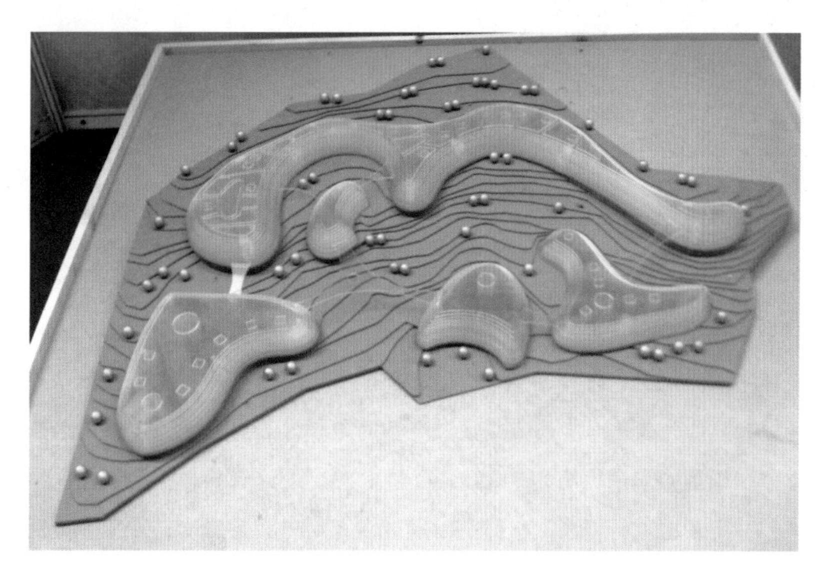

图 1.4 概念模型

作为研究模型和过程模型，概念模型体现出极强的概括性、示意性、随意性的特征。因此，概念模型只具粗略的大致形态，大概的长、宽、高和凹凸关系，用来协助设计者立体地、动态地观察和处理设计对象，把握大的体量和尺度，论证由概念衍生出造型的多种可能性。制作时，侧重表现整体形态和空间体量关系，不拘细节，比例要求不高，不必表现细部装饰、线条、色彩。一般而言，概念模型是针对某一个设计构思而展开的，所以通常会制作多个形态各异的模型，作比较、研讨和评估之用。

通常，概念模型都是快速地制成，用于激发灵感，所以常用简单的方法和易于加工的材料快速制作。它还具备快速修改的特点。设计对象使用的材料也被象征性地表现出来，以便设计者检验建筑构思各个组成部分之间的关系。所以，从概念模型中能提炼出最基本的设计灵感，捕捉到最重要的第一感觉，在产生与发展设计思想的过程中，它是一个不可多得的法宝。概念模型有体块模型、结构模型两种主要表现形式。

1. 体块模型

"体块"是模型中最基本却又最抽象的单元，其大小是相对的，形状也只是一种示意，用于区别事物。抽象的构思可以通过体块模型渐渐变得清晰、明朗，并可触摸。当一个体块系统建立后，它就提供了一个允许其他制作手段与内容介入的平台。

体块模型是造型设计与形体组合的设计模型，它以单体的加减和群体的拼接为设计手段，用作推敲和完善设计方案。它是整个形体组合的过程模型，仅采用有限的色彩、概括的手法刻画出建筑形体。这种简化的形式深受广大设计者的钟爱。它常用单一的色彩和材料制成，几乎没有任何表面的细部处理，只具有抽象的形象。体块模型和场地模型常被组合在一起共同发挥作用——构成三维空间的幻想图，用于研究设计对象与周围环境的相互关系以及人们在其中活动的范围（图 1.5）。

图 1.5　体块模型

体块模型常用于方案构思阶段，直观地表现设计者的初步思想，可依据初步草图快速、简单地制成。它们可随时表达设计中的变化性。设计过程中的概念模型、扩展模型均可体现为体块模型的形式，目的都是通过模型思维产生设计思想。作为为进一步研究探索做准备的阶段性工具，无论体块的形态如何，这些模型都仅表示设计的发展过程。体块模型的常用比例为 1：400 ～ 1：200。设计者参与模型制作时，根据要求和现场条件布置构筑物的体量构件，并不断地进行修改，核算空间尺寸，直到方案完成。待方案完成后，体块模型即失去作用，需另做标准模型参与投标。

体块模型不仅要表现构筑物本身，还要表现周围环境。对于构筑物本身，按色彩分为两种表现形式：一种为单色系（或极少色）；另一种为自然色系。单色系模型基本采用一种颜色（白色或其他浅色），门窗与墙面用表面凹凸手法表示。当门窗玻璃采用透明材料时，必须做出内部的楼板，竖向隔墙和柱要按要求全部做出或做出局部或省略不做。模型整体应有美学意境，与众不同，以便在投标和学术研讨时脱颖而出。自然色系模型要尽量全面、真实地反映未来构筑物，选用色彩与所用材质的颜色相符，但应注意和谐统一，不可花哨。制作材料一般采用泡沫块、卡纸和软木。应用这些材料主要是便于修改。有机玻璃、胶板等定性材料用得不多。所需工具也不复杂，加工泡沫块用电热切割器，加工卡纸、软木用裁纸刀，胶水使用木工常用的白色乳胶。周围环境包括山体、水体和植物等，在体块模型中，简单、抽象地处理周围环境是最佳的表现方式。

2. 结构模型

结构模型的作用是作为三维的实体工作图，用来研究设计作品的造型与结构关系。这类模型要求能将对象的结构尺寸特点、连接方式、过渡形式清晰地表达出来，经常表现为自然的骨架而不进行外表的装饰。将结构暴露出来，是为了用来分析结构、构造、支撑系统和装配形式。在整个设计过程中，由于地形条件和构成方式的不同，结构模型可以用各种比例表现（图 1.6）。

图 1.6　结构模型

1.3.1.2　扩展模型

通过概念模型的延伸、设计者经过筛选，否定了一些不成熟、不合理的方案构思，一个新的设计形式被确定下来，由此，模型设计进入第二阶段，即扩展模型阶段。

扩展模型的使用表明设计者已经作出了一些初步的决策，并且在实施一个新的阶段的探索。它是在制作最终模型之前，进行设计探索的工具。在扩展模型中，全部造型相对固定。但扩展模型在本质上是对设计概念的抽象表现，所以仍然可以修改和完善。此外，它们没有被仔细加工，还达不到能够反映材料厚度和工艺的程度。通过一个扩展模型进一步地探索之后，设计对象将可能达到设计的要求。

扩展模型也属于工作模型，它是在方案设计和概念模型制作完成后使用的模型，它较概念模型对建筑物的刻画更细致，对设计者的思想有更进一步的表达。扩展模型是设计性模型中最重要的形式之一，从概念模型中发展而来，最初的使用目的是为了论证建筑与环境的造型：确定造型或继续完善造型。概念模型设计阶段包括了对替代性元素的设计与改进。与概念模型相比，扩展模型在尺寸上更准确。在某些情况下，模型设计工作也可以使用一个扩展模型作为完结，同时使用图纸来准确表现细节处理的最终效果。

扩展模型剔除了方案设计过程中的不确定因素，把设计构思的精髓高度提炼出来，有利于设计者对形体改造、空间和绿化布置及地块细部处理进行推敲，也有助于设计者对复杂的空间关系的理解以及对空间序列、尺度的完整概念的深化。设计是一项复杂的思维活动，扩展模型不但是设计方案最直接的表现手段，更是设计者之间交流的一种语言，同时还可启发设计者无尽的创意（即设计过程中的“模型思维”）。就设计过程本身来说，模型思维比表现模型具有更强的生命力。

由于扩展模型探寻的是设计概念的精髓——建筑造型、建筑与环境的体量关系、建筑空间功能与形态、建筑外观结构与细部处理等是否符合设计要求和人们的审美需求以及是否与环境相协调，以方便设计者思考并提出修改意见，所以自然会产生千变万化的外形（图 1.7）。这也体现了建筑设计的创新性。

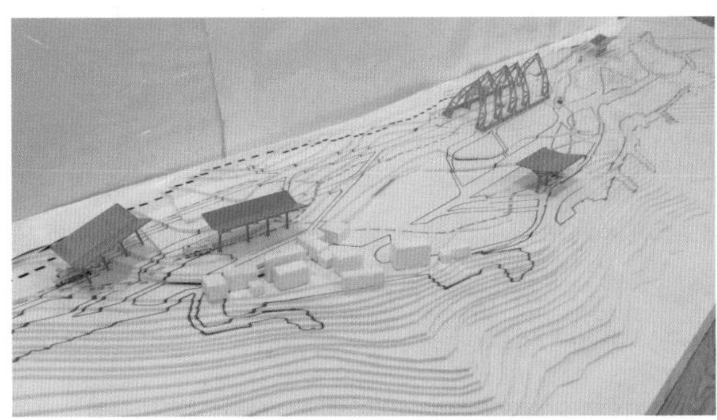

图 1.7　扩展模型

扩展模型必须严格按照一定的比例制作，以便核算准确的空间尺寸。构筑物形式和外貌越错综复杂，其细部越难以准确地表达。在制作过程中，最重要的是对准确性的把握。某些复杂的结构构件或细部装饰，常常用 1∶1 甚至更大比例的模型展现，以便设计者形成直观印象、进行修改及画出详细设计图，还可为日后的施工提供实体参照物。

1.3.1.3　最终模型

最终模型是展示一个完成的、成熟的设计方案的设计模型，在制作时注重工艺的精巧。最终模型也可以是表现性模型。

最终模型用来表现设计构思、进一步论证设计决策以及与客户交流。制作最终模型使用的材料通常不多，常见的是白色或其他浅淡颜色的材料，如泡沫芯、板材、轻质木材等。使用这些材料，可以使模型中的阴影线、空间和平面在光线下清楚地显现、自然地衔接。不同的材质一般用不同颜色进行区分和表现，避免制作者为模拟设计对象的材质效果而费心。这种简化表现的处理方法使模型既具备设计对象的基本要素又简洁清晰，便于设计者和观众观察和理解设计构思（图 1.8）。

图 1.8　最终展示模型

1.3.2 表现性模型

表现性模型是把所有设计细节都完美无缺地表现出来，再配以周围环境，将方案完整地表现出来的模型。注意不要把它与设计性模型相混淆。表现性模型是把设计对象作为一个整体，以微缩的形式一目了然地展现出来。它代表整体设计已大功告成了。制作它的目的是为了商业策略的运作与实施，而不是为了设计决策。与其他类型的模型相比，表现性模型不易修改，它更注重对建筑物、构筑物外观和景观环境的展示，因此常被用作售楼（房）处的展示模型（图 1.9）。

图 1.9 表现性模型

表现性模型的设计制作有别于设计性模型，它是以设计方案的总图、平面图、立面图为依据，按比例缩小，十分准确，其材料的选择、色彩的搭配也要根据原方案的设计构思适当地进行处理。表现性模型是在设计方案完成后制作的模型，对建筑物要有更细致的刻画，对设计者的思想要有完整的表达，对景观空间状况、绿化和现存的以及被设计出来的对象要有具体、明确的说明。

近年来，随着设计市场的开放和活跃，出现了设计过程民主化和设计投标公开化的趋势。设计方与受众之间的交流与沟通须克服信息传达的各种障碍才能实现，模型表现无疑要比图纸和文字的表达更直观、更完整。同时，参与标书制订与方案评定的人员与设计者进行讨论时，可以借助模型这一中间媒介较快地达成共识。面对各种各样的讨论与争论时，甲方（业主）能摆脱大量图纸的束缚，通过模型直接观察建筑物的未来形象，领悟设计者的构思和设计意图，从而提出自己的建议和决策。

表现性模型在制作过程中必须注意准确性，对设计对象要做细致入微的刻画与表现，给设计者提供直观的视觉印象，并为日后审视施工提供实体参照物。由于设计者忙于方案扩充或施工图绘制工作，难以挤出时间亲自制作模型，所以表现性模型的制作工作通常委托专业模型公司来完成。

表现性模型作为环境艺术设计的重要表现方法，具有直观性的突出优点和独到的表现力。需要强调的是，表现性模型不是单纯地依图样进行复制，其制作目的在于表现和完善设计方案，这一过程与设计方案的拟定一样，充满着艰辛和趣味。将设计图纸中的设计意图和方案转化成实体模型和空间，同样是一种艺术创造。这一创造是否成功，关系到能否准确无误地表现方案设计的外在形式、环境设计以及空间环境的格调。表现性模型一般用于设计方案报建、投标审定、施工参考等，有一定的保存和使用价值。

表现性模型还常常用来宣传城市建设业绩，进行房地产售楼说明、展览等。所以这类模型做工非常精巧，材料考究，质感强烈，装饰性、形象性、真实性显著，具有强烈视觉冲击力和艺术感染力。这类模型一般按图样制作，但又不完全受图样的限制，为了取得理想的展示效果，在建筑层高、空间、装饰等方面可以适当强调。

细部表现的不断深化是使设计性模型向表现性模型转化的关键，因此表现性模型亦可再细分为标准模型、展示模型。

1.3.2.1 标准模型

标准模型在整个设计过程中处于概念模型和最终展示模型之间，起着非常重要的作用。它根据扩初图或施工图制作，在材质表现和细部刻画上要达到表达准确，以便交流和修改。它的用途一般是方案讨论，参与投标、竞赛和报送规划局等。若方案定稿修改极少，不少甲方会留它作为最终售楼（房）的展示模型。

标准模型是最具代表性的表现性模型。这可以从两个方面来说明：首先，从作品的角度来看，标准模型具备作品功能的特征，也具有功能的模拟效果，就是说它可以呈现现实感，营造仿真的效果；其次，从专业的角度来看，标准模型以逼真的实体表现构筑物及环境的具体材料、量感、质感、光感及色彩，用于展示和说明设计构思，直观、形象，深受客户的欢迎。

1.3.2.2 展示模型

展示模型是近年来流行的为宣传城市建设业绩、进行房地产售楼说明所用的模型，在大型房地产交易会上常见。这类模型做工非常精巧细致，色彩和谐明快，灯光引人注目，给人以强烈的视觉冲击力。因此通过个性化的模型表现设计作品，是强化销售、突出特色、吸引顾客的重要手段。

展示模型可以在工程竣工前根据施工图制作，也可以在工程完工后按照实际建筑制作。它的制作要求比标准模型更高，要将材质、装饰、形式和外貌等准确无误地表示出来，精度和深度比标准模型更进一步，主要用于教学陈列、商业性陈列（如售楼展示）等。展示模型按制作内容分为规划展示模型、单体展示模型和室内展示模型 3 种。

规划展示模型重点表现建筑物间及建筑组团间的相互关系，并简略表现环境布置概况，而其中的单体建筑仅仅表现其长、宽、高与屋顶形式，外界面的凹凸等可以忽略。模型的作用与制作要求和单体体块模型基本相同，模型比例在 1∶2000 ~ 1∶500 之间，材料一般采用泡沫块、卡纸和软木木块等便于修改的材料。

单体展示模型是真实反映建筑单体的模型，其制作方法与标准模型相同，但在选材、工艺上要更胜一筹，其色彩、质感和效果要贴近真实建筑（图 1.10）。

图 1.10 单体展示模型

室内展示模型以展现建筑内部空间为目的，如某层楼面或某套房屋，按图做出其中的室内装修和家具布置。室内展示模型的比例大于 1∶75（图 1.11）。

图1.11 不同种类的室内展示模型

1.4 模型的作用

模型制作是一项创造性、艺术性、技术性和应用性都很强的设计制作工程，它涉及很多方面的工作。模型具有研究作用和实用作用。

（1）模型的研究作用。模型为规划师、建筑师和环境艺术设计等设计类专业学生的研究与学习提供了便利。具体而言，模型可起到以下作用：

1）对规划师而言，模型可将规划意图全面部地展示出来，规划范围内的空间关系将一览无余，有助于规划师研究和进一步完善方案。

2）对建筑师而言，模型是发展、完善设计思想的最佳帮手。模型将抽象的设计思维转换为三维立体设计方案，为建筑师设计更加丰富、合理、适用的空间提供了便于研究和深化创造的模拟形象。

3）对环境艺术设计专业学生而言，模型可解释自己苦思冥想难于想象的空间关系，可以帮助自己轻松愉悦地理解书本与图纸难以说明的空间形象思维的问题。建筑设计、建筑结构等相关专业的学生则需要制作专业的结构模型做应力应变测试、强度试验、抗震试验等，以研究各节点在特殊情况下的受力情况。

（2）模型的实用作用。模型有以下实用作用：

1）通过对模型的造型尺寸、结构、空间要素、审美效果等的全面观察和综合分析，为模型和设计方案的进一步修改提供依据。

2）通过讨论分析，对模型进行不断修正，为相关人员做最终方案的论证和决策提供依据。

3）丰富业主的销售手段，为景观建筑与室内环境展示和楼盘销售服务。模型有助于观众和购房者形象地认识楼盘建筑设计风格、环境等，对购房者的购房决策具有引导作用。

近年来，随着新技术、新材料的出现和应用，模型制作由传统作坊式的手工操作转向由多工种配合的流水作业，专业化分工的定制加工型服务性生产行业。制作模型的目的，不只是供甲方和管理者论证、审查设计方案使用，也是为创作者、设计者研究自己的设计作品提供便利。模型已成为建筑设计的重要手段，通过制作建筑模型，可以研究建筑功能、空间比例和色彩、空间关系等，从而进一步完善设计构思。不仅如此，模型也是规划设计、景观设计、室内设计等设计工作的重要辅助手段。规划得体的城市，要遵从严格的控制指标，在建筑间距、高度、造型、风格等方面多加考虑，模型能很好地反映城市规划整体状况以及整体与局部和单体之间的关系，在规划设计中常用。

环境艺术设计者所进行的设计是一个空间设计过程，不同于商标设计、服装设计等其他类型的设计，由于环境艺术设计方案建成后不能轻易修改，所以需要按一定比例制成模型，在施工之前把构思表现出来，再反复推敲，不断修改，以求得到最佳视觉效果和最佳功能。在设计过程中，模型不仅能表现未来的空间、反映平面图纸上无法反映的问题、充分发挥设计者的空间想象力、节省实验工作时间，还能使错综复杂的空间问题得到恰当的解决。另外，与平面图纸相比，模型更容易向业主展示和说明设计者的构思。

地产界的需求是推动模型制作行业发展的直接动力。此外，在逐步兴起的科技馆、博物馆和各种商业推广活动中，模型也逐渐成为展示的中心亮点，改变了过去展板、灯箱、说明书的传统展示模式。人们已习惯看到声、光、电、动态元素加上计算机控制得到的更加协调、有机、人性化的演示效果。模型制作已经与高科技结合成有机的整体，并为模型的未来表现形式拓展了巨大的发展空间。

在设计院校中，教学过程中的模型制作越来越引起师生的重视：制作模型可以培养和训练学生的设计思维和空间观念。模型使创作构思获得一种具体形象化的表现，它比图纸更具有空间感，加上一定的相关周围环境，更能增强设计者的整体环境意识。欧洲、美国的一些设计学校或院系十分强调学生的模型制作训练。模型与图纸的设计表现融为一体，共同对设计方案起到十分重要的指导意义。模型设计制作要运用多种现代技术、材料和加工工艺手段，以特有的微缩形象，逼真地表现出立体空间效果，比设计效果图、平面图、立面图、剖面图等具有更高的表现力和感染力。模型是环境艺术设计三维空间的艺术再现，它能直观地反映构筑物和周围地形的联系，构筑起全方位、多角度的形体特点，其结构特色、色调、视觉效果的丰富，都是效果图所不能比拟的。在设计创作过程中，模型对于设计方案的产生、选择、完善都起到非常重要的作用。

此外，模型还被运用于理论课程的教学中。一方面，当教师为学生们讲解较为复杂的建筑时，建筑识图给学生们带来了不少困难，而模型就很受学生们的欢迎。另一方面，为了更好地理解设计作品的内涵，学生需要从室内空间入手去了解设计者对建筑复杂空间的诠释，动手制作模型来翻摹大师作品可以说是一个很好的选择。翻摹不是简单的仿做，而是在对原建筑符号进行转译和重组后，创造性地完成二次设计。在这一过程中，学生能够深刻理解建筑形式所表达出来的深刻内涵，并产生亲切的认同感。总而言之，模型设计制作能够促使学生增强感性认识、提高动手能力。

1.5 模型的设计制作原则

模型通常按照一定的设计图纸制作，对应于设计图的 3 个阶段，即方案阶段、扩大初步设计阶段和施工图阶段。无论哪种模型都是平立面的转化，即把设计者创意思考出的平面图、立面图垂直发展成三维空间形体来较形象地表达设计。模型制作是一个把平面设计转化为三维立体表现的综合设计制作过程，它牵涉的因素非常多，比如制作者的技术、材料的质地、设备的使用等，还涉及场地、天气和人员组织。制作过程中，制作者可能要重新设计、反复构思。随着新材料的不断出现、新技术的应用、设备的更新，模型也不断发展，具有新的特点。质感的处理直接关系到模型的真实程度，经过人为的艺术手段的处理后，模型应给人以一定的真实感，使人联想到生活中的实体，确信实物就在眼前。模型制作过程中应遵循以下原则：

（1）科学性原则。模型不允许有变形、夸张和失真现象。环境艺术设计不同于一般的绘画创作，它更加理性，因此环境艺术模型的设计与制作要求尽量科学与客观地表现建筑物与周围环境的形象特点，一般情况下不允许有变形和失真现象。

（2）艺术性原则。模型制作要在科学的基础上巧妙地构思。环境艺术设计是艺术设计的一个门类，因此制作者必须在科学的基础上经过巧妙的构思和精心的制作，使环境艺术模型的立体形态和表面形态都表现出设计对象和环境的造型形态，给人以艺术的享受。模型也可以看成是一种艺术性较高的精湛的工艺品。

模型设计制作的成功与否与模型的色彩计划密切相关。色彩计划决定模型的整体风格。在客观世界里，人对色彩美的视觉反应要强于形体美，有“色彩之于形象”的说法。在模型的制作中，运用现代涂饰工艺以及现代调色和喷绘工艺，可以使模型准确地表现出实物的表面色彩及色彩变化。

现代光学迅猛发展，光导纤维、光学动感画、频闪蛇管灯、发光二极管、霓虹灯等新型电光源在模型中广泛应用，使模型的色彩更富有表现力，色光所产生的动势和音乐般的节奏，使模型色彩的情感更为丰富。灯光模型借助光线的作用增加视觉上的观赏层次，能充分表现建筑物室内外空间的融合贯通，并可营造出特定的环境气氛（如夜景、晚霞映照等），更有一种亦真亦幻的效果。

（3）超前性原则。环境艺术设计模型表现的是未来的、尚不存在的物体，一切只是设计者的想象，因此与一般的造型方法相比，模型制作具有一定超前的创造特质。

（4）工艺性原则。建筑与环境模型追求科学与艺术的完美结合，设计制作讲究规整与精良，要求制作精细。

1.6　模型的特殊制作

1.6.1　灯光设置

模型的灯光设计使模型更具美感，常用于景观模型、规划模型等大场景的模型表现，基本运用灯光色彩按要求循环变化演示。

1.6.1.1　模型常用灯具

根据用途，模型可采用以下灯具：

（1）发光二极管（LED）。发光二极管具有寿命长、亮度高、色彩鲜艳等特点，模型中常用红、黄、蓝、绿、白、紫等各色高亮度发光管作为重点建筑、重要区域的标志灯光，使观看者易于辨识。使用时采用变压器降压整流驱动，功耗极低。

（2）发光线。发光线是近年来一种新兴的发光器件，以其颜色多、功耗低、寿命长、长短任意、可弯曲的特点在沙盘模型中使用广泛。在大比例沙盘模型上，发光线常被用作公路线、铁路线以及区域划分线，具有很好的视觉效果。

（3）发光片（EL）。发光片具有功耗低、寿命长、不发热的特点，是典型的冷光源，适合在沙盘上表现大片区域的平面发光效果。发光片的面积和形状可以根据需要定制。

（4）微型低压灯泡。微型低压灯泡具有体积小、亮度高的特点，可用作建筑的内部照明或小比例模型的道路灯光等，具有很好的效果。使用时采用变压器降压驱动，一般额定电压为 1.2V 。

（5）射灯。射灯常用滑轨或支架支撑，从模型顶部或侧面进行照明，使整体模型处于类似舞台灯光的笼罩之下，能极大地增强视觉效果。

（6）小型荧光灯管。小型荧光灯管采用电子镇流器，无噪声，寿命长，可作为重要建筑的内部光源。

1.6.1.2 灯光配置要点

灯光的配置要根据模型景物的特点来进行。例如，住宅区的建筑、水景灯光尽量用暖色，常绿树的背景则用冷光源；路灯和庭园灯应尽量整体布局，按照一定规律排布；色彩尽量丰富，以凸显模型的层次，烘托整体环境气氛。模型灯光的设计也需要把握一个度，配景与主景要主次分明，切忌处处明亮，以致喧宾夺主，整体效果不佳。

模型灯光的设计和安装，一般来讲，先设置一个总电源开关，再设两组分项开关分别控制建筑系统、区域和园林显示系统。根据不同功能而设置（如分别为建筑灯光、道路灯、园林灯、水景灯等），一切为观看需求演示而制作。通过控制系统程序，用遥控装置系统来控制，置于底盘内。遥控器上的每个遥控键控制特定的灯光分区，如 1 号键控制建筑灯、2 号键控制地灯等。为确保安全，均采用低压照明驱动系统，并在模型底盘下安装微电脑电源开关定时器以便于保养和维护模型电路。

（1）建筑内部灯光一般根据建筑的类型、造型风格和功能选择不同颜色的光源，以突出建筑的艺术性为主导，表现建筑的整体性和通透性，使建筑在模型底盘上更加突出。建筑内部可配置不同亮度、不同颜色的灯光，不同功能分区通过灯光颜色的区分使人一目了然，而且也给建筑增添了不少艺术的色彩。还可在重点标志性建筑及高层建筑的顶部设置不断闪烁的示高灯，增强建筑本身的突出效果（图 1.12）。

图 1.12 模型灯光效果

（2）景观灯、泛光灯等常用 1mm 高光灯、3mm 低压微型白炽灯、高亮度二极发光体等微型照明元器件，通过在不同位置和区域安装不同光源、不同亮度的彩灯，使各类建筑在整个模型底盘上即相对独立又协调统一。通常，在绿色植物丛中、花池中埋置高亮度彩色地灯，并根据场景的不同设计灯光的密度及颜色，避免大片设灯造成的花哨感，从而使沙盘显得更为高雅。

（3）重要的交通道路、小区路等道路均设置发光路灯、街灯及泛光灯等灯具，利用灯光由点连接成线，充分展示项目内的规划道路、商业步行街、环路等主要道路的规划效果。主干道的道路线可以做成流动灯光，使得沙盘看上去更有动感。

（4）在重点区域的边界常添加外围灯光，运用闪烁的灯线将各区域进行明确的划分，并通过中央系统的控制，逐区域进行灯光的整体和独立展示。

（5）水面可通过镁光灯、光感水纹材料与特技相结合，逼真地仿造出江水流动、水波潺潺的动态效果。通过沿水域灯光的变化，突出的模型灯光优势。

1.6.2　声效制作

随着现代科技的发展，近年来在模型制作中还融入了声音的动态表现手法。这种手法主要用于场景复杂的大型模型制作，即运用声控效果、使用声控软件进行特定效果的演示，将语音解说、音响效果与模型的演示同步实施。例如，利用特殊声效启动或激活某一电路，完成特定节目和程序的演示，形成集视、听、触于一体的模型智能控制系统。该系统使观众在无需讲解的情况下能够生动、形象、快速、准确地认识和了解模型沙盘所展示的内容，能有效地实现展示目的，甚至可以使模型的场景灯光、音效、语音讲解等跟随人们的思路来响应。它从实际出发，实现了模型展示的需求，给观众呈现了一个立体的互动展示空间。人们可以用耳朵去倾听、用心去感受，仿佛身临其境。这种新的表现形式更加吸引人，能更好地说明和展示事物。

声音的制作较为复杂，一般的，设计者根据模型制作要求来制作音效，以使观众更直观地了解模型作品所要表达的主题。在制作中，需要事先根据模型沙盘展示的内容采集好声音，用独特的语音制作方式，采用电子芯片将项目介绍配合背景音乐制作成独立系统。为了使声效逼真，还可以附加噪声的声音生成。当然，还可以根据不同场景有针对性地进行处理，如在模型沙盘内侧安装音响设备，当观众观赏模型的时候，即可听见清脆的鸟鸣声和潺潺的溪水声，看到雾气腾腾的小桥流水……还可以控制模型上的广场灯、户内灯光等，使之随着音乐节奏的变化而闪烁。灯光的变化既能通过音频线与电脑、MP3 等相连来控制，也可以通过直接测量环境声音来控制，从而提升模型作品的艺术感染力。

第2章 模型制作前期准备

模型制作是设计类专业（诸如园林设计、城市规划、建筑设计、景观设计、环境设计、室内设计等）课程教学的一个重要实践环节，也是专业人士必须掌握的基本技能。一个成功、完美的模型能够实现艺术设计成果从二维到三维的转变，提高设计项目的直观性，明确地表达设计者的设计意图。

然而，任何一个模型的制作都不是一个简单轻松的过程，仅从模型制作的前期准备工作来看，制作者就需要掌握相关知识和一定技能，能自如地选择模型制作材料，轻松驾驭模型制作工具，明了模型制作场地要求。本章将从模型制作材料、模型制作工具、模型制作场地要求 3 个方面展开详细的阐述。

2.1 模型制作材料

模型的最终效果与制作模型的材料有着密不可分的关系，制作者选择材料的能力直接影响着模型成品的优劣。而制作者只有在充分理解模型材料的选择要素以及认识了解模型制作的主要材料和辅助材料的不同功能的基础上，才能轻松驾驭模型制作材料，让模型材料真正做到为我所用。

2.1.1 模型材料的选择要素

模型材料的选择有 3 个基本要素：模型制作目的、该模型服务于设计的哪个阶段以及模型制作周期。这 3 个要素在选择模型材料的过程中相互制约、缺一不可，制作模型的目的是选择材料的关键，该模型服务于设计的哪个阶段为模型材料的选择指明了基本方向，制作模型周期确定了备选材料的数量和特性。

2.1.1.1 模型制作目的

“目的”就如同茫茫大海中的灯塔，能为航海者指明航行的方向。在模型制作的过程中，制作模型的目的也起着同样的作用。

制作人员在开始制作模型之前，首先要正确理解设计者的真正意图以及表达的设计内涵，这是明晰模型制作目的的关键，然后通过选择材料、加工工艺等完整而准确地表达设计的理念，完成模型的制作。

因此，明确模型的制作目的，根据设计的理念进行材料选择，是模型制作者的首要任务。也就是说，在此过程中，模型制作者是通过回答以下一系列问题来组织自己的工作思路的：

第 2 章课件

设计者的设计理念是什么?

制作这个模型的目的是什么?

为了达到这一目的，模型的“简化程度”应该怎么把握? 模型又应采用什么样的“尺度和比例”?

针对模型确定的“简化程度”“尺度和比例”等相关特性，应该选择什么样的材料?

这些模型材料应具备什么样的材质、质感、色泽才能更好地体现设计的理念?

另外，有学者认为，为了制作出更为完美的模型，模型的制作者最好就是该设计的设计者。从以上列出的一系列问题来看，也正好印证了该学者的提法：只有设计者自己最清楚自己的设计理念，如果他自己本身就是模型制作者的话，对第一个问题就能给予最完美的回答，制作模型将会事半功倍。同时，模型的制作过程也是设计的再加工过程，设计者在制作完成模型的过程中，可能会遇到更为理想的材料，也可能会迸发出更为优秀的设计灵感，从而进一步完善自己的设计理念，用更为完善的制作目的来指导模型的制作。

2.1.1.2　模型服务于设计的哪个阶段

当制作者明确了模型所服务的设计阶段，就能更好地选择合适的模型材料。在“明确该模型服务于设计的哪个阶段”与“选择合适的材料”之间，还有一个起到桥梁作用的概念，那就是“简化程度”。

所谓“简化程度”，指的是相对于最终的设计成果而言，制作的模型需要简化到什么样的程度。从本质上说，简化就是去除设计中不需要的组件或细节，去掉那些对设计的理解和表达起不到积极作用的内容。众所周知，绝大多数模型都比真实的设计成果简洁，省略了一些不需要表达的细节。如果模型不经过简化处理，而是完全真实地反映设计成果的所有细节的话，制作起来无疑非常繁琐，甚至可能无法完成。

设计过程的不同阶段呈现出的模型，其简化程度有所不同。在设计的初始阶段就花费大量的时间和精力制作完成一个非常完善的展示模型是不太可能的，也完全没有必要，因为随着设计思路的调整和改变，设计方案将不断变化，模型也要不断地调整。通常情况下，制作得较为精确、细致的模型往往出现在设计深化的终期。因此，一般情况下，服务于设计初期的模型，其简化程度会比服务于设计终期的模型高。

模型的简化程度也决定着模型制作材料的选择。如果一个模型的简化程度较高，那么仅用一种材料来进行制作就很合理。使用一种材料制作模型，并不会因为材料的单一而使整个模型显得单调，反而会让设计者的注意力集中在设计的形式和体量上。对单一材料可采用多种处理方式或增加细节来实现模型的展示效果。例如单色模型，一般仅使用木头或白色的卡纸等单一材料，通过丰富的设计形式制作完成。

2.1.1.3　模型制作周期

模型制作周期指的是开始制作一个模型到完成这个模型的制作需要的时间。当然，这个制作周期受到诸多因素的制约。设计者要求完成的时间、模型制作者能够提供的工作时间、制作模型的资金投入等，对制作周期的长短都有影响。

模型制作者在兼顾设计者要求和模型效果的前提下，根据制作周期的长短，就可以确定模型的尺度和比例。需要说明的是，“尺度”和“比例”并不是相同的概念，一定不可混淆。具体来说，“尺度”是直接测量的结果，而“比例”是一个组件与另一个组件相比而言或大或小的属性。

一般情况下，模型尺度越小，比例越小，制作起来就越快，施工工序和材料的用量都比较好控制。也就是说，如果模型制作周期比较短的话，制作者就应当选择尺度和比例较小的模型制作方式。模型制作者在确定了模型的尺度和比例之后，在材料的用量、质感和特性等各方面都能作出更好的选择。

总之，模型制作者在选择材料之前，必须清楚地理解模型材料的选择要素：明确模型制作目的，以此指导材料的选择思路；明确该模型服务于设计的哪个阶段，确定模型的简化程度，以此判断材料选择的单一性或是多元性；明确模型制作周期，确定模型的尺度和比例，以此判断材料的用量和材质。

2.1.2 模型制作主材

在当今社会，随着科学技术的发展，能够用于制作模型的材料越来越多，模型材料呈现出多样化的趋势。面对纷繁复杂的材料市场，什么样的模型材料才能完美地体现设计者的理念？什么样的模型材料才能准确地展现制作者的创作意图？什么样的模型材料才能充分呈现丰富的艺术效果？在回答这一系列问题之前，首先要知道模型材料的基本类型。模型制作材料大致分为主材和辅材两大类。

主材指的是模型制作的主要材料。当前，在环境艺术设计的模型制作过程中，我们通常使用的主材有：纸质材料、木质材料、塑料材质、金属材料、浇注材料。

2.1.2.1 纸质材料

对于那些刚刚开始接触模型制作的制作者而言，不同种类、型号、质地、颜色的纸质材料无疑是模型制作的首选材料。因为纸质材料的价格相对来说都比较便宜，获得也比较容易，携带也非常方便，而且它们质地比较柔软，非常容易去随意折叠和裁剪（取决于纸质材料的厚度），能够比较自如地完成造型。纸质材料还能够在两个方向上弯曲，这也使它们与其他材料相比具有更大的优势，是制作模型的理想材料，既有利于模型制作者完成设计初始阶段的概念模型制作，也比较适用于深入阶段中模型精细部分的制作。

模型常用的纸质材料有以下几种：

（1）卡纸。与一般的纸张相比，卡纸相对较厚，价格较便宜，比较好加工，能够随意地折叠和裁剪，是模型制作最常采用的一种材料。目前市场上的卡纸种类比较多，可根据模型制作的需要选择适合的卡纸。单层白卡纸通常用来做草模，双层白卡纸一般用来做正模，灰色和黑色卡纸可以用来表现混凝土的材质，色卡纸则可用来表现不同饰面（图 2.1）。

（2）厚纸板。厚纸板有一个由泡沫塑料制成的坚固核心层，核心层外覆盖（黏合）着纸张。它可以用于模型建筑墙体的制作。

（3）蜡光纸板。这类纸板有光泽的外观和多种颜色，适用于表现反射表面和镜面。

（4）瓦楞纸。瓦楞纸的表面有规则的波浪纹（图 2.2），波浪纹有单面和双面之分，具备可卷曲的特性。瓦楞纸主要用于表现建

图 2.1 各色卡纸

筑的屋顶。

（5）吹塑纸。吹塑纸（图 2.3）具有价格低廉、便于加工、色彩丰富、柔和等特点，特别适合用来制作概念模型、规划模型等。

（6）仿真材料纸。这类纸主要用于表现建筑模型的室内外装饰效果，其种类非常多，有仿石材、仿木纹等各种仿墙面、屋顶材料的纸等。

（7）各色涤纶纸。用于制作模型的窗，环境中的水池、河流等仿真装饰（图 2.4）。

（8）各色不干胶纸。主要用于制作模型中的窗户、道路、场地、建筑小品等，还可以用于制作建筑房屋模型的室内装饰。

（9）锡箔纸。用于表现建筑模型中的仿金属构件、装饰等（图 2.5）。

（10）砂纸。砂纸主要用来打磨材料，也可用于制作模型中的室内地毯和室外球场、路面、绿地等（图 2.6）。

（11）绒纸。主要用来制作模型中的草坪、绿地、球场等。绒纸的种类很多，颜色多样，可根据需要进行选择。也可以自己动手制作绒纸，方法也比较简单，具体步骤是：第一步，把锯木粉末根据需要染色；第二步，选择颜色相近的有色卡纸，并在卡纸的表面涂上胶水；第三步，把染好色的锯木粉末均匀地撒在涂有胶水的卡纸上，直到达到自己想要的效果为止（图 2.7）。

纸质材料虽然有很多优点，但是也有一些缺点。其最大的缺点在于：由于质地比较轻薄，用这种材料制作的模型就非常脆弱，容易被损坏，不易于模型的长期保存。另外，纸质材料被灰尘覆盖后，美观度降低，因此用纸质材料制作的模型的保洁也是个问题。用纸质材料制作模型时，还要特别注意胶水的使用，残留的胶水很难清除，会影响模型整体效果。

图 2.2　瓦楞纸

图 2.3　吹塑纸

图 2.4　各色涤纶纸

图 2.5　锡箔纸

图 2.6　砂纸

图 2.7　绒纸

2.1.2.2　木质材料

利用木质材料制作模型已经有 500 多年的历史，可以说木质材料算得上是模型制作中最为成熟的材料了。用木质材料来制作模型，相比纸质材料来说，更费时、费力、费钱，成本更高，但用木质材料制作的模型，相对来说也更加的精致，而且不同种类的木材有不同的美学特征，能够产生不同的效果。但一般情况下，用木质材料制作的模型大多是素色的，保持着木材本身的自然颜色，展现出一种自然美。

木质材料的种类多样，大致可以分为两大类：一类是直接从树上取材经过烘干处理后的天然木材；另一类是用木材废料经过二次处理制作出的人造木质板材。选用天然木材首先要注意木材的纹理是不是与模型的比例相符合。绝大多数情况下，模型制作者都倾向于采用光滑的表面颜色统一、自然的木材。选择人工木质板材作为模型材料时，就不需要考虑这一点，因为板材的表面在制作过程中已经被处理得光滑平整且没有什么色差了。因此板材适用于制作大比例的模型或模型的底座。在用人工木质板材制作模型的过程中，要特别注意个人的安全防护。

1. 天然木材

天然木材的种类非常多，在这里就不一一举例说明了，只对其中常用的几种作具体介绍。

（1）枫木。枫木是一种质轻而硬度较高的木材，分软枫和硬枫两种，呈灰褐至灰红色。枫木纹理交错，结构细密而均匀，易于加工。在模型制作中，既可作为块材使用，也可制成比较轻薄的片材使用（图 2.8）。

（2）胡桃木。胡桃木是一种纹理多变、硬度较高、呈暗棕色的木材，易于加工，是一种很好用的模型制作材料（图 2.9）。

（3）松木。松木的颜色呈淡黄色，它是软质木材，具有松香味，疖疤多。这种木材硬度不高，很容易用锯子切割加工。

（4）榉木。榉木的质量大，坚固，抗冲击性强，硬度很高，在天然木材硬度排行榜上位居中上。它纹理清晰、流畅，木材质地均匀，颜色呈淡棕色，色调柔和，既可制成块材，也可制成比较轻薄的片材，因此是一种比较适合制作模型的材料（图 2.10）。

（5）紫檀木。紫檀木是一种质地非常坚硬的木材，纹理紧密，颜色呈红棕色，加工难度比较大，使用时需要高度抛光。

（6）雪松木。雪松木是一种质地较软的木材，气味清香，略带香甜味，颜色呈淡红色，具有一定的抗腐蚀性，是一种良好的模型制作材料（图 2.11）。

图 2.8　枫木

图 2.9　胡桃木

图 2.10　榉木

图 2.11　雪松木

2. 人造木质板材

（1）胶合板。胶合板（图 2.12）是用三层或多层木质薄片相互胶粘热压而成的人造板材，各单板之间的纤维方向互相垂直（或成一定角度）、对称，克服了木材的各向异性缺陷。胶合板非常易于加工，主要用于模型底盘的制作，并大量运用于大型模型的制作中。

图 2.12　胶合板

（2）刨花板。刨花板（图 2.13）又称微粒板、蔗渣板、碎料板，是以木材或其他木质纤维素材料制成的碎料施加胶粘剂后，在热力和压力作用下胶合成的人造板。刨花板可用来制作模型的底盘。

图 2.13　刨花板

（3）密度板。密度板（图 2.14）也称纤维板，是以木质纤维或其他植物纤维为原料，施加脲醛树脂或其他适用的胶粘剂制成的人造板材。按其额度的不同，分为高密度板、中密度板、低密度板。密度板由于质软、耐冲击，所以易于再加工。对密度板进行切割时要格外小心，因为切割时产生的灰尘对人体有害，应注意防护。

（4）软木板。软木板（图 2.15）是由混合着合成树脂胶粘剂的木质颗粒组合而成的板材。

（5）航模板。航模板是采用密度不大的木头（主要是泡桐木），经过化学处理而制成的板材。

（6）其他人造装饰材料。包括仿金属、仿塑料、仿织物和仿石材等效果的板材，以及各种用于裱糊的装饰木皮等。

图 2.14　密度板

2.1.2.3　塑料材料

塑料材料的种类很多，大部分塑料都是高分子合成材料，可塑性比较强。塑料材料的共同点是非常易于加工。塑料材料既具有一定的刚性，质量又比较轻，因此更适用于模型的制作，可用来制作不同类型的模型。用塑料材料制作的模型精确度很高，能精确到毫米。

常用的塑料材料有以下几种：

（1）聚苯乙烯材料。聚苯乙烯材料是模型制作中最常用的塑料材料之一，它的生产量大，价格便宜。典型的聚苯乙烯呈白色（也有蓝色和粉红色的），表面非常光滑，是制作模型细部的理想材料。聚苯乙烯没有纹理，用这种材料制作的模型会显得非常的抽象，给模型方案增色不少。

图 2.15　软木板

（2）ABS 板。ABS 板（图 2.16）是一种新型的模型制作材料，又称为工程塑料板。这种材料的弹性较好，适合用来制作模型的墙面、房顶以及建筑小品等。

（3）PVC 板。主要成分为聚氯乙烯，分为软 PVC 板（柔软耐寒，耐磨，耐酸碱）和硬 PVC 板（易弯曲、易成型）。PVC 板有多种颜色（图 2.17）。

（4）苯板。又称泡沫塑料板，造价低、材质轻、质地松软、易于加工，一般只用于制作方案构思模型，用来研究大体量的穿插关系，还可用于地形、地貌的制作。

（5）亚克力板（图 2.18）。又称有机玻璃板，是一种热塑性材料，有透明和不透明两种，具有很好的热延性，灵活性很强，易加工，用途广泛，颜色较多。虽然价格比较贵，但制作出的模型效果高档，是制作高档模型和长期保存模型的理想材料，同时也是制作建筑模型墙面、房顶、台阶、底盘和水面等的较好的材料。

图 2.16 ABS 板

图 2.17 PVC 板

图 2.18 亚克力板

2.1.2.4 金属材料

金属也是模型制作中比较常用的材料。在大多数情况下，模型制作中常用片状金属，用以制造模型中的建筑部件；也可以运用金属棒、金属型材和金属网来制作模型的结构构件或其他建筑组成部分。

模型制作中常用的金属材料有以下几种：

（1）钢。钢是一种暗色金属，在空气中很容易氧化，表面容易产生淡红色或棕色的锈迹。钢的用途广泛，既可以焊接，又可以胶粘，还可以熔接。在钢的表面喷上涂料可以很好地避免遇到空气而氧化。

（2）铜。铜呈淡红棕色，在空气中很容易氧化，氧化后，颜色变为绿色。铜可以焊接，又可以胶粘，还可以抛光。

（3）铝。铝表面是淡淡的银色，它不易被腐蚀。铝的质量轻，质地柔软，易于制作模型，能够用胶粘接，但是不能焊接。

（4）黄铜。黄铜由铜和锌组成，颜色在通常情况下是金色的。黄铜可以抛光，可以焊接，也可以用胶粘接。

除以上几种金属材料外，在模型制作中还常用铁丝、金属薄板、金属条、金属网格等。这些材料不仅用于支承结构、钢结构、建筑物外观、栏杆的扶手或是其他金属构造，也用于作为设计概念的特殊例证和说明。

2.1.2.5 浇注材料

浇注材料包括黏土、橡皮泥、石膏等，它们的可塑性都非常强。在同一模型中通常不会选择和使用一种以上的浇注材料，因为它们的属性不同，很难相互结合。

以下重点介绍石膏、黏土、橡皮泥这 3 种浇注材料。

（1）石膏。石膏学名硫酸钙，为白色（也有灰色）粉末状。用这种材料制作模型时，需要预先制作一个模具，然后将液体石膏倒入模具，待冷却后成型。一旦模具制成，就可以反复使用，制作多个模型。因此石膏具有特殊的优势，特别适合于有大量重复元素的模型制作。

此外，还可以将石膏与水按照较大配方比例配置成黏稠状的石膏体，然后用工具进行雕刻，制作成模型。

（2）黏土。用黏土制作模型已经有很长的历史。黏土具有独特的材料性征，能够迅速雕刻塑形，特别善于创造有机的建筑形态，这一特点是其他材料所不具有的。黏土模型制作快速，操作简单，经常用于设计初级阶段的草模表现。用黏土制作的模型要注意养护，需定时喷水以保证其湿润，避免开裂。

（3）橡皮泥。橡皮泥也称塑料橡皮泥，它与石膏和黏土有所不同，它不会变干或变硬，可以反复成型，因而非常适合制作过程模型，用来帮助设计师进行方案的推敲、改进和修正。橡皮泥的颜色多种多样，可以制造出颜色多样的模型（图 2.19）。

图 2.19　橡皮泥

2.1.3　模型制作辅材

为了使模型更具直观性，能够更好地体现设计者的设计理念，模型制作中除了使用主材外，还常使用一些辅助材料。

2.1.3.1　黏合材料

在模型制作过程中，制作者为了把模型的各个部件组合成型，需要用到黏合材料。市面上的黏合材料种类非常多，不同的模型材料可以选择和使用不同的黏合材料，但并不是每一种黏合材料都适用于任何一种模型材料，制作模型时要注意选择适合的黏合材料。常用的黏合材料有无化学反应的黏合剂和有化学反应的黏合剂两大类。

1. 无化学反应的黏合剂

无化学反应的黏合剂主要有白乳胶、双面胶带、单面胶带、普通胶水、喷胶等。下面重点介绍白乳胶和双面胶带。

（1）白乳胶。白乳胶是一种颜色呈白色、黏稠的黏合剂，干燥的速度非常快，是最理想的黏合木质材料和纸质材料的黏合剂。黏合的部分必须压实。这种胶水的含水量比较大，有可能会改变材料的形状，不适用于塑料、金属、吸水性差的材料的黏合。

（2）双面胶带。双面胶带是以纸、布、塑料薄膜为基材，再把弹性体型压敏胶或树脂型压敏胶均匀涂布在上述基材上制成的卷状胶粘带，它由基材、胶粘剂、离型纸（膜）或者叫硅油纸三部分组成，可用于大面积的粘贴，对所有的材料都比较适用，但不太适合黏结很小的点状材料。

2. 有化学反应的溶解型黏合剂

有化学反应的溶解型黏合剂主要有丙酮、三氯甲烷（氯仿）、强力黏合剂、U 胶、建筑胶、塑料胶、溶剂胶、热溶胶等。下面重点介绍丙酮和强力黏合剂。

（1）丙酮。丙酮是一种无色液体，散发出一种辛辣而甜的气味，易挥发，易燃，有毒，有刺激性。所以使用这种材料时，要注意通风，注意安全，使用后也要妥善地保存。丙酮可用于多种材料（如塑料、有机玻璃等）的黏结。

（2）强力黏合剂。模型制作中常用的强力黏合剂有 502 胶、504 胶、立时得、801 大力胶等，这些材料能快速干燥，适用于多种材料的黏合。

黏合材料能把模型的各部件黏合在一起，作用非常大，是模型制作过程中不可缺少的材料。但多数黏合材料易燃、具有腐蚀性，有些甚至有很强的刺激性气味，有毒，所以一定要注意安全，使用后也要注意妥善地保存，以防止发生意外，造成不必要的损失。

2.1.3.2　其他辅助材料

（1）即时贴和窗贴。它们是应用非常广泛的展览、展示性用材。

（2）仿真草皮。又称草绒纸，是制作模型绿地的一种专用材料（图 2.20）。

图 2.20　仿真草皮

（3）绿地粉。主要是草粉和树粉，用于制作模型中的绿化树木和草地，通过调和可制成多种绿化效果，是目前制作绿地环境常用的一种材料（图 2.21）。

图 2.21　绿地粉

（4）海绵塑料。该材料以塑料为原料，经过发泡工艺制成，具有不同的孔隙结构与膨松度，染色后是制作复杂的山地、沙滩、树木等环境的理想材料，还可制成各种仿真程度极高的树木、草坪和花坛。

（5）纸黏土。该材料是由纸浆、纤维束、胶、水混合而成的白色泥状体。制作者可用它以雕塑的手法塑造建筑物。它也被用来制作山地的地形。该材料的缺点是收缩率大。

（6）多胶裸铜线。用于绿色植物模型的柱干部分的塑造。

（7）赛璐珞片。1mm 以下的赛璐珞片韧性好、易弯曲、易加工，可用来制作房屋、透空墙、路边石等。该材料呈角质状，透明而坚韧，有热塑性，可在 80 ~ 90℃软化（图 2.22）。

（8）确玲珑。一种新型模型制作材料，是以塑料类材料为基底，表层附有反光涂层的复合材料，色彩种类多，厚度仅 0.5 ~ 0.7mm。该材料表面有特殊的玻璃光泽，基底部附有不干胶，可即用即贴，是制作玻璃幕墙的理想材料（图 2.23）。

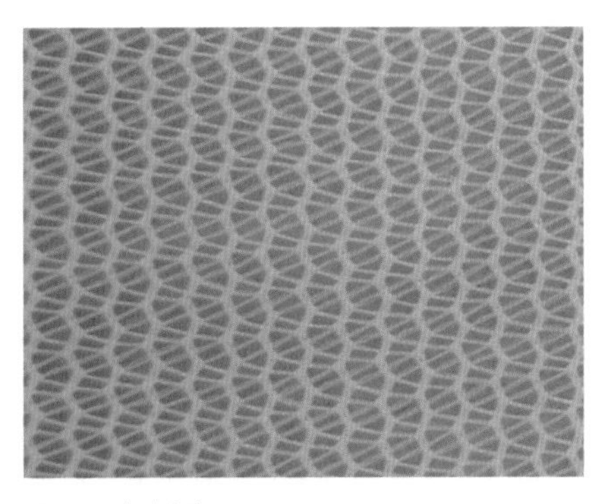

图 2.22　赛璐珞片

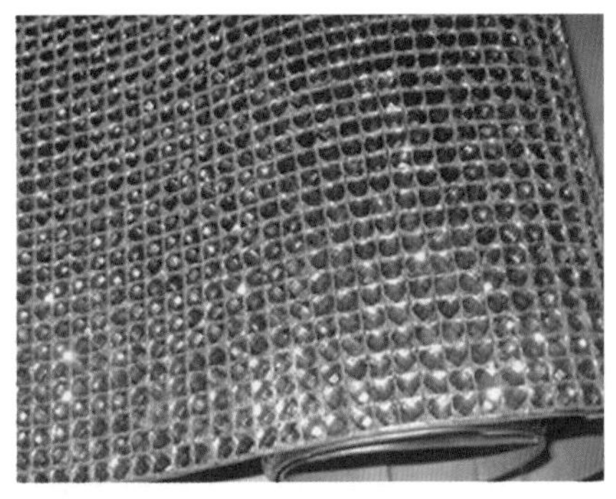

图 2.23　确玲珑

（9）喷漆。用于建筑模型物体表面的喷色处理。有气泵式手持喷漆和罐装手持喷漆两种，使用非常方便（图 2.24）。

除以上材料外，天然材料以及工业或生活中的废弃物（如大头针、图钉、牙签、废胶片等）也能成为模型制作的材料。模型的制作过程也是探索、开发、使用各种新材料的过程，而绝不仅仅停留在对已有材料的使用上。随着模型制作的专业化发展、模型制作行业与其他行业的不断交融，模型制作的半成品材料、仿真材料的数量也在逐年增加，如成品的树（图 2.25）、路灯、草地、家具等，这些材料的仿真度非常高，大大增强了模型的制作水准，节约了模型制作的时间，增强了模型的视觉表现力。

图 2.24　喷漆

图 2.25　仿真树木

模型制作者要充分了解各种材料的特性，合理、巧妙地使用各种材料，因为模型制作的核心以及构成要素就是材料。现在，模型制作的专业材料和各种各样可利用的材料非常的多，所以对模型制作者来说，如何能在众多的材料中进行正确的选择与组合，如何能在熟悉和了解材料的物理特性、化学特性的基础上，合理地利用材料，做到物尽其用，是至关重要的。

2.2　模型制作工具

模型制作是一个创作的过程，除了选择适当的材料外，制作工具的正确选择也是非常重要的。下面详细介绍模型制作的常用工具。

2.2.1　测绘工具

测绘工具主要用于模型材料测量、下料、画线等。准确的测量是模型制作的基础。

主要的测绘工具有以下几种：

（1）直尺和三角板（图 2.26）。直尺和三角板是大家熟悉的测量工具，测量平行线、直角以及画直线的必要工具。直尺和三角板最好不用塑胶的，宜使用金属材料制成的高精度品。

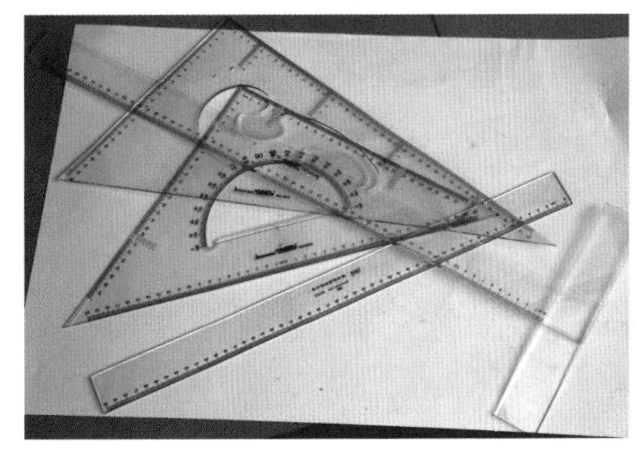
图 2.26　三角板、直尺、丁字尺

（2）丁字尺。又称 T 形尺，为一端有横档的“丁”

字形直尺，由互相垂直的尺头和尺身构成（图 2.26），一般采用透明有机玻璃制作，常在绘制工程图纸时配合绘图板使用。在模型制作中，丁字尺主要用来测量尺寸，也作为辅助切割的工具。

（3）钢板角尺。钢板角尺主要用于画垂直线、平行线、直角，也用于判断两个平面是否相互垂直。

（4）卷尺。卷尺易于携带，使用方便，主要用于测量比较长的材料。

（5）三棱尺。又称比例尺，是按比例绘图和下料画线时不可缺少的工具。三棱尺还能作为定位尺，在对稍厚的弹性材料做 60° 切割时，它非常的有用。

（6）游标卡尺（图 2.27）。想要精确地量出零件尺寸时，游标卡尺是最佳工具。

（7）各种铅笔。用于在材料上画出形状或标记记号。可选择不同颜色的铅笔，便于区分。

（8）鸭嘴笔。画墨线的工具。

（9）圆规和等分规。能够在材料上画出所需要的圆形或等分线。

（10）模板和曲线板。它们是用来画各种尺寸的圆、椭圆或曲线的型板。在模型制作中，可以使用模板来绘制、切割不同规格和大小的圆或椭圆；使用曲线板绘制、切割不同的曲线。

图 2.27　游标卡尺

2.2.2　裁剪、切割工具

裁剪、切割工具用来裁剪和切割模型材料。这些工具大多比较锋利，在使用过程中，一定要掌握其使用方法，注意安全。

模型制作中常用的裁剪、切割工具有以下几种：

图 2.28　美工刀

（1）美工刀。美工刀又称墙纸刀，可用来切割纸或塑胶等薄板状材料。美工刀由塑刀柄和刀片两部分组成，为抽拉式结构，也有少数为金属刀柄，刀片多为斜口，当刀尖钝了、破锋了，可顺片身的划线折断，露出新的刀锋，方便使用（折断面有凹线，以此面朝上，向下折）。美工刀有大小多种型号（图 2.28）。

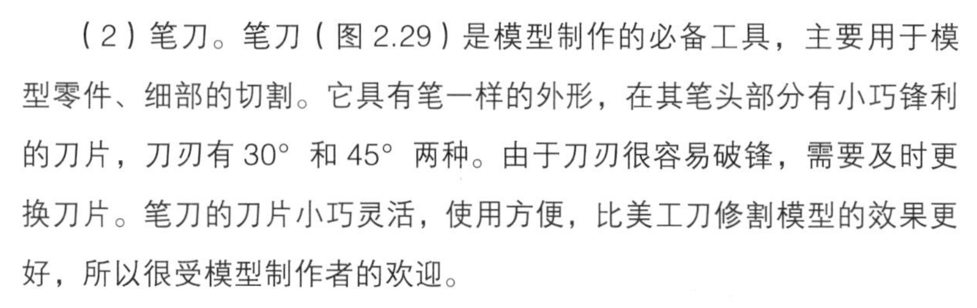

（2）笔刀。笔刀（图 2.29）是模型制作的必备工具，主要用于模型零件、细部的切割。它具有笔一样的外形，在其笔头部分有小巧锋利的刀片，刀刃有 30° 和 45° 两种。由于刀刃很容易破锋，需要及时更换刀片。笔刀的刀片小巧灵活，使用方便，比美工刀修割模型的效果更好，所以很受模型制作者的欢迎。

图 2.29　笔刀

（3）P 形刀。P 形刀（图 2.30）就是塑胶用切割刀，本来是用来切割塑胶板的工具，但因刀刃太厚，切削耗损太多，不适合用来切割尺寸准确的材料，现在反倒成了刻划线条的工具了。它的最大缺点是很难刻划出复杂曲线。一般来说，直线或者弧度变化小的曲线比较适合使用 P 形刀来刻划。

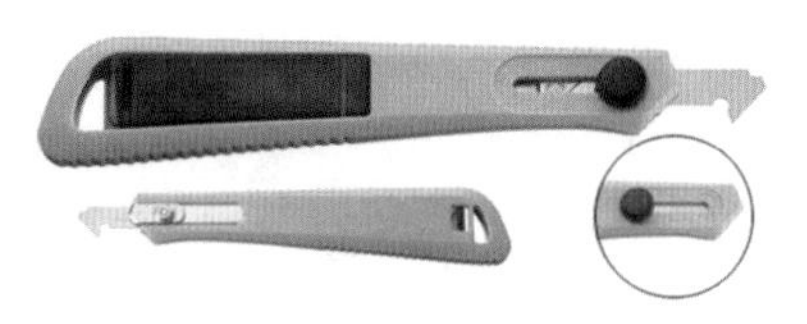

图 2.30　P 形刀

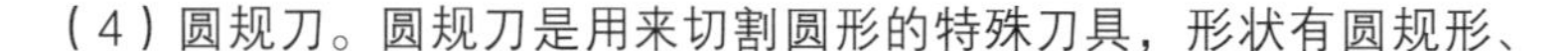

（4）圆规刀。圆规刀是用来切割圆形的特殊刀具，形状有圆规形、

游标尺形、圆形等。使用圆规刀刻划曲线也很便利。

（5）剪刀。剪刀主要用来剪裁纸、卡纸等薄型材料。制作模型时最好准备大、小两把剪刀。

（6）手术刀。外科手术用的工具，可以用来在材料上做非常精细的切割。

（7）单、双面刀片。单、双面刀片是男士刮胡须用的刀片，刀刃非常薄，非常锋利，是切割薄型材料的最佳工具。

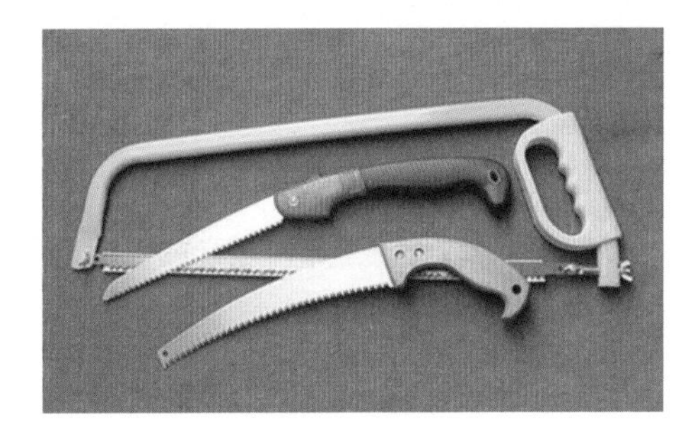

图2.31　手锯

（8）手锯。手锯按外形分为直锯、弯锯、折锯（图2.31）。使用弯锯较为省力。

（9）钢丝锯。钢丝锯适用于切割各种木材、塑料及有机玻璃，也用来做木板雕花、有机玻璃镂空等，能轻易地锯出各种形状。

图2.32　电动钢丝锯

（10）电动钢丝锯（图2.32）。它是一种快速切割有机玻璃材料的切割工具。

（11）手控线锯。手控线锯能灵活地切割不同材料，能将材料切割出不同形状，但操作有一定的难度，需要较高的控制技能。

图2.33　手持式圆盘形电锯

（12）手持式圆盘形电锯（图2.33）。手持式圆盘形电锯的锯割速度非常快，它携带方便，主要用来锯割木质材料、塑料等材料。

（13）小型切割机（图2.34）。它可用来切割或切削木材，也可用来切割塑料。但在操作过程中，存在一定的危险，学生操作须在模型制作实训教师的指导下进行。

（14）曲线锯（图2.35）。主要用于切割金属和有色金属。切割金属时，曲线锯的切屑处理能力更强。由于锯齿较大，切割木材及其他木制品时效率更高。也能完成对曲线状和自由形状的材料的切割。

（15）热丝刀。热丝刀能够快速地切割聚苯乙烯泡沫，从而得到不同形状的物体。

（16）切割垫。切割垫（图2.36）是使用刀具时铺在桌面上的防止桌面受损的垫子，有A4、A3、A2等型号。塑胶材质的砧板也可作为切割垫使用。

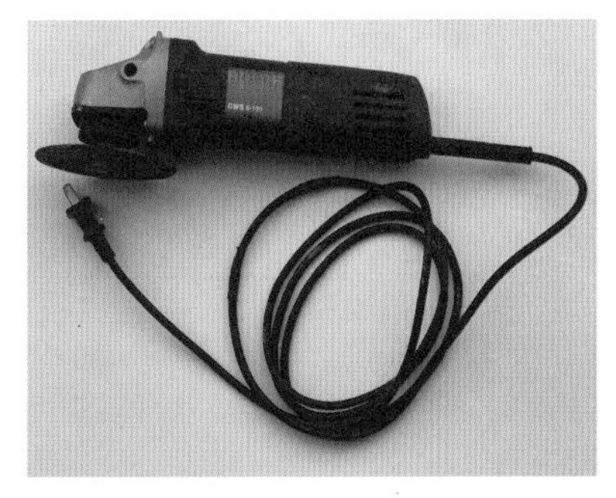

图2.34　小型切割机

图2.35　曲线锯

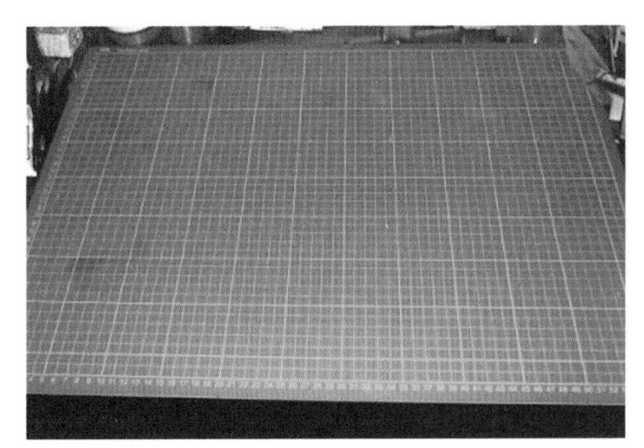

图2.36　切割垫

2.2.3 打磨修整工具

打磨修整工具用于磨削和修整不同模型材料的表面、毛坯和锐边等。常用的打磨修整工具有以下几种：

（1）砂纸。砂纸是制作模型不可或缺的工具，有耐水的水砂纸和不耐水的砂纸两种。砂纸主要用来打磨和修整切割后不平整、不光滑的材料表面。

（2）砂轮机（图 2.37）。砂轮机用于磨削和修整金属或塑料部件的毛坯和锐边，主要由砂轮、电动机和机体组成，按外形可分为台式、立式两种，使用时可根据磨削的材料种类和加工的粗细程度，选择型号（直径、硬度）合适的砂轮机。

（3）圆盘砂光机（图 2.38）。圆盘砂光机能够实现各种材料的快速打磨和抛光。

（4）木工刨。木工刨用于刨平木材的表面和毛边，削减木材的厚度。

（5）锉（图 2.39）。普通锉按锉刀断面的形状又分为平锉、方锉、三角锉、半圆锉和圆锉 5 种。平锉用来锉平面、外圆面和凸弧面；方锉用来锉方孔、长方孔和窄平面；三角锉用来锉内角、三角孔和平面；半圆锉用来锉凹弧面和平面；圆锉用来锉圆孔、半径较小的凹弧面和椭圆面。锉便于零件的整形或落差线、接合部的处理，是模型制作中不可缺的工具之一。

（6）整形锉。又称什锦锉或组锉，主要用于修整工件细小部分的表面。整形锉有每组 5 把、6 把、8 把、10 把、12 把等不同的组合。

（7）特种锉。特种锉用来锉削零件的特殊表面，按其断面形状的不同，可以分为月口锉、菱形锉、扁三角锉、椭圆和圆肚锉等。

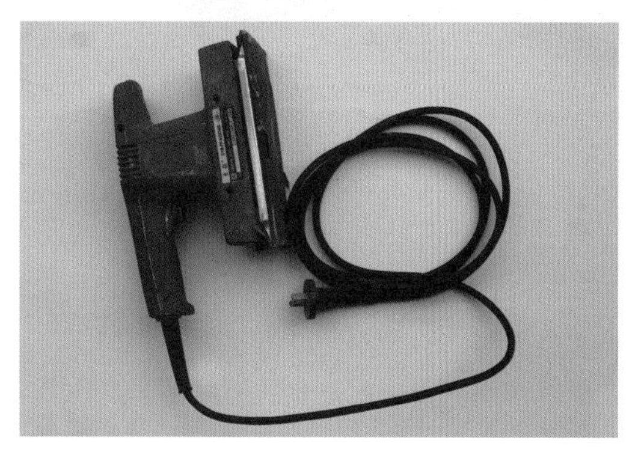

图 2.37 砂轮机

图 2.38 圆盘砂光机

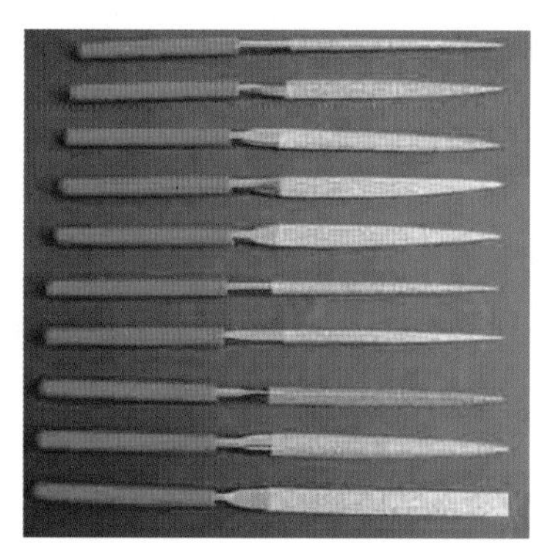

图 2.39 锉

2.2.4 钻孔工具

钻孔工具用来在模型材料上钻出需要的孔洞。常用的钻孔工具有以下几种：

（1）手摇钻。是一种比较常见的钻孔工具，主要用于脆性材料的钻孔。

（2）手持电钻（图 2.40）。是一种携带方便、使用灵活的钻孔工具，能在各种材料上钻出 1 ~ 6mm 的小孔。

（3）钻床。使用钻床可以在不同的材料上钻出各种型号、大小不等的孔。常用的有立式钻床、台式钻床和摇臂钻床。

使用钻孔工具务必小心谨慎，注意安全。另外，正确地操控钻孔工具非常重要，想要让钻头钻入材料时的角度精准，恰当的工作位置和正确的操作

图 2.40 手持电钻

至关重要。

2.2.5　清洁工具

为了保持模型的整洁，保证制作的精细度，可以使用毛笔、板刷、功率较小的吹风机等把模型上的灰尘、杂物等清洁干净。

2.2.6　其他辅助工具

为了使模型更加精细，制作过程中还会使用一些辅助工具，常用的有以下几种：

（1）镊子。在比较精细的模型制作中，使用镊子能够比较精准地加工处理体积较小的模型构件，并提高模型的精致程度。不同的场合需要使用不同的镊子，一般可以准备直头、平头、弯头镊子各一把，以质量好的不锈钢镊子为好。

（2）台虎钳。又称虎钳，是用来夹持较大工件的通用夹具，可分为固定式和回转式两种。台虎钳通常装置在工作台上，用来夹稳待加工的工件。转盘式的钳体能够把工件旋转到合适的工作位置。

（3）桌虎钳。与台虎钳相似，但钳体安装更加方便，适用于夹持小型工件，有固定式和活动式两种。

（4）手虎钳。又称手拿钳，是夹持轻巧工件以便进行加工的一种手持工具，使用起来非常方便。

（5）钢丝钳。用于夹持或弯折金属材料及切断金属丝，其旁刃口也可用于切断细金属丝。

（6）手锤。用来击打材料的手持工具。

（7）电烙铁。主要用于焊接金属或对塑料等材料进行加热弯曲成型。按结构可分为内热式电烙铁和外热式电烙铁；按功能可分为焊接用电烙铁和吸锡用电烙铁；按用途又可分为大功率电烙铁和小功率电烙铁。模型制作一般选用 20 ~ 35W 的内热式电烙铁、50 ~ 75W 的外热式电烙铁各一把。

（8）电炉。用于对有机玻璃和塑料类板材的加热弯曲成型，最好选择功率在 1500 ~ 2000W 之间的。

（9）电吹风。用于对塑料类板材进行焊接加工。电吹风吹出的热风能够熔化塑料，便于把塑料焊接在一起。一般选择功率为 1200W 的电吹风。

（10）注射器。主要用来注射丙酮、三氯甲烷液体溶剂，用于对有机玻璃、塑料等材料的粘贴。一般选择 5mL 的玻璃注射器（医用），针头选用 5 ~ 7 号。

（11）电脑雕刻机。即用计算机控制的雕刻机，也称为电脑数控雕刻机，主要用于雕刻板材（木材、石材、密度板、亚克力板等），可以自动完成模型的各个平面甚至细节部分的雕刻（图 2.41）。

在模型制作过程中，使用工具恰当，操作机器正确，对整个模型的制作就能起到事半功倍的效果；反之，不仅制作效果差，还可能造成模型制作材料的极大浪费，耽误模型制作的时间，从而影响模型制作的进度和质量。

材料和工具是模型制作过程中两个至关重要的构成要素，模型制作人员一定要认真地发现、了解和认识各种模型材料，并根据材料的物理和化学特性合理地选择、恰当地使用模型制作工具。所以模型制作人员需要在不断的学习和摸索中总结经验、掌握技巧。

图 2.41　电脑雕刻机

2.3　模型制作场地要求

场地，对于整个模型制作来说至关重要。模型制作是一个周期性的过程，制作期间要使用和加工大量模型材料，摆放必要的制作工具、机器等，所以对制作场地的要求非常严格：要有足够大的空间；要有良好的采光和通风条件，水电系统完善；要有一定数量的收纳柜和陈列柜，便于材料、工具等的摆放；要安设比较大的模型制作操作台，便于制作和加工模型；要在场地的显眼处设置必要的安全警示牌，时刻提醒模型制作人员在操作过程中注意安全。另外，还要配备必要的实训教师，指导模型制作者安全地使用工具和操作机器。下面介绍场地中的一些重要事项。

（1） 场地功能要齐全，应具备以下条件：

1）要有足够大的室内空间。模型制作过程中不仅要使用和加工大量模型材料，还要使用必要的模型制作工具和机器，所以必须有能储存材料、摆放制作工具和大型机器的室内场地。而且制作模型一般都是团队合作，人员众多，因此模型制作场地的空间一定要足够大。

2）要有良好的水、电、风、光条件。一般来说，模型制作的环境必须具有良好的采光和通风条件。良好的采光能让模型制作者更清晰地看到模型的每一个细节；良好的通风可以使制作时使用的胶水等黏合剂快速变干，也能让部分材料中的刺激性气味尽快消散，从而确保模型制作人员的身体健康。同时，场地中还应该设有足够多的安全电源插座，以便制作模型时更为方便地使用电源，而不至于到处拉扯电线，造成用电危险。另外，在场地中还要安装主要开关，做好防护措施，以应对突发事故。在用水方面，要保证工作场地中有冷水和温水以及结实的洗手台等。

（2）材料与工具摆放要有序。模型制作材料、工具等的摆放应当整齐有序，最好分门别类，以方便使用者快速查找和使用。材料、工具等的有序摆放，能为制作者提供便利，使他们提高工作效率，工作得心应手，心情舒畅，工作状态良好。相反，如果物件存放混乱，工作环境脏乱，将会妨碍制作者的工作，严重影响他们的心情，不但不能激发其创造力，甚至还会影响模型的制作效果和进度。所以，模型制作场地一定要保持干净，工具、材料的摆放要井然有序。

（3）安全设施要完善。在模型制作工作场所的显眼位置应当张贴工作规则和安全规则。工作场所严禁吸烟，远离火种、热源，并在显眼处安置灭火设备，应当准备和设置急救箱，箱内应备有急救药品等。进入工作室的人员必须学习工作规则和安全规则，知道灭火设备、急救箱等的具体位置。工作人员在操作过程中应仔细小心，注意以下事项：

1）在开始工作之前，必须由专业实训教师指导培训，熟悉并严格遵守操作规程。

2）在使用和操作危险材料和机具时，采取必备的防护措施，如佩戴防毒面具、防护眼镜、橡胶耐油手套等。

3）倒空的容器可能残留有害物质，应当妥善处理，不能随意丢弃，以免对环境造成污染。

第3章 景观模型设计与制作实战

3.1 实战 1——景观规划模型

近年来，景观规划设计项目呈蓬勃发展之势。相对于城市规划，景观规划设计倾向于强调人类的感受和活动，不仅涉及传统建筑技术和艺术，还包含传统园林技术与艺术，涵盖的内容更加广泛，涉及的因素更多，是面向公众群体、强调精神文化的综合类学科，是寻求创造人类需求和户外环境的协调的综合性学科的技术与艺术。

我们选择景观规划模型作为实战 1 的案例。当下景观规划设计在城市建设中发挥着越来越大的作用。随着我国经济发展，特别是近十几年来，国内大量的旅游型城镇规划、旅游地产、结合旅游的大型养老社区、大城市内的景观带规划等项目不断涌现，这些项目都是以景观为内核来实施，景观规划模型主要表现对象即是这类项目。

实战 1 中的项目是基于旅游和文物保护的景观规划设计——合川涞滩古镇景观规划设计，非常具有代表性。

实战导入

中国传统建筑是中华优秀传统文化的重要组成部分。在历史的长河中，中国古代工匠结合不同的地形情况和当地的材料，根据不同的气候条件，因地制宜地创造了不同类型的民居和不同的民居聚落形式。

同学们在制作本实战项目模型的过程中，注意观察、感受和研究古建筑和传统古镇，分析古代匠人是如何设计和建造出这些美轮美奂的作品的，并进一步研究和探讨这个古镇经历过哪些历史，如何逐渐形成了今天的面貌。

请思考和总结：如何保护和传承我国传统古建筑文化?

3.1.1 展示目标

模型的展示目标应当贴合规划方案的目标，本实例模型需要展现上、下涞滩的新格局，表现规划方案对具有地方特色的传统文化的保护、挖掘与发展：结合当地地形地貌、文化特色、空间布局，保护和更新涞滩上寨，对下涞滩进行合理修整和更新，与古镇历史相结合，加入现代元素，复兴下涞滩历史街区。

3.1.2　模型设计与制作方案的拟订

慕课视频

环艺模型设计与制作

第 3 章课件（一）

针对展现山、水、古镇格局的目标，模型制作者首先要拟订模型设计与制作方案，以指导整个模型工作的开展。模型设计与制作方案要确定模型表现的目标和内容，以及模型制作比例、范围、材料等。

本座景观模型表现的场景较大，制作周期比较长。由于设计方案的性质不同，模型制作有不同的表现内容，大到城市规划、城市设计，小到建筑与庭院，不一而同。制作模型的常用比例有 1∶5000、1∶3000、1∶2500、1∶1000 等。本座景观模型的制作应注意以下事项：

（1）制作前应把握好方案设计要点，明确模型表现重点，根据甲方提供的平面图、立面图、效果图和模型制作要求，制订模型设计与制作方案。

（2）确定制作比例、模型的整体色调效果等。本次模型制作比例定为 1∶3000。

（3）根据建筑风格、模型比例大小、材料工艺及图纸深度确定材料用量，做好制作准备。这一步至关重要，很大程度上决定了模型的最终效果。

（4）接下来是实施环节，制作者核对并分析图纸，根据不同材质、处理工艺、制作工期及效果进行各个部分的制作，包括底座、地形、建筑、配景等部分。

3.1.2.1　景观规划模型制作计划

根据模型设计与制作方案，形成模型制作计划。合川涞滩古镇景观规划模型制作计划见表 3.1。

表 3.1　　合川涞滩古镇景观规划模型制作计划

制作工具与辅材		镊子、铅笔、美工刀、手术刀片、砂纸、夹钳、精雕机、雕刻刀、气钉枪、模型胶、双面胶、罐装手持喷漆
比例		1∶3000
时间计划	第一周	完成图纸调整工作，购买制作工具和材料
	第二周	制作底座、地形
	第三周	完成地形组合，制作建筑模型及道路模型
	第四周	完成模型细部，调整关系
材料预算		木工板：2400mm×1200mm，0.5 张；2mm 厚密度板：2400mm×1200mm，2 张；1mm 厚 PVC 板：2400mm×1200mm，0.5 张；1mm 厚亚克力板：2400mm×1200mm，0.5 张
加工工艺		底座：采用木工板，按比例尺寸用轮盘锯切割，台面边框再包 1mm 厚木线条。底座尺寸约为 1000mm×900mm（以定稿后尺寸为准）。 地形：选用 2mm 厚黄灰色密度板，用 CAD 软件整理平面图，精雕机完成切割，按比例高度手工胶接；水体用密度板喷浅蓝灰色漆制作。 建筑：选用 1mm 厚乳白色亚克力板，用 CAD 软件整理平面图，精雕机完成切割，按比例高度手工胶接；地坪采用压克力板制作，表面再按地坪建材喷材质漆 。 道路：采用 1mm 厚白色 PVC 板，用 CAD 软件整理道路图，精雕机完成切割，手工胶接

3.1.2.2　景观规划模型制作要点

1. 确定模型制作比例

确定制作比例非常重要，比例的选定应考虑以下几个方面的要求：

（1）确保表现范围完整。

（2）比例最好为整数，方便尺寸换算。

（3）保证模型的尺度合适，太大会造成搬运困难，太小则又表达不清楚。

（4）保证模型制作的实操性。例如，建筑模型构件小于 2mm，几乎无法进行加工。

实践中，可按以下方法来确定模型制作比例：首先，设想好预备制作的范围，预设一个制作比例；

其次，按照上述四个方面逐一核查，检验预设比例是否满足要求；最后，调整比例，形成具备可行性的制作方案。一般来说需要反复几次调整范围和比例，才能得到合适的制作方案。

在本实战中，我们首先用 CAD 软件打开项目总图，绘制一个包含上、下涞滩古镇以及山水、道路交通关系的矩形框，框内为模型表现范围。预设制作比例为 1∶2000，按照表现范围和预设比例，核算最小的模型构件（如建筑构件）或模型要素（如道路宽度）的尺寸。发现尺寸太小，无法表现，将比例调整为 1∶3000。再次核算，满足要求，于是确定该模型制作比例为 1∶3000。

2. 确定模型的色调

模型整体表现以空间关系为主导，整体色调采用黄灰色，地形材料采用黄灰色的密度板，建筑体量采用乳白色有机板，经切割后按高度堆砌加以表现。

3. 整理图纸

模型的制作方案拟定后，接着进行一系列的图纸工作，例如地形整理、建筑整理、道路整理等。

在上述工作完成后，再进行底座、地形、建筑、配景等的制作。

3.1.3 模型制作步骤

3.1.3.1 底座的制作

底座的制作步骤如下：

（1）切割底座平面。按照 1∶3000 的制作比例计算，模型的平面尺寸为 1000mm × 900mm。模型包边为 20mm，需要切割的底座平面尺寸为：长 =1000mm+20mm × 2=1040mm，宽 =900mm+20mm × 2=940mm。底座承托整个模型，必须结实，最好用完整的木工板来制作。首先，用尺子量好尺寸，并用铅笔在板材上画出记号；然后，用轮盘锯切割板材。切割时应注意使几条边保持平直、整齐（图 3.1）。切割好的板材放好待用。

图 3.1　切割底座平面

（2）制作底座包边。包边材料为 2mm 厚的木线条。首先，切割 2 根长度 1040mm 和 2 根长度 940mm 的木线条；其次，在 4 根木线条的两端，用切角机切出 45° 角，注意方向正确（图 3.2）；最后，把切好角的木线条放在底座平面上，边角对齐，用气钉枪固定。

图 3.2　制作底座包边

（3）制作底托。为了易于搬动模型，通常还要在底盘背面钉一圈木条，做成一个矩形底托（图3.3）。

图 3.3　在底盘平面钉矩形座子

微课视频

木质模型底座制作

地形的制作

（4）打磨。用 400 号的砂纸对底座进行打磨，再用 200 号的砂纸进行整体打磨，最后还可用 100 号砂纸细磨。

3.1.3.2　地形的制作

地形制作是景观规划模型制作中比较复杂但又非常重要的环节。合川涞滩古镇景观规划模型中包含山体、水面、建筑聚落、道路等部分，在制作前就要把地形制作的各个因素考虑周全，避免缺项。如果地形切割工作完成了，再想补救，会非常困难。

按比例计算整体高差，从江面常水位到下涞滩的实际地形高差为 60m，按照 1∶3000 的制作比例计算，模型上的地形高差为 20mm。模型应尽可能真实地展现场地的地貌特征，为此制作者须按等高线切割多块板材，再把这些板材按高度顺序黏结在一起。以场地中下涞滩的地形制作为例，由于下涞滩模型地形高差为 20mm，而地形制作材料的厚度为 2mm，因此需要有 10 块切割好的板材相叠。按等高线切割地形之前，先用 CAD 软件整理地形图。古镇总平面 CAD 图中的等高线是每条 0.5m 高差，共 120 条，按最低到最高的顺序从 120 条等高线中均匀地选取 10 条等高线作切割地形用，将其余的等高线删除。

下面介绍一种制作空心地形的方法，采用这种方法可以使模型材料的使用量更小、完成后的模型的质量更轻，具体做法如下：在 CAD 软件中，将等高线分组，用不同颜色加以区分，例如从最低到最高，依次为红、黄、绿、青、蓝等色，即第一条等高线为红色，第二条为黄色，第三条为绿色，第四条为青色，第五条为蓝色，第六条又为红色，以此类推；再将等高线按组分别整理（图 3.4），注意须把每一组的线条修整成闭合的 PL 线；最后，输出文件到激光雕刻机。

接下来，将 2mm 厚的密度板放置在机床上进行雕刻（图 3.5）。雕刻过程中应当对等高线进行编号，以便接下来的黏结工作顺利进行。可以从低到高按 1 ~ 10 依次编序。注意制作地形的板材厚度不

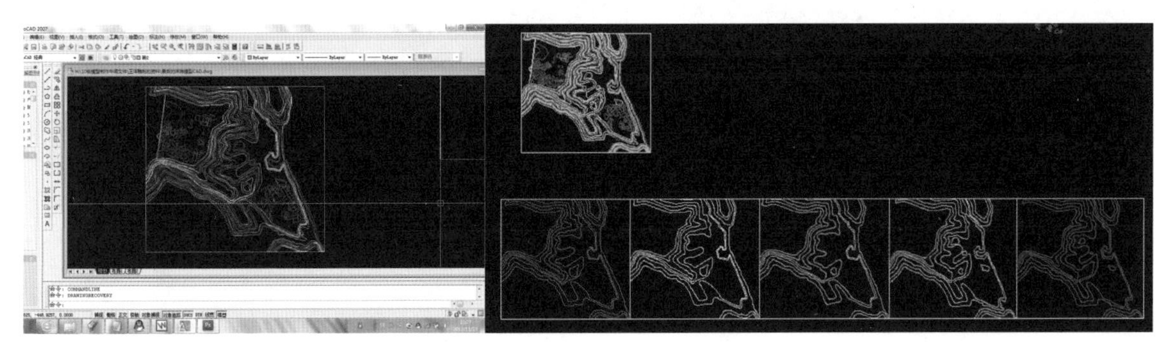

图 3.4　用 CAD 软件整理地形图

得超过建筑的高度。材料全部雕刻完以后，为了便于区分，可在材料下机时用铅笔编号（图 3.6）。

将切割好的地形板材妥善放置，注意保持材料干净，保持平放，防止变形起翘。

古镇景观规划设计的场地最低处为江面。模型中的水体颜色设计为蓝灰色。切割一块与底座平面大小相当的密度板，在水体部位，用蓝灰色喷漆均匀地喷涂（图 3.7），通常喷涂 3 遍。等到漆干透就可以组装地形了。

在叠合地形之前，先把切割好的等高线进行打磨（图 3.8）。地形的黏结组合要从最底层开始，边角对齐逐层往上黏结（图 3.9）。

一边按照编号逐级黏结，一边可以用气钉枪固定地形，在凸起来的内部空间需要支撑体（图 3.10）。为了让模型外观整洁，完成等高线的组合后，需要将 4 个侧立面进行封闭。建议直接用密度板覆盖侧面，用铅笔做侧面边界的记号，然后进行手工切割，完成后使用气钉枪固定到地形上。黏结工作开始时要把手洗干净，以保持模型整洁，因为这里使用的是黄灰色的密度板，油类和胶类如果接触这种材料不能很轻易地去除，防止胶水超出黏结面。

图 3.5　在机床上进行雕刻

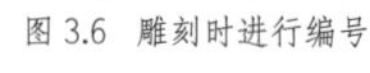

图 3.6　雕刻时进行编号

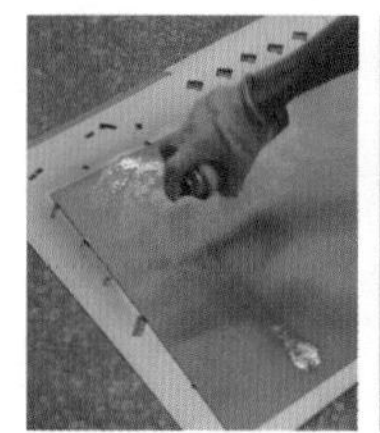

图 3.7　喷漆

图 3.8　打磨等高线

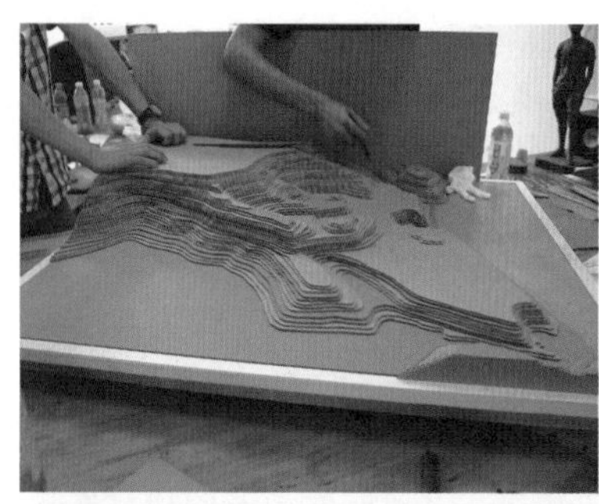
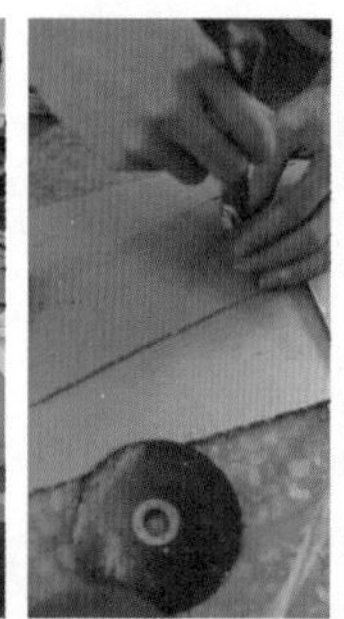

图 3.9　黏结地形

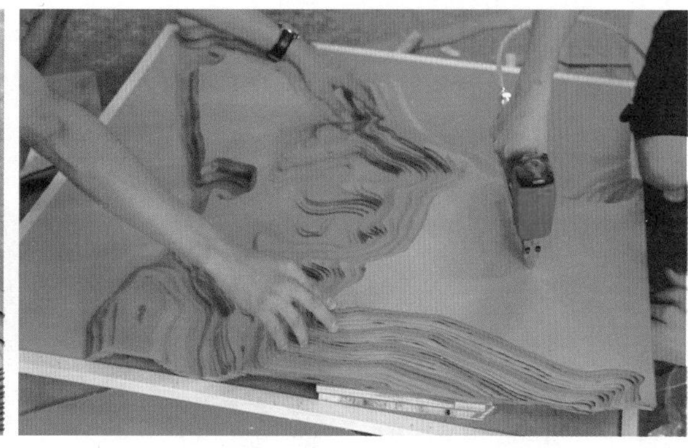

图 3.10　用气钉枪固定地形

3.1.3.3　道路的制作

由于模型比例为 1 ∶ 3000，道路的形态只能简明地予以表现。古镇景观规划项目的道路系统选用 1mm 厚的白色 PVC 板制作。在 CAD 图中将道路的边界线单独选出，整理好输入精雕机雕刻。注意有高差的道路的实际长度要比其平面长度长，可以估算一个粗略的增加值，在 CAD 图中修改道路长度（图 3.11）。

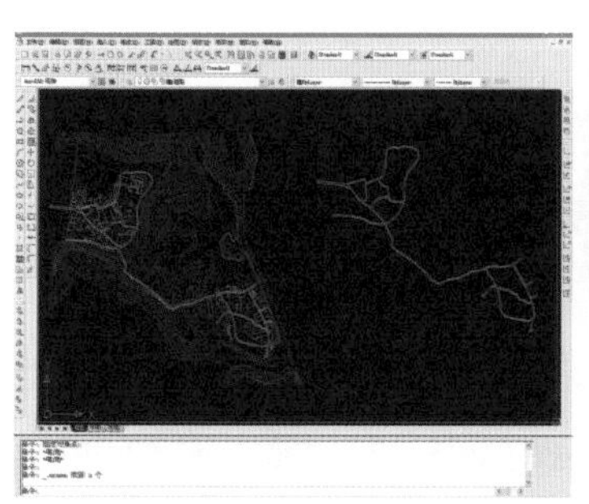

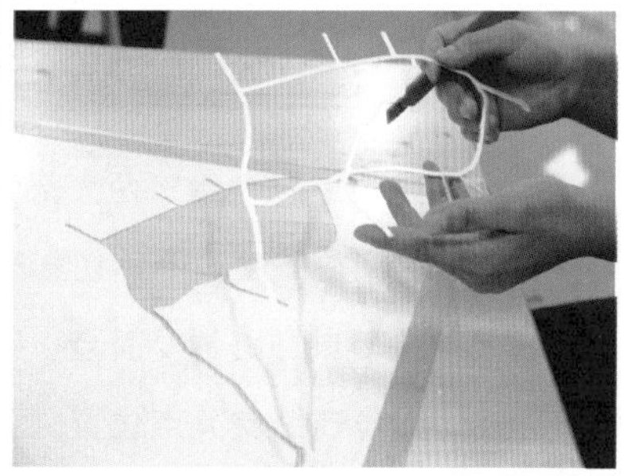

图 3.11　道路按略长于图中长度切割

如果模型制作比例较大，那么首先要在 CAD 文件中将道路的中心线、道路边界线、人行道线全部整理，再使用精雕机进行二次雕刻。雕刻好之后，用胶水将道路粘在地形上。

3.1.3.4　建筑的制作

由于制作比例很小，古镇建筑模型主要表现建筑的体量。按照 1∶3000 的比例计算，建筑模型高度为 8 ~ 20mm。采用平面切割，按楼层高度重叠来表现。在这种比例下，建筑的许多细节都可以忽略，这是一种概括的表达方式。注意板材的厚度尽量与模型建筑层高一致，本实例中，一层楼的实际高度为 3m，在模型中就应该是 1mm。

在 CAD 图中整理建筑轮廓线，并存储为新的文件。删除空间线，按照建筑的轮廓线切割板材（图 3.12）。按每栋建筑的楼层数，确定制作建筑模型需要的板材层

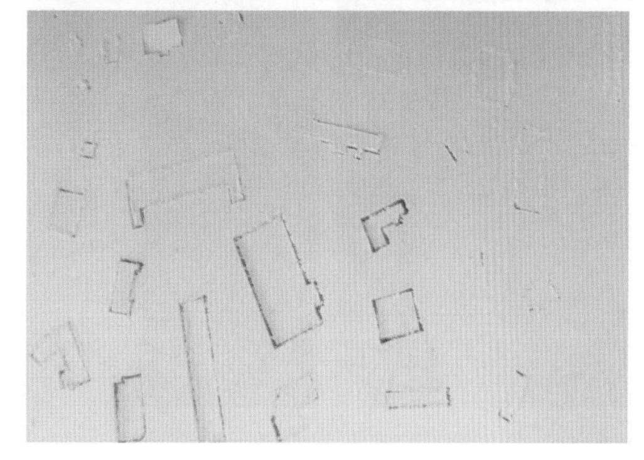

图 3.12　雕刻建筑模型平面轮廓

微课视频

道路和建筑的制作

数。例如本建筑，在总平面图上的标注为“木 2”，那么就用两层板材重叠，以此类推，切割好后，再逐个黏结。为了方便定位，需要按照制作比例打印一张白图（用白纸、黑墨打印的图纸），将粘好的建筑放在这张图纸对应的位置上待用（图 3.13）。

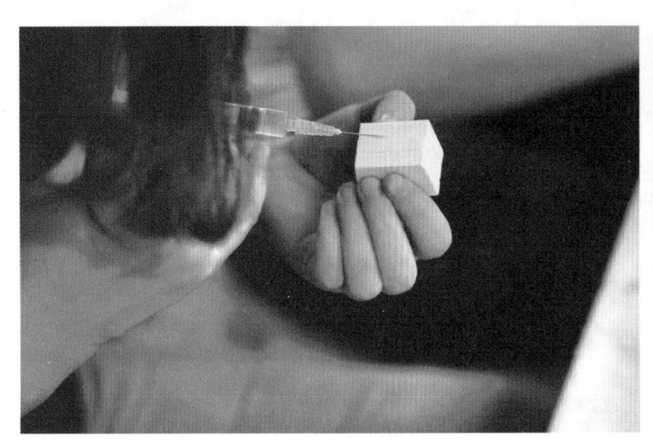

图 3.13　放置建筑模型

3.1.4　模型的整体组合

模型的组合主要是把道路、建筑两大部分组合到地形上。道路的定位相对容易，但是如果是在坡度大的地形上，一定要计算道路的加放长度，不然切割出来的道路长度会不够。

道路的定位主要是控制道路的交叉点，在白图上道路交叉点的位置背面用铅笔轻涂，然后翻转以正面覆盖地形，再用铅笔轻压，定位道路交叉点位置，并用铅笔做记号。这里需要做特别记号的点是连接古镇上下公路的起始点和终点，定位完成后，就可以用胶将道路粘在地形上。

建筑与地形的黏结比较复杂，最简单的定位办法还是用打印的白图来定位，即在白图的背面用铅笔轻涂，然后翻转以正面覆盖地形，再用铅笔轻压，定位建筑。同时以道路作为参照。本实战模型中有上涞滩和下涞滩两个建筑组团，其中上涞滩组团中的建筑比较密集，数量比较多；下涞滩组团中的建筑数量相对少。制作时，两个组团的建筑分别组合、黏结（图 3.14）。

道路和建筑都黏结完成后，模型就基本完成了。最后一项工作是查漏补缺，检查是否有跑胶、建筑漏刻等问题，如果有则需要补齐修整。最终模型效果如图 3.15 所示。

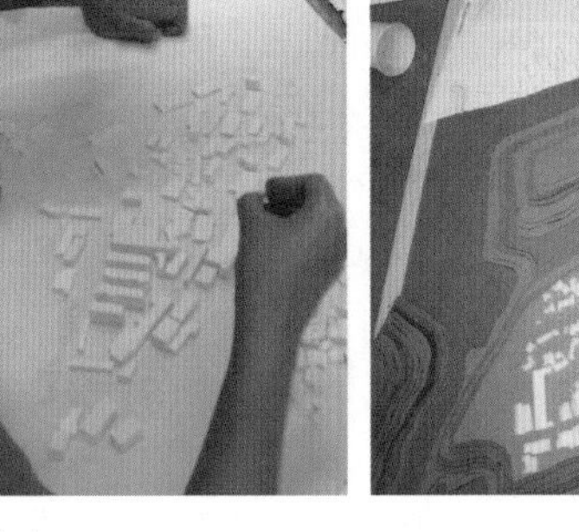

图 3.14　进行模型组合

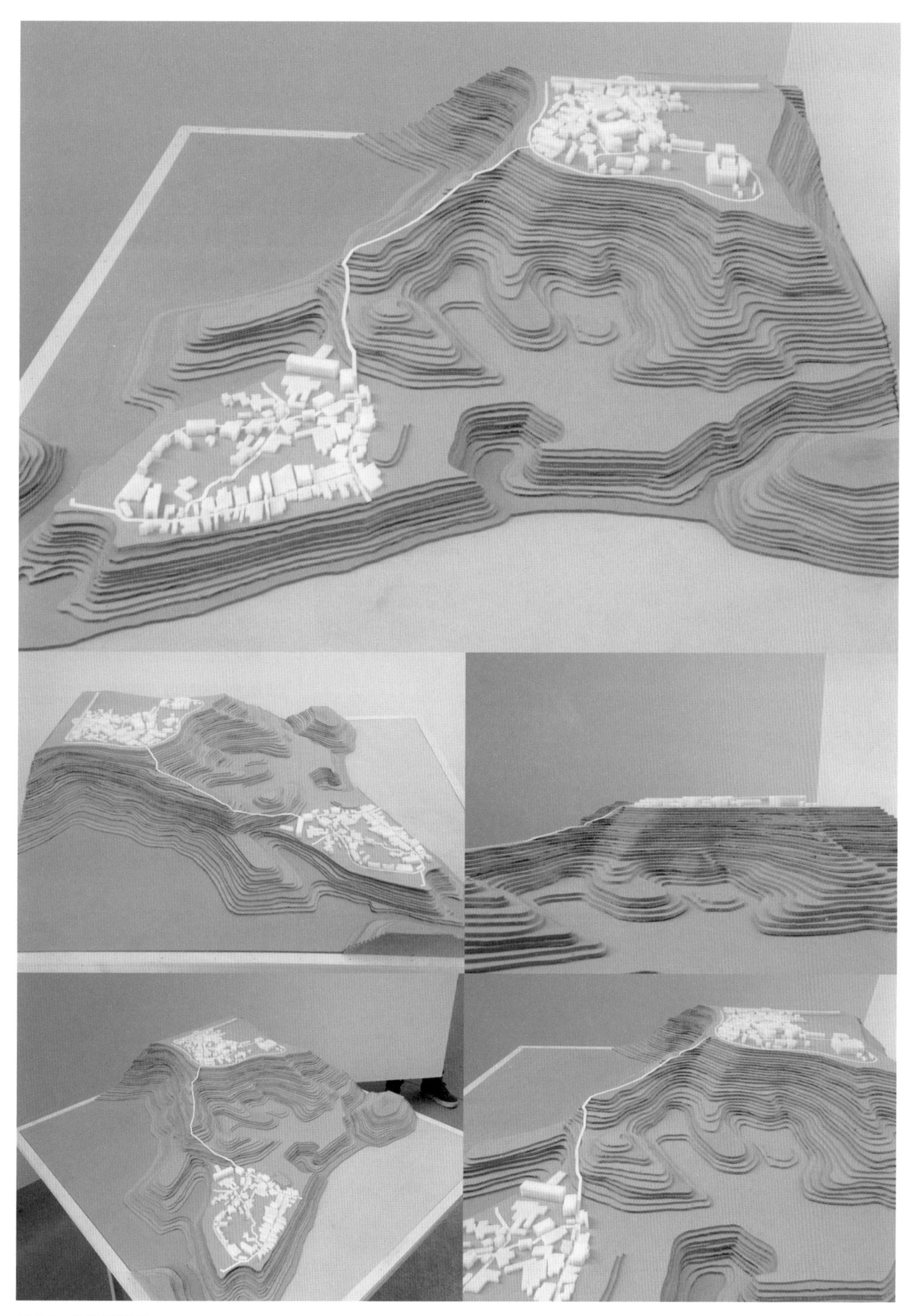

图 3.15 最终模型效果

实战项目链接

二佛寺·涞滩古镇片区景观规划设计方案展示。

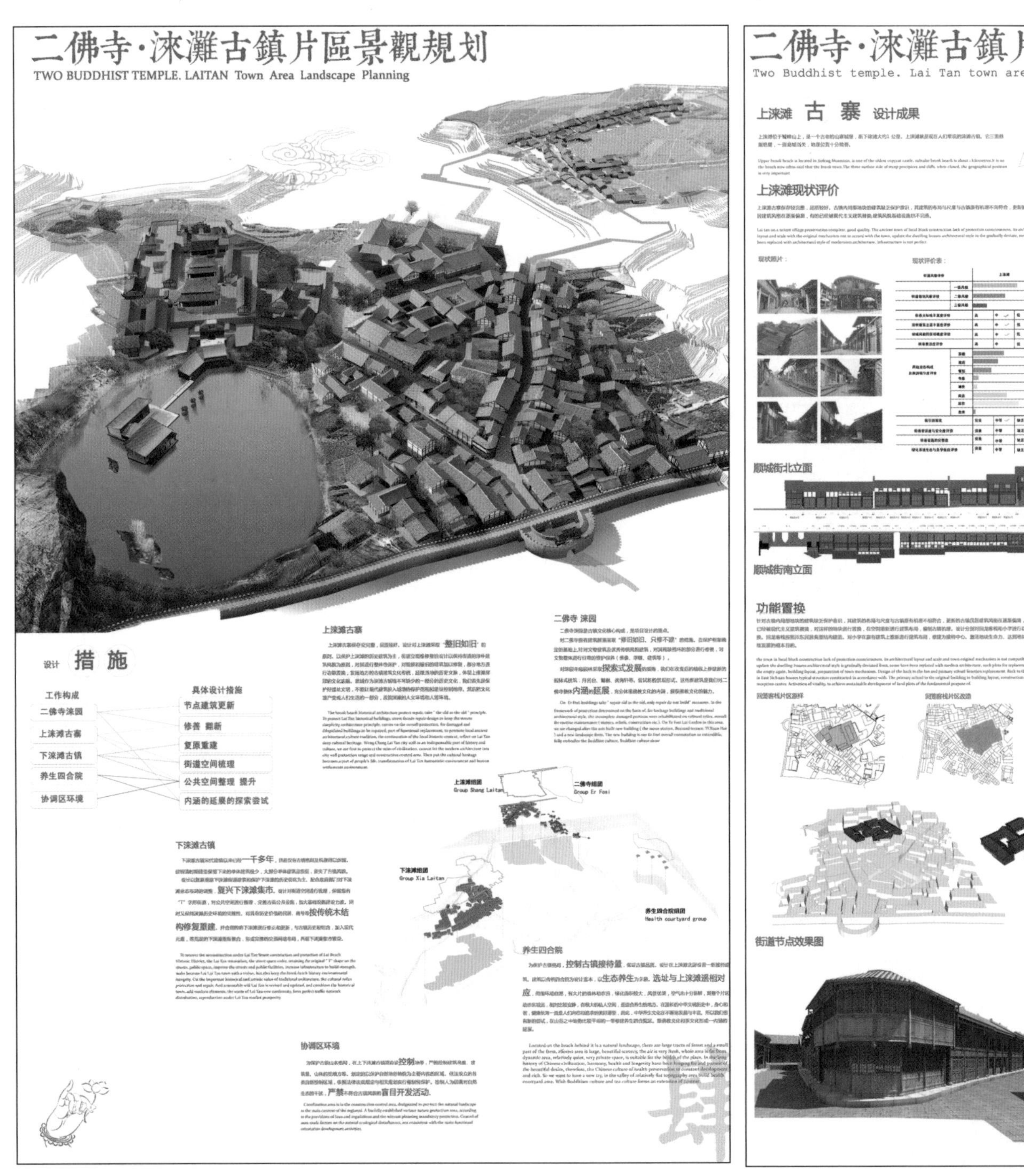

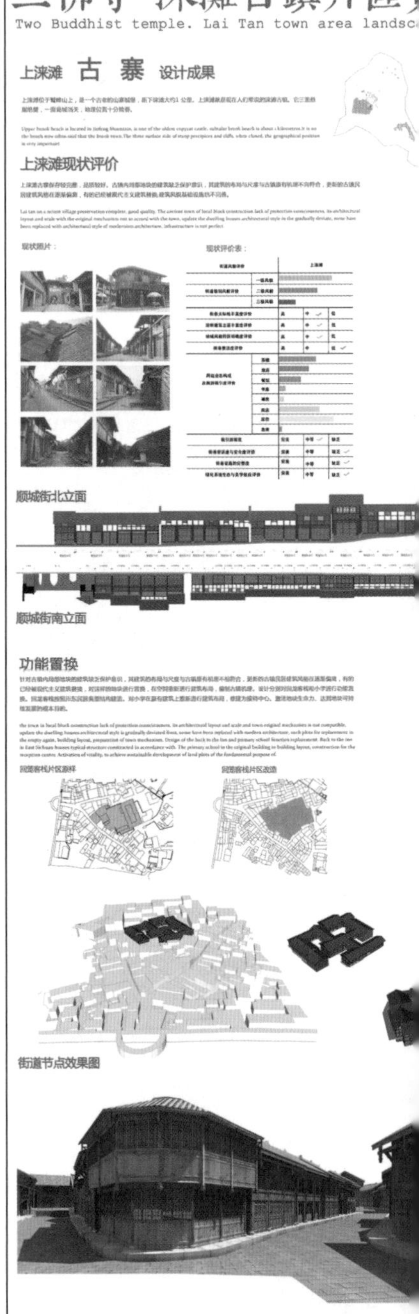

拓展资料

项目设计
全套方案

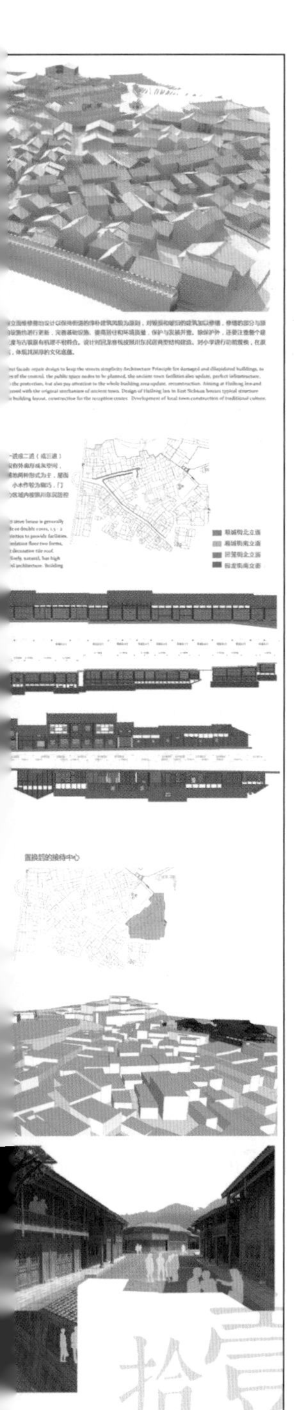

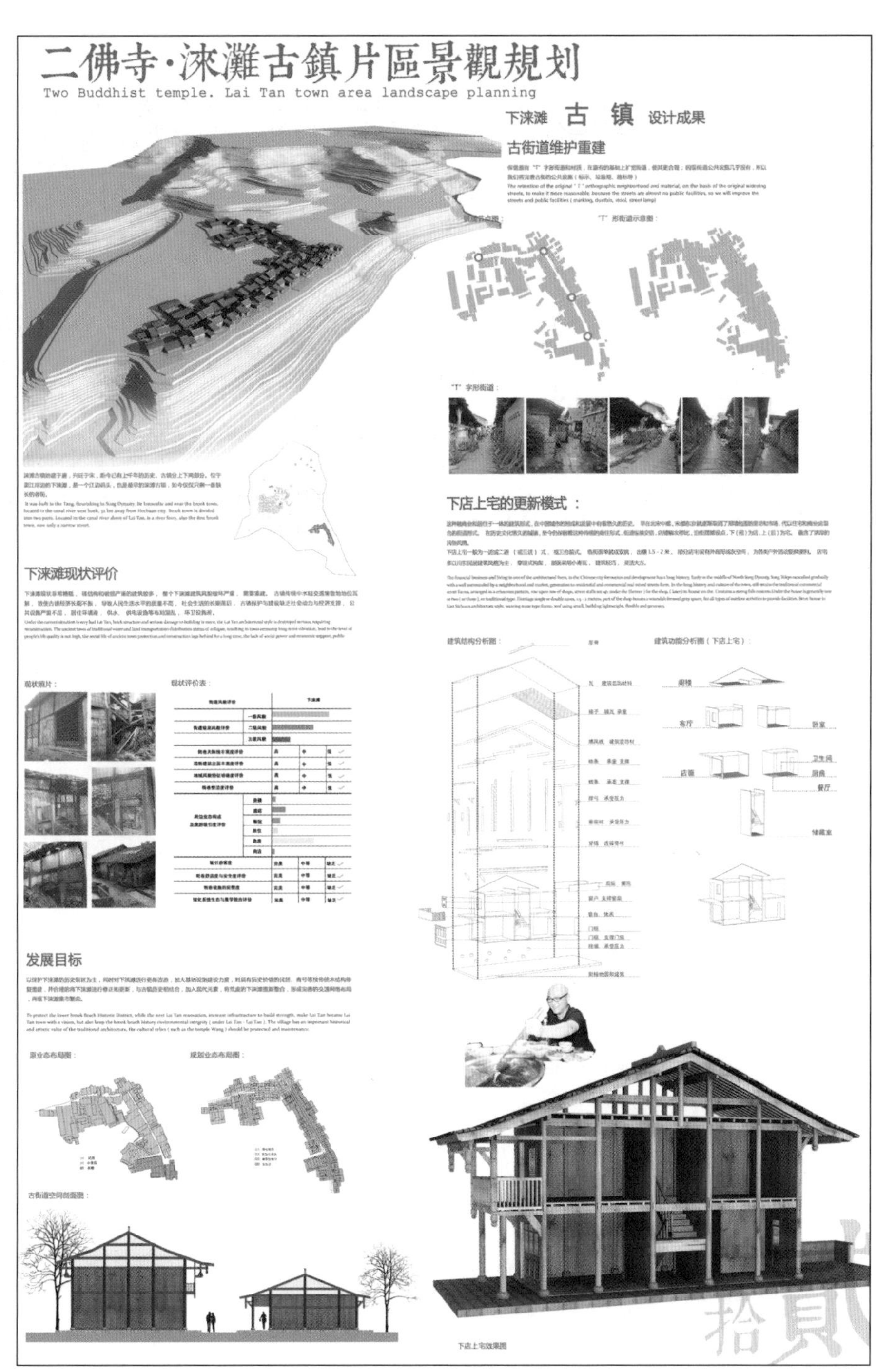

3.2 实战 2——城市肌理概念模型

当模型需要表现的设计范围大到一定的程度，例如一个城镇或者更大的区域时，建设规划情况可以从城市肌理中得到体现，即从一个更加宏观的角度看待城市空间，此时建筑的高度和具体风格就不在表现之列，模型只表达城市的图底关系（图 3.16）。如果把建筑当作“图”，周围环境当作“背景”，那么我们只需关注建筑；相反，如果把建筑当作“背景”，城市的空间形态就呈现出来了，这便是“城市肌理”。

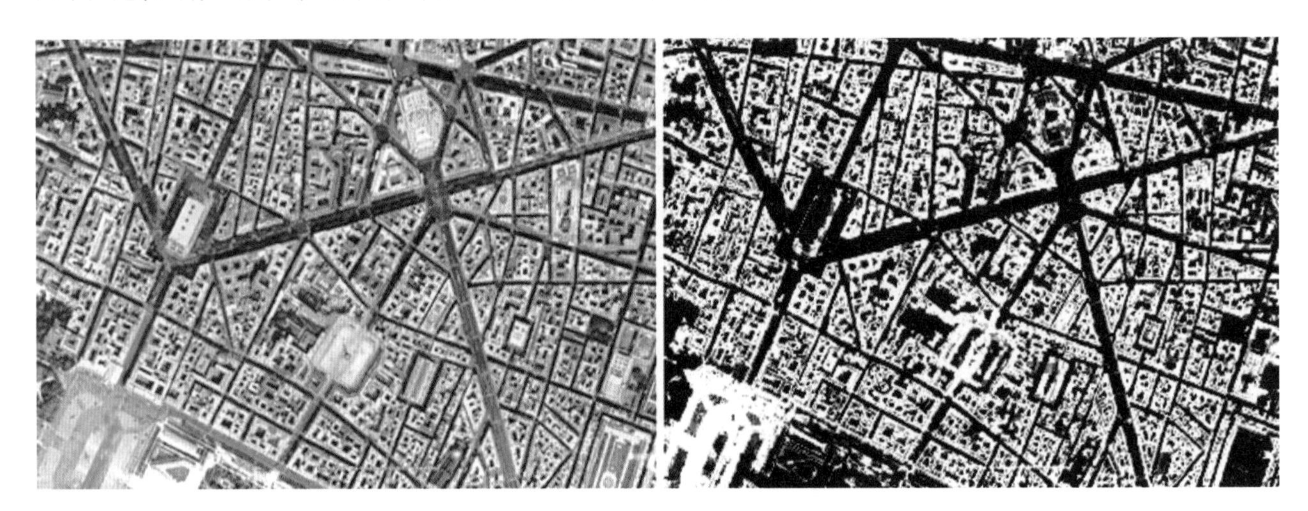

图 3.16 图底关系

3.2.1 展示目标

实战 2 中，我们使用的案例是芦山县河道景观工程设计方案。该项目以城区河道景观为中心，结合滨江环线设计、防洪堤设计、街区开发保护、绿地系统建设、沿河旅游设施建设、城市基础设施建设等，通过实施综合开发建设，形成城市河道特色景观，是一个综合型的城市景观项目。根据项目情况，模型表现以城区河道水系的景观工程为核心，同时辐射周边相关范围的街区开发及保护、城市基础设施等各项设计范围。

3.2.2 模型设计与制作方案的拟订

针对项目情况，城镇格局和城市肌理是模型展示的重要内容，模型制作主要通过灯光效果来强化城市肌理的图底关系，即采用挖洞的方式使建筑部分透光，而把城镇空间作为实体，从而达到突出图底关系的表现目的。

3.2.2.1 模型制作计划

芦山县河道景观工程模型制作计划见表 3.2。

3.2.2.2 制作要点

（1）确定模型制作比例。本次模型比例根据用地范围的大小确定为 1∶3500。

（2）确定模型的色调。模型整体表现以城市空间肌理为主导，整体色调定为黄色，建筑灯光为黄色，城镇其他部分为黄灰色。

（3）整理图纸。制作方案拟订后，首先要进行一系列的图纸工作，例如地形整理、建筑整理、道路整理等。

上述工作完成后，进行底座、地形、建筑、配景等的制作。

第 3 章课件（二）

表 3.2　　　　　　　　　　　　芦山县河道景观工程模型制作计划

制作工具与辅材		镊子、铅笔、美工刀、砂纸、夹钳、激光雕刻机、气钉枪、电焊笔、模型胶、双面胶
比　例		1∶3500
时间计划	第一周	完成图纸调整工作，购买工具和材料
	第二周	制作底座、地形
	第三周	地形和城市肌理组合完成，安装 LED 灯
	第四周	调试整体效果，完成外框制作
材料预算		木工板：2400mm × 1200mm，0.5 张；1mm 厚乳白色亚克力板：2400mm × 1200mm，0.5 张；1mm 厚密度板：2400mm × 1200mm，2 张；5mm 厚无色玻璃；2mm 厚黑色亚克力板；LED 灯带 3000mm；LED 整流器、电线、开关
加工工艺		底座：采用木工板，按比例尺寸用轮盘锯切割，台面边框再包 1mm 厚木线条。底座尺寸约为 1000mm × 900mm（以定稿后尺寸为准）。 地形：选用 2mm 厚黄灰色密度板，用 CAD 软件整理平面图，精雕机完成切割，按比例高度手工胶接；水体不单独表现。 建筑：采用灯光效果来表现，具体方法是在密度板上挖洞，下面衬乳白色亚克力板，亚克力板下设置 LED 灯。首先，用 CAD 软件整理平面图；其次，使用精雕机在地形的顶层完成切割，使建筑部分形成空洞；最后，组装 LED 灯。 道路：采用灯光效果来表现，加工工艺与建筑相同

3.2.3　模型制作步骤

3.2.3.1　底座的制作

底座的制作方法和步骤：与实战 1 相同，首先要切割底座平面。按照 1∶3500 的制作比例计算，模型的平面尺寸为 1000mm × 900mm。模型包边为 20mm，需要切割的底座平面尺寸为：长 =1000mm+20mm × 2=1040mm，宽 =900mm+20mm × 2=940mm。然后，制作底座包边，按照 1040mm 、940mm 长度分别切割 4 根木线条，并用切角机切出 45° 角，再把切好角的木线条放在底座平面上，边角对齐，用气钉枪固定。接着在底座的背面用木工板条钉一个矩形底托。最后分别用 150 号、400 号、600 号的砂纸（图 3.17）打磨整个底座。

图 3.17　打磨底座的砂纸

3.2.3.2 配合灯光效果的地形制作

项目地形本身并不复杂，包括河道和城镇用地两个部分。城镇内部地势平坦，高差很小。由于要使用 LED 灯来表现建筑，制作地形时就需要预留空间来放置 LED 灯。

城镇用地与河面的实际高差为 70m，按照 1∶3500 的制作比例计算，模型上的地形高差为 20mm。所用板材的厚度为 2mm，需要整理 10 条地形线。同实战 1 一样，要在 CAD 图中按最低到最高的顺序均匀地选取 10 条等高线作切割地形用，其余的等高线可以删除。

切割地形（图 3.18）的方法参见实战 1，这里不再赘述。

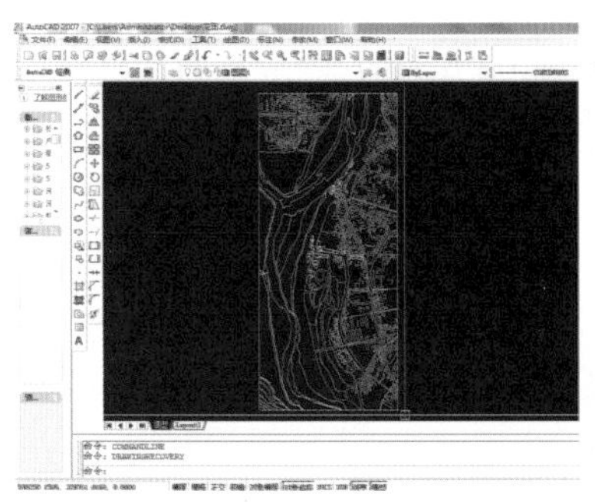

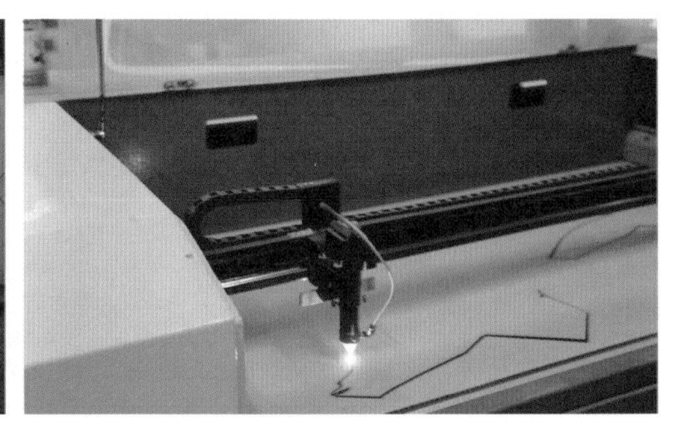

图 3.18 切割地形

河道水体不单独制作，只表达河面的高度即可。切割好的地形从雕刻机上取下应立即编号，从低到高依次编为 1、2、3、…、9、10。地形的黏结组合要从低到高，按照编号 1-1、2-1、3-1、1-2、2-2、3-2、…、1-8、2-8、3-8、…的顺序用双面胶逐级往上黏结。此时注意不必边角对齐，先用双面胶进行黏结，后面可以做调整。黏结完成后，按照底座的尺寸调整地形的黏结面，直至堆叠的地形侧边与底座边界齐平。然后使用模型胶或万能胶对地形进行固定黏结，必要的地方还可以使用气钉枪加以固定。地形内部倾斜度比较大的地方需要制作一些支撑。制作过程中同样需要注意密度板的防污处理。

3.2.3.3 灯光表现的城市肌理制作

使用灯光呈现城市肌理，模型制作时须自下而上依次设 LED 灯带、做 1 ~ 2cm 高的架空层、铺乳白色亚克力板、贴肌理层。将总平面图中的建筑外轮廓线和数值最大的场地等高线整理在一起，雕刻成肌理层。乳白色半透明亚克力板的光学特性使灯光变得均匀、柔和。在亚克力板上叠加肌理层，透光的部分呈现的是城市中的建筑，不透光的部分则是城市的其他空间，这就是用灯光表现城市肌理的制作方法。制作要点如下：

（1）制作肌理层。在 CAD 软件中将总平面图中的建筑外轮廓线与数值最大的场地等高线整理在一起，修整闭合，输入激光雕刻机进行雕刻，得到的肌理层平放备用（图 3.19）。将切割好的等高线逐级黏结制作好地形（图 3.20）。

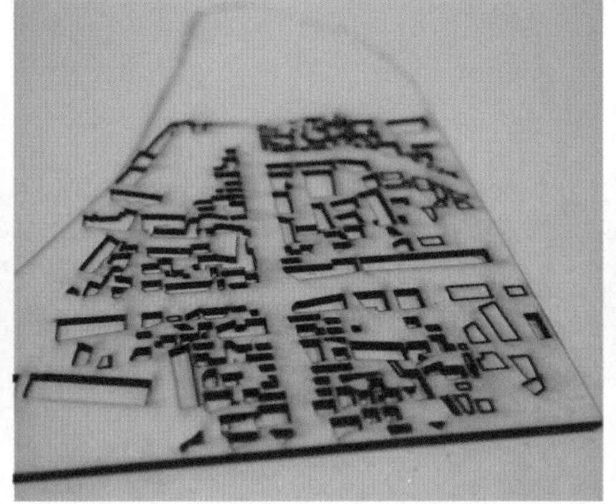

图 3.19 雕刻地形

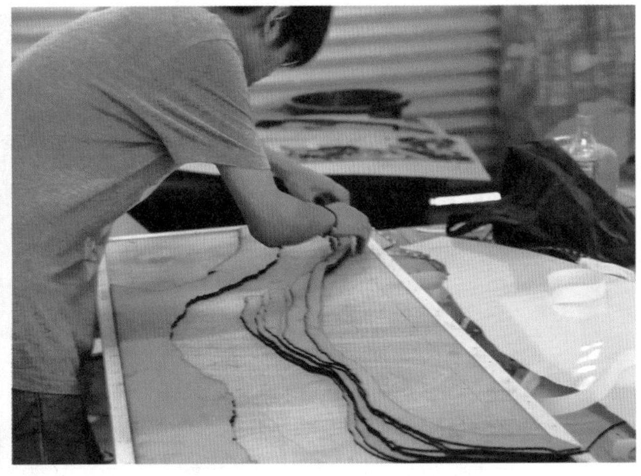

图 3.20　黏结等高线

（2）制作 LED 灯带层。LED 灯光的工作回路基本构成包括：插头、开关、专用变压器、串联的 LED 灯带（图 3.21）。为了制作均匀的灯光效果，宜将黄色 LED 灯带横向布置，并根据实际情况调整灯带与亚克力板的距离，选择最佳的位置安设灯带。LED 灯带的间距根据实际情况调整，本项目模型的灯带间距定为 8cm。按照需要的长度，将贴好背胶的黄色 LED 灯带剪好，然后撕开背胶纸，将其贴在底座上（图 3.22）。

（3）进行灯带的串联。用电焊将两条灯带连接（图 3.23），再将 LED 灯带、专用变压器、开关插头串联，整个灯光工作回路就连接好了。灯带的电源整流器一般设在模型外部，通过一根电线与模型内部电路相连，以减小打开模型维修电路的概率。灯光测试无误后，再将各部件固定好（图 3.24）。

微课视频

配合灯光效果的地形制作

灯光表现的城市肌理制作

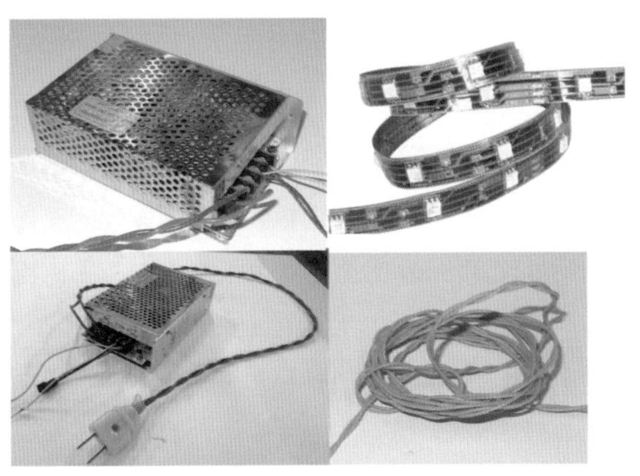
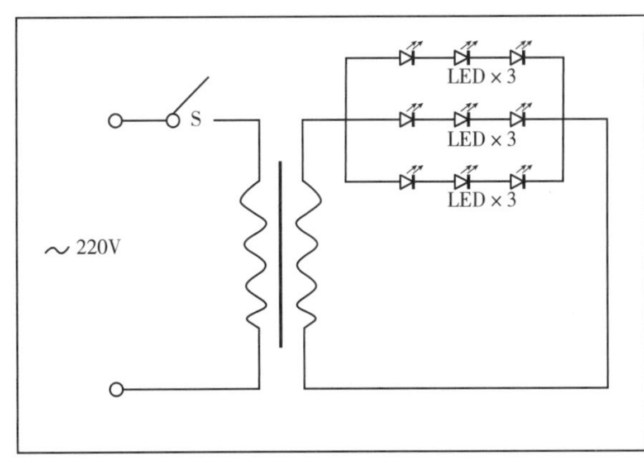

图 3.21　LED 灯带

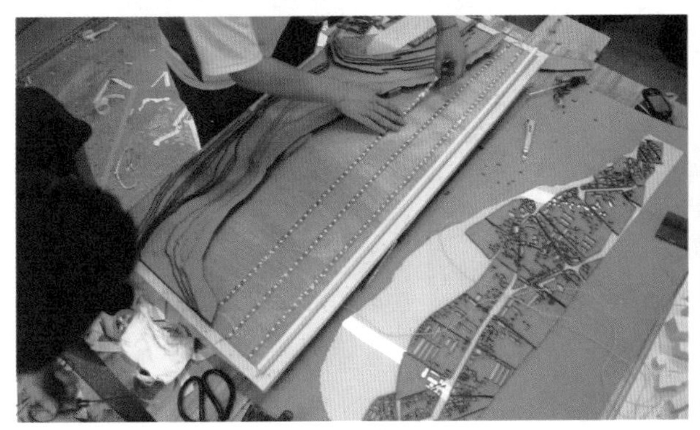

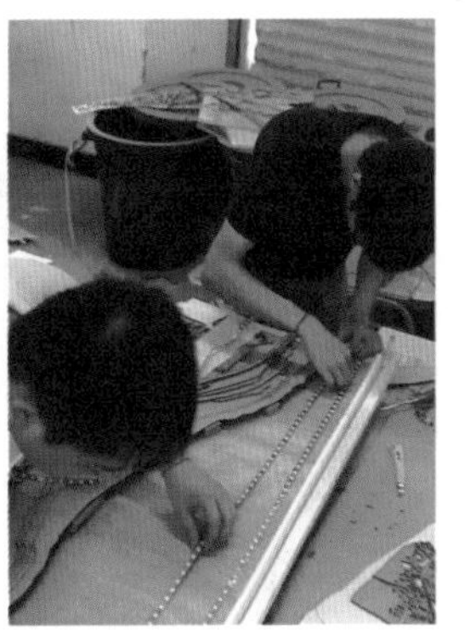

图 3.22　贴灯带

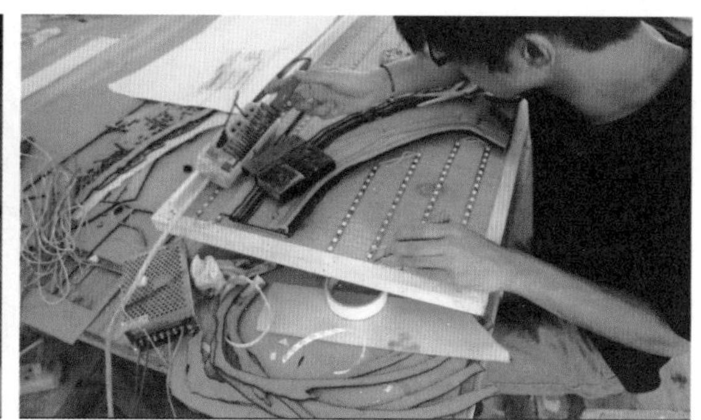

图 3.23　连接两条灯带

图 3.24　灯光测试

（4）制作亚克力透光层。在整理好地形的 CAD 文件中，将从高到低的第二条等高线单独选出，在其内部中空处制作一条闭合的 PL 线，然后输入激光雕刻机，在厚度 1mm 的乳白色亚克力板上切割出透光层。使用双面胶将它紧贴在肌理层下，并与制作好的地形相组合。调整各个板材的位置，直到肌理层与地形准确组合，最后用万能胶把亚克力板与肌理层黏结成一个整体。

3.2.3.4　外框制作

最后完成外框的制作。为了突出灯光效果，采用黑色亚克力板和透明玻璃来制作模型的外框。使用 2.5cm×5cm 的木条制作外框四边，按模型外边长度和宽度切割 4 根木条，并用气钉枪把它们固定在模型的底座上，各边角用砂纸进行打磨即可。按照模型外轮廓的实际大小，切割一块 5mm 厚的玻璃板，用玻璃胶固定在外框四边上。接下来用 2mm 厚的黑色亚克力板封包模型外框的四边。立面用 5cm 宽的亚克力板条封包，平面用 2.5cm 宽的板条封包，并用胶固定，如图 3.25 所示。制作过程中会产生误差，所以应按照模型外框实际长度、宽度切割亚克力条，以保证制作完成后的作品视觉上的完整。这样，用灯光表现的城市肌理模型就制作完成了（图 3.26）。

图 3.25　制作外框

微课视频

模型外框
制作

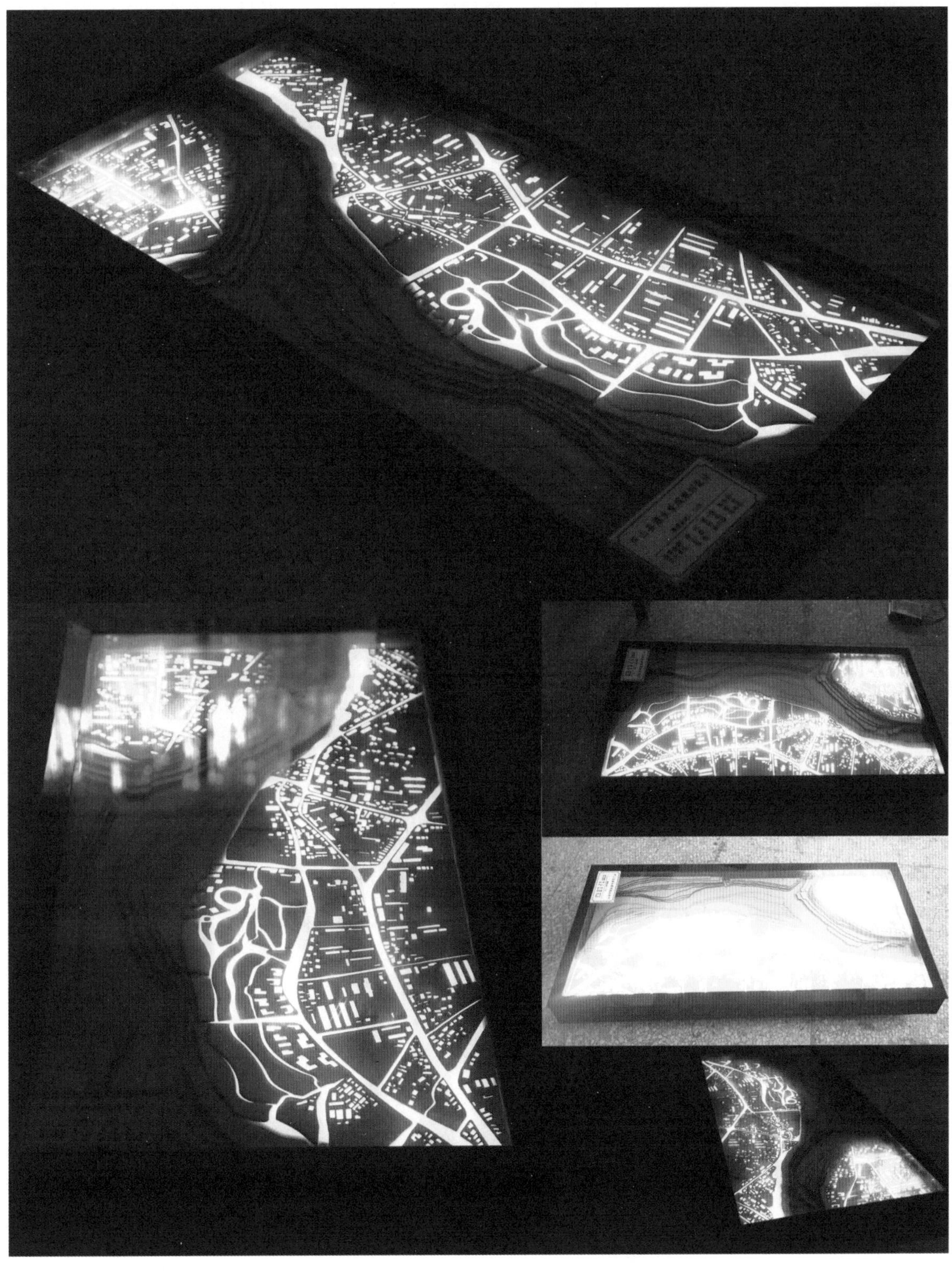

图 3.26　最终模型

3.3 实战 3——风景区规划概念模型

风景名胜区规划设计是近几年来常见的设计项目，这类项目也可以用宏观、抽象的角度来设计和制作模型。常用的方法是因子分离法，即把场地中几个最核心的因子分别呈现。核心因子包括建筑组团、水体、山体、农田、道路等，根据场地的具体情况不一而足。当然，是否采取这种模型设计制作方法，取决于模型的受众群体。这种极简的模型要求观看者具有一定的专业素质，能够读取抽象的信息。模型设计把最核心的元素保留，建筑和地形不再用具体的形态来表达，以方便有专业知识背景的观众快速读懂抽象的设计场地条件和设计成果，并理解设计内涵。

实战导入

人生活在天地之间，创造和发展了人类文明。本实战中的村寨展现了人与自然的关系：人依附自然，利用自然，并与自然和谐共生。今天，人类社会正日益形成这样的普遍共识：人因自然而生，人与自然是一种共生关系。党的十九大报告指出，人与自然是生命共同体，人类必须尊重自然、顺应自然、保护自然。党的二十大报告强调，必须牢固树立和践行绿水青山就是金山银山的理念，站在人与自然和谐共生的高度谋划发展。同学们在项目设计和模型制作的过程中，注意体会传统建筑聚落是怎样顺应自然，与自然共生共存的。

请思考和总结：选取你熟悉的某一视角（如城市水岸设计、城市公园设计、小区景观设计等），谈一谈现代环境艺术设计应该怎样做，才能遵循自然和保护自然。

3.3.1 展示目标

实战 3 以贵州都匀市绕河传统村寨保护与更新项目的模型设计制作为例，介绍风景区规划项目概念模型的制作方法。项目用地长 1600m，宽 620m，占地面积达 60 万 m^2。用地内有四个独立村寨，分别是平寨、狗守寨、小寨和板凳寨；有一条重要的水系——绕河及两条支流；建筑群落有鲜明的民族特色。

模型的表现重点是展示以传统村寨保护为核心，结合了建筑群落整合、新功能植入、旅游设施建设、交通系统设施完善以及其他基础设施建设而形成的新的传统村寨风景名胜区。

3.3.2 模型设计与制作方案的拟订

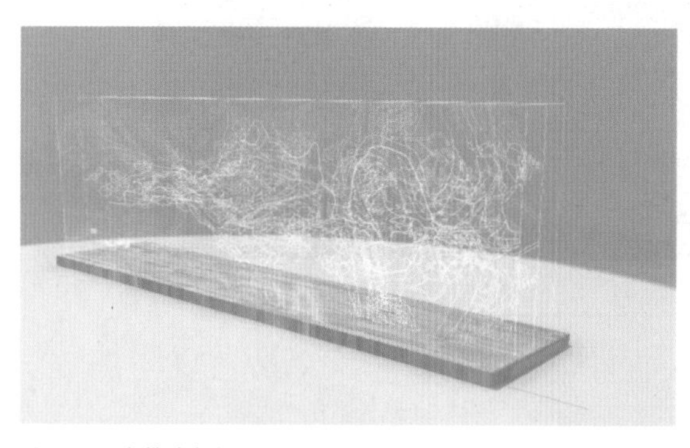

图 3.27 预想模型效果图

根据展示目标，使用概念模型表现方式，该模型采用透明亚克力板分层表现，制作比例为 1∶1500。分层表现内容为等高线、河流、道路、梯田、建筑。使用精雕机在亚克力板上刻线，并在亚克力板的侧面设暗藏灯带，通过灯光明暗效果表现各个分层内容，达到快速、抽象地表现设计场地、设计成果的目的。能力较强的学生可以先用计算机模拟最终的模型效果（图 3.27）。

模型制作计划见表 3.3。

第 3 章课件（三）

表 3.3　　贵州省都匀市绕家传统村寨保护与更新规划模型制作计划

制作工具与辅材		镊子、铅笔、砂纸、夹钳、精雕机、打磨机、气钉枪、电焊笔、模型胶、双面胶
比　例		1 ∶ 1500
时间计划	第一周	确定模型制作方案，完成 CAD 图纸的整理，拟定制作计划，完成材料的购买
	第二周	制作底座，完成面板的开槽
	第三周	雕刻亚克力板 5 张，分别表现建筑、道路、农田、河流、等高线；固定灯带，连接电路
	第四周	拼装组合，打磨外框，完成模型
材料预算		4mm 厚透明亚克力板：2400mm × 1200mm，1.5 张；松木方：截面尺寸为 110mm × 50mm，冷白灯带 7m 、控制器 1 个、变压器 1 个
加工工艺		底座：尺寸约为 1000mm × 330mm × 50mm，用松木方制作。松木方用切割机切割 3 段，开槽后拼合，并用小木方连接为一体。 分层肌理：雕刻机刀 4mm，亚克力刻线深度 1mm，分别雕刻表现地形、建筑、道路、农田、河流。 灯光效果：底座正面 6 条槽内加灯带，连接变压器、控制器、电源。 组装：把雕刻好的亚克力板嵌入底座槽内并固定

3.3.3　模型制作步骤

微课视频

这类模型的设计往往要花费较多的时间，而制作过程则相对简单，大致可分为 CAD 图纸文件整理、制作底座、分层雕刻、焊接灯带、组合模型 5 个步骤。

3.3.3.1　CAD 图纸文件整理

模型设计

CAD 图纸文件整理

通过对项目的解读和分析，可将场地内的重要因子分解为山体等高线、河流、道路、梯田和建筑。为了便于后期使用机器雕刻，需要在 CAD 图纸中对上述因子进行标识。打开设计成果的 CAD 图纸，在图纸中确定模型制作范围，用方框确定下来。

原始地形图并不是为了后期机器雕刻绘制的，其表达的内容包含很多信息，所以图层多、线条复杂，制作者应花时间和精力耐心整理。必要时，可以新建图层重新描绘相关线条（图 3.28）。

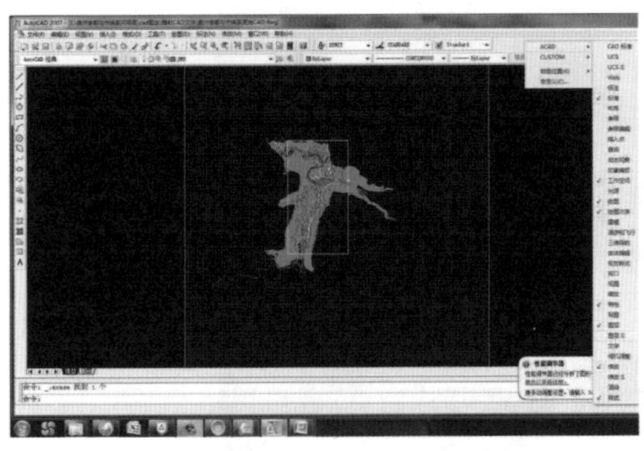
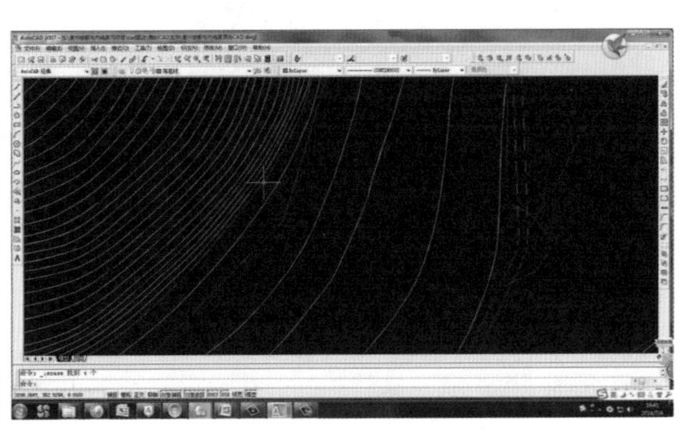

图 3.28　用 CAD 软件整理地形

CAD 图纸整理步骤如下：

（1）打开 CAD 图纸，新建 5 个图层，分别孤立 5 个图层并重命名。删除不需要的图层内容。清理图层。

（2）整理等高线。孤立等高线图层。在原始地形图中，等高线之间的高差为 1m，因受限于模型的尺寸和雕刻刀的精度，需对等高线的数量加以控制。如果等高线过于密集，那么刻在亚克力板上的线条将会叠合在一起，形成一团粗线，达不到表现效果。经核算，雕刻刀的宽度为 0.5mm，则等高距以

5m 为宜。按 5m 等高距删减等高线。

（3）整理梯田道路、河流和建筑。将梯田图层单独显示，并将道路图层和建筑图层冻结（避免误操作），然后整理梯田与建筑、道路重合处。依次整理道路、河流、建筑。整理时需特别注意桥梁的位置和建筑轮廓的完整性。

（4）绘制 CAD 图的边界线。按照模型设计与制作方案中设定好的模型实体尺寸（1000mm × 400mm），在 CAD 图中绘制一个 1000mm × 400mm 的矩形，然后在命令行输入对齐命令“AL”，选择相关对象与该矩形对齐。至此，CAD 图纸文件的整理工作就完成了。保存好文件，以便输入雕刻机使用。

需要注意的是，机器切割虽然省去人力劳动，但是对执行文件的要求特别高，要求整理后的 CAD 图达到线上的点清晰且没有重复的线、空间线和填充图形。否则输入雕刻机后将会报错，反而降低工作效率。

雕刻机雕刻时，一条线段的两个端点为雕刻机的下刀点和起刀点。为了节省雕刻时间，可将同一等高线上的多段线通过 CAD 快捷命令“J”或者“F”连接成一条完整的线。

3.3.3.2 制作底座

按照设计，需要制作一个木质模型底座。制作前，准备好长度和宽度足够的松木料以及木料切割机、精雕机、打磨机等工具。制作步骤如下：

（1）从选购的松木方（宽 110mm、厚 50mm）上截取 3 段长度 1m 的木方备用。

（2）对应每一景观因子层，在木方上绘制需要的槽位（图 3.29），然后调整好锯盘高度，用切割机铣槽（图 3.30）。槽宽 4mm、深 20mm，共 6 条。为了将 3 段 1m 长的木方连接为一体，在每段木方的背面两端，各铣 1 条横向的槽。

（3）制作 2 根小木方和 2 段藏线木方备用。小木方的截面尺寸应略大于横槽截面尺寸。

（4）打磨并拼合 3 段木方，再用 2 根小木方将它们连接为一体，然后用打磨机通体打磨，达到表面光滑的效果（图 3.31）。

图 3.29 绘制槽位

图 3.30 用切割机铣槽

微课视频

底座制作

分层雕刻及清理

制作时需注意以下事项：①木料切割机有危险性，应谨慎操作，或委托专业人士操作；②槽宽与亚克力板厚度一致。

3.3.3.3　分层雕刻

这个阶段的工作相对比较简单，就是按照整理好的 CAD 图纸文件，用精雕机进行雕刻。如果没有精雕机设备，或者缺乏操作经验，可以在电商平台上委托雕刻服务供应商制作完成并寄回。

下面以盛意华宇 SY1212 型号的精雕机为例，介绍分层雕刻的方法。精雕机是数控机床的一种，配有专门的软件，该软件不支持 dwg 格式文件，但支持 EPS 格式文件，所以要用常用的 CorelDRAW 软件打开 CAD 图纸文件，并将其转存为 EPS 格式文件，这是最简便的办法。然后把转存的 EPS 格式文件用精雕机控制软件打开，就可以进行雕刻了。图 3.32 所示为亚克力板雕刻前的准备工作。

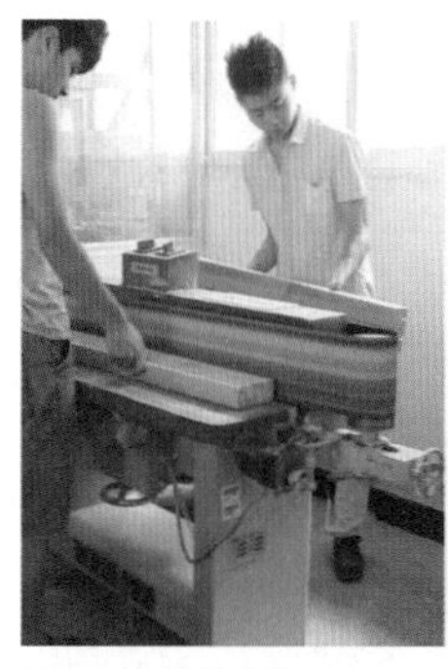

图 3.31　制作底座

图 3.32　亚克力板雕刻前的准备工作

分别完成等高线、河流、道路、梯田、建筑的雕刻（图 3.33）。雕刻机雕刻出的凹线内常会残留材料碎屑，在打入灯光时将影响模型的美观，因此雕刻完成后应将材料碎屑一一清除（图 3.34）。此时暂不去除亚克力板表面的保护膜。清理工作完成后，妥善放置雕刻好的部件，防止其变形。

注意事项：

（1）雕刻过程中需要全程留人观察。亚克力板若有不平整的地方，需要人工按压平整，以保证同一块亚克力板的雕刻深度一致。

（2）雕刻刀被亚克力板的保护膜缠绕时，应暂停机器，去除缠绕的胶膜。

（3）亚克力板表面的保护膜在模型组合前才去除。亚克力表面光滑，任何一丝划痕在灯光下都很显眼，会影响美观，所以在操作拿取过程中要小心谨慎。

焊接灯带

3.3.3.4　焊接灯带

LED 灯带的工作原理参见实战 2。准备好灯光材料（包括外径 0.3mm 和外径 0.6mm 的电线若干、

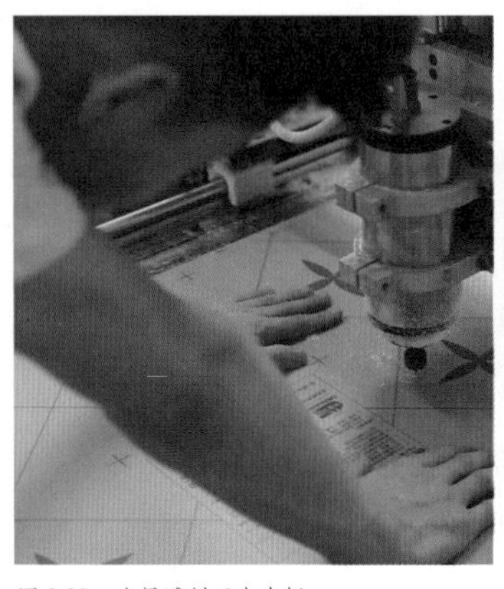

图 3.33　分层雕刻亚克力板

图 3.34　清理刻线

2V5A 变压器、电源插头）和所用工具（电烙铁、锡焊膏、锡丝、美工刀），将准备好背胶的黄色 LED 灯带剪成 6 条长度略大于 1m 的短灯带，并去除短灯带端头的绝缘体。接着把外径 0.3mm 的电线的绝缘体外皮去除一段，再把每股铜丝去除 1/2 以便焊接。最后，涂抹锡焊膏，用电烙铁焊接电线与灯带（图 3.35）。

制作过程中应注意以下事项：

（1）剪灯带时注意看灯带的焊点，避免造成不必要的浪费。

（2）测试时注意用电安全。电烙铁高温，应当小心使用。

图 3.35　焊接灯带

3.3.3.5　组合模型

（1）连接变压器，测试灯带是否焊接成功。如果成功，则可撕开背胶纸，把灯带嵌入底座槽内，仔细贴好（图 3.36）。

（2）固定 6 条灯带后，整理排线，再次测试各条灯带能否正常工作。测试无误后，用木楔子把藏线木方固定在底座两端。再次把排线与变压器连接，最后把变压器固定在底座侧面。如图 3.37 所示。

（3）整理雕刻好的 6 块亚克力板，去除保护膜，然后依次嵌入底座槽中（图 3.38 和图 3.39）。连接电源，测试灯光效果。最后用毛巾将亚克力板擦拭干净，模型就大功告成了。最终效果如图 3.40 所示。

注意在安装过程中一定要多次测试，如果模型组合完成后发现出错，查找和解决问题将增加不少工作量。

微课视频

模型组装

图 3.36　固定灯带

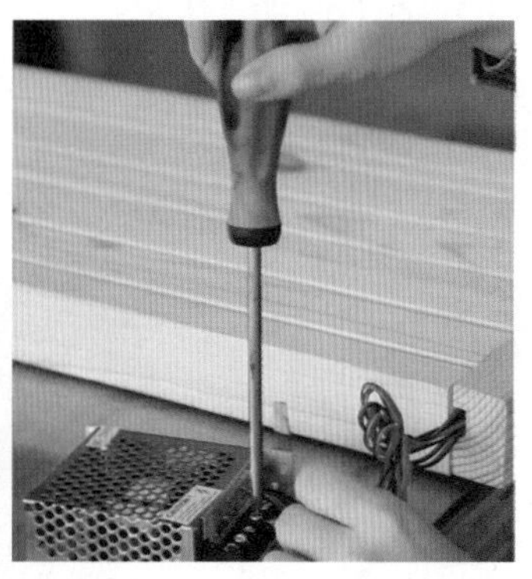

图 3.37　再次测试并固定

图 3.38　去除亚克力板的保护膜

图 3.39　将亚克力板嵌入底座

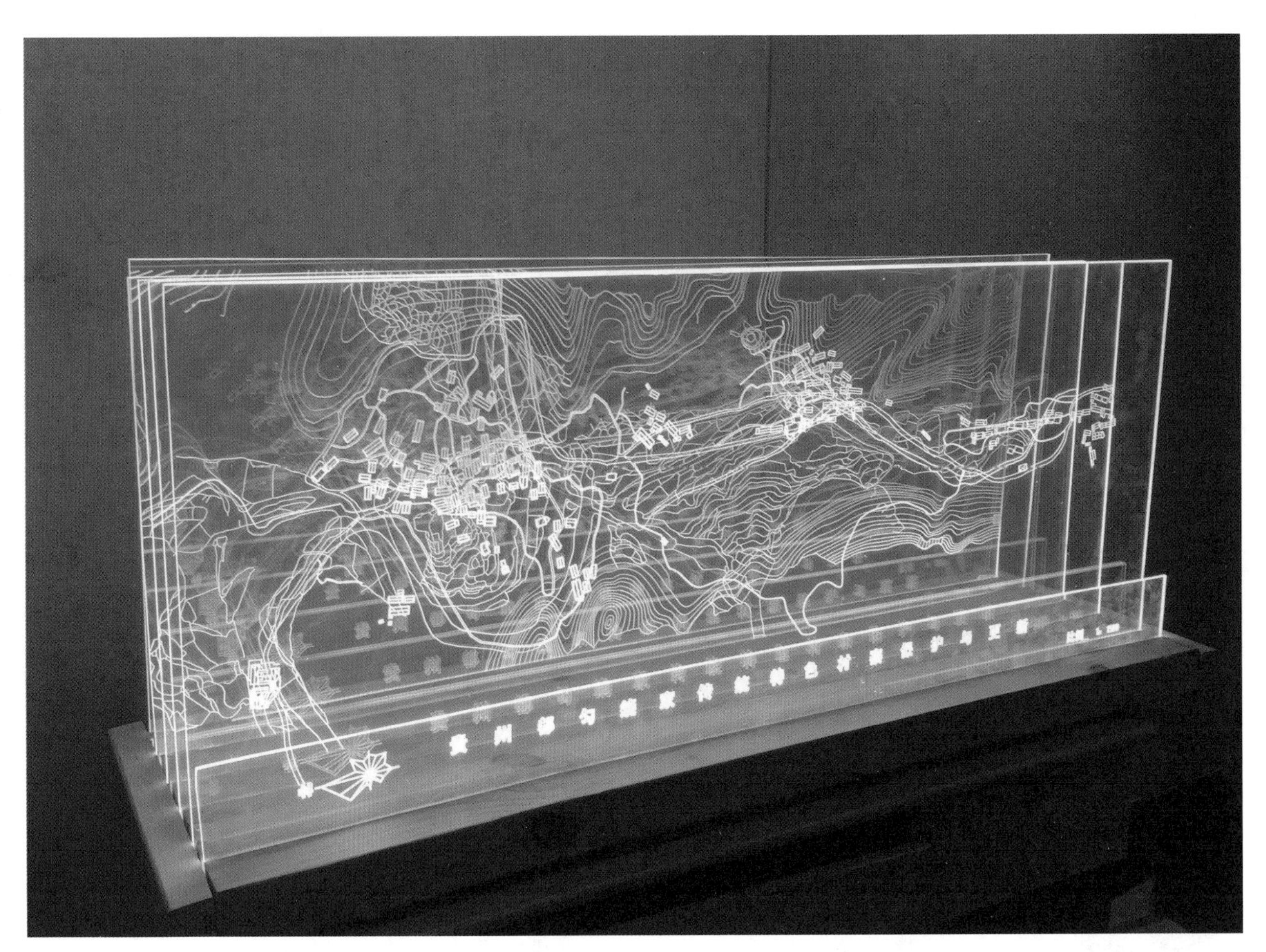

图 3.40　模型最终效果

实战项目链接

拓展资料

项目设计
全套方案

贵州都匀市绕河传统村寨保护与更新项目设计方案展示。

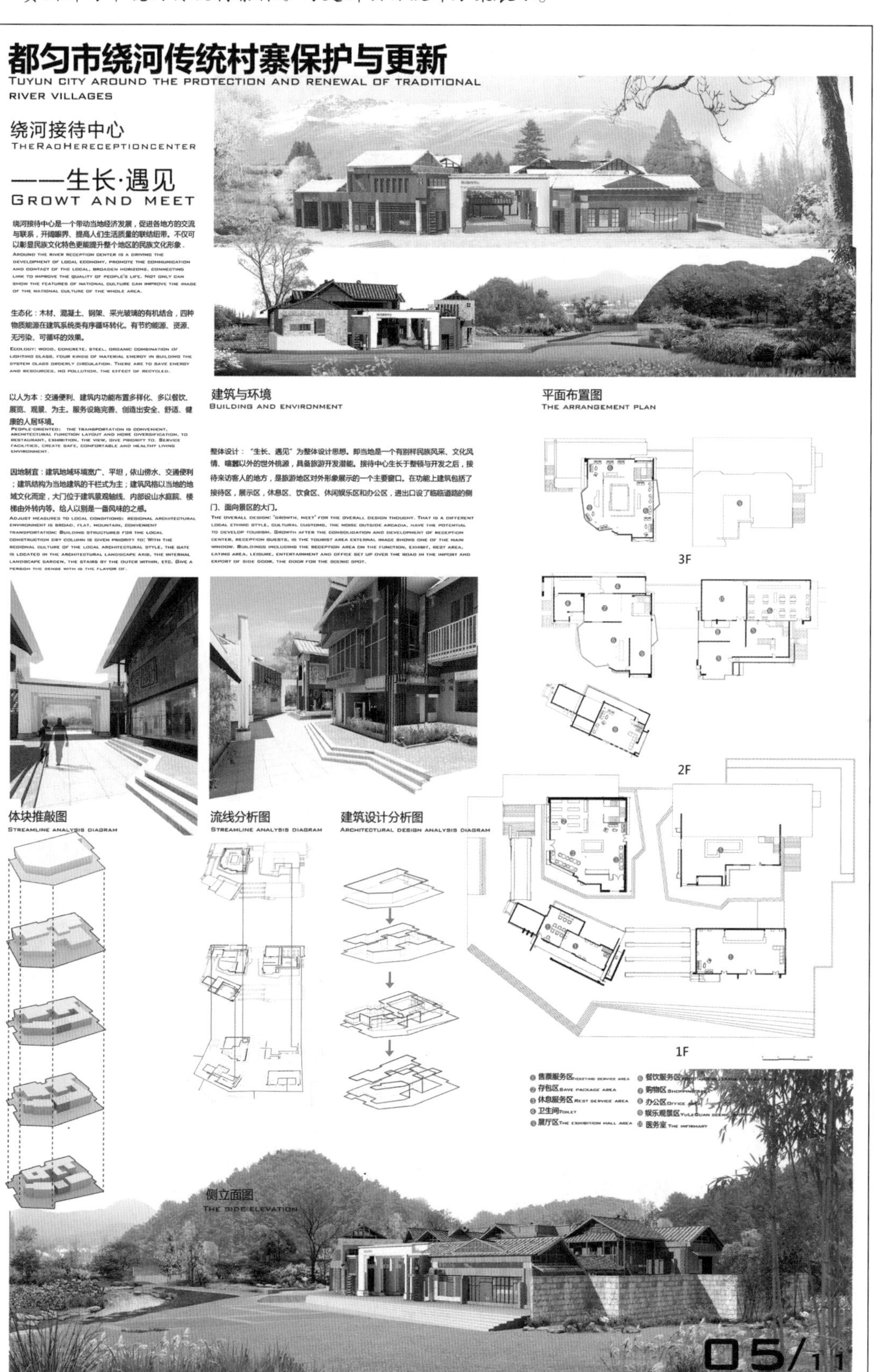

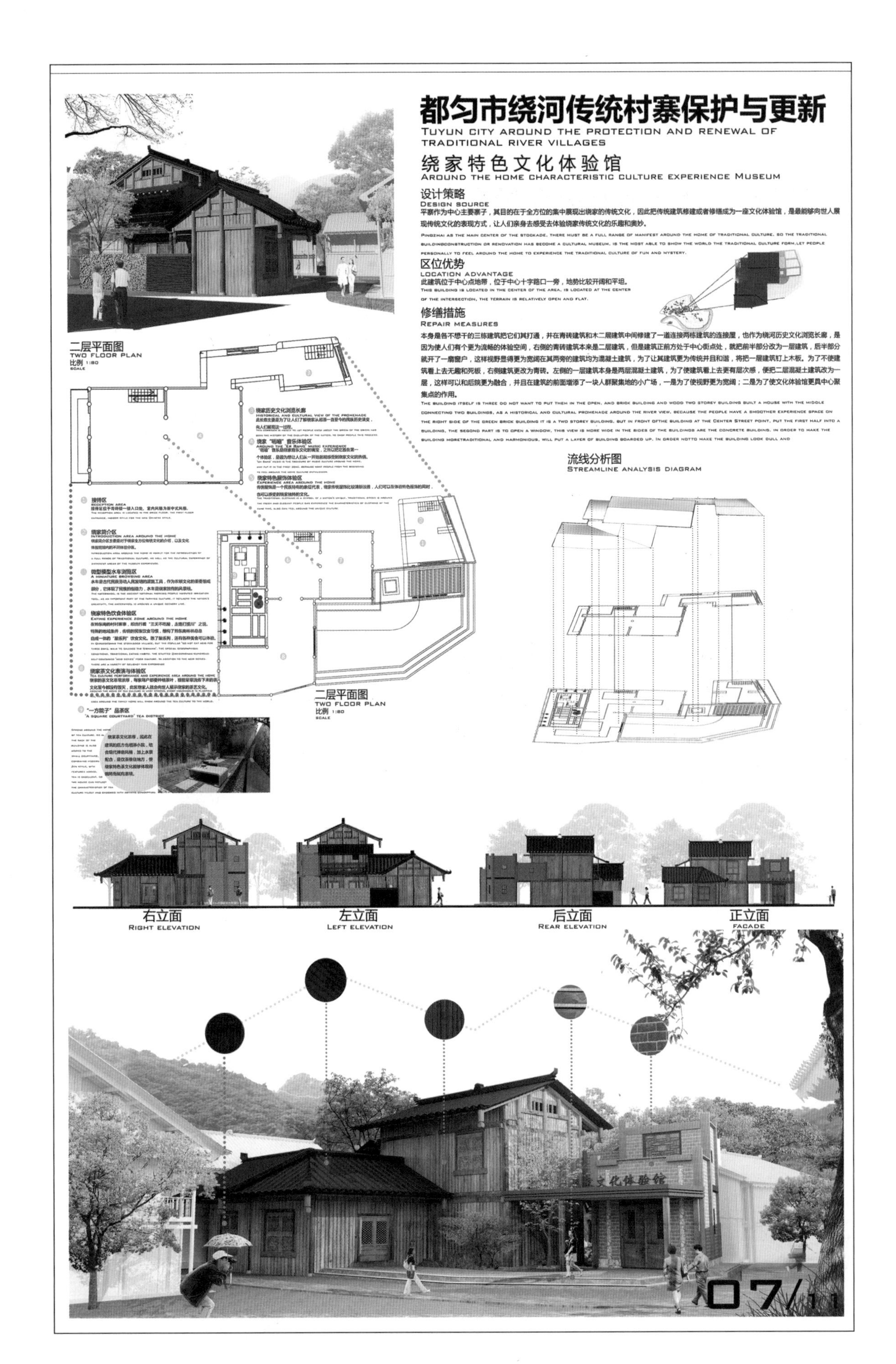

都匀市绕河传统村寨保护与更新
TUYUN CITY AROUND THE PROTECTION AND RENEWAL OF TRADITIONAL RIVER VILLAGES
绕家特色文化体验馆
AROUND THE HOME CHARACTERISTIC CULTURE EXPERIENCE MUSEUM
设计策略
DESIGN SOURCE
平寨作为中心主要寨子，其目的在于全方位的集中展现出绕家的传统文化，因此把传统建筑修建或者修缮成为一座文化体验馆，是最能够向世人展现传统文化的表现方式，让人们亲身去感受去体验绕家传统文化的乐趣和奥妙。
PINGZHAI AS THE MAIN CENTER OF THE STOCKADE, THERE MUST BE A FULL RANGE OF MANIFEST AROUND THE HOME OF TRADITIONAL CULTURE, SO THE TRADITIONAL BUILDINGCONSTRUCTION OR RENOVATION HAS BECOME A CULTURAL MUSEUM, IS THE MOST ABLE TO SHOW THE WORLD THE TRADITIONAL CULTURE FORM,LET PEOPLE PERSONALLY TO FEEL AROUND THE HOME TO EXPERIENCE THE TRADITIONAL CULTURE OF FUN AND MYSTERY.
区位优势
LOCATION ADVANTAGE
此建筑位于中心点地带，位于中心十字路口一旁，地势比较开阔和平坦。
THIS BUILDING IS LOCATED IN THE CENTER OF THE AREA, IS LOCATED AT THE CENTER OF THE INTERSECTION, THE TERRAIN IS RELATIVELY OPEN AND FLAT.
修缮措施
REPAIR MEASURES
本身是各不想干的三栋建筑把它们其打通，并在青砖建筑和木二层建筑中间修建了一道连接两栋建筑的连接屋，也作为绕河历史文化浏览长廊，是因为使人们有个更为流畅的体验空间，右侧的青砖建筑本来是二层建筑，但是建筑正前方处于中心街点处，就把前半部分改为一层建筑，后半部分就开了一扇窗户，这样视野显得更为宽阔在其两旁的建筑均为混凝土建筑，为了让其建筑更为传统并且和谐，将把一层建筑钉上木板。为了不使建筑看上去无趣和死板，右侧建筑更改为青砖。左侧的一层建筑本身是两层混凝土建筑，为了使建筑看上去更有层次感，便把二层混凝土建筑改为一层，这样可以和后院更为融合，并且在建筑的前面增添了一块人群聚集地的小广场，一是为了使视野更为宽阔；二是为了使文化体验馆更具中心聚集点的作用。
THE BUILDING ITSELF IS THREE DO NOT WANT TO PUT THEM IN THE OPEN, AND BRICK BUILDING AND WOOD TWO STOREY BUILDING BUILT A HOUSE WITH THE MIDDLE CONNECTING TWO BUILDINGS, AS A HISTORICAL AND CULTURAL PROMENADE AROUND THE RIVER VIEW, BECAUSE THE PEOPLE HAVE A SMOOTHER EXPERIENCE SPACE ON THE RIGHT SIDE OF THE GREEN BRICK BUILDING IT IS A TWO STOREY BUILDING, BUT IN FRONT OFTHE BUILDING AT THE CENTER STREET POINT, PUT THE FIRST HALF INTO A BUILDING, THE SEGOND PART IS TO OPEN A WINDOW, THIS VIEW IS MORE WIDE IN THE SIDES OF THE BUILDINGS ARE THE CONCRETE BUILDING, IN ORDER TO MAKE THE BUILDING MORETRADITIONAL AND HARMONIOUS, WILL PUT A LAYER OF BUILDING BOARDED UP, IN ORDER NOTTO MAKE THE BUILDING LOOK DULL AND
二层平面图
TWO FLOOR PLAN
比例 1:80
SCALE
绕家历史文化浏览长廊
绕家“唱嗬”音乐体验区
绕家特色服饰体验区
接待区
RECEPTION AREA
绕家简介区
INTRODUCTION AREA AROUND THE HOME
微型模型水车浏览区
A MINIATURE BROWSING AREA
绕家特色饮食体验区
EATING EXPERIENCE ZONE AROUND THE HOME
绕家茶文化表演与体验区
TEA CULTURE PERFORMANCE AND EXPERIENCE AREA AROUND THE HOME
“一方院子”品茶区
'A SQUARE COURTYARD' TEA DISTRICT
二层平面图
TWO FLOOR PLAN
比例 1:80
SCALE
流线分析图
STREAMLINE ANALYSIS DIAGRAM
右立面
RIGHT ELEVATION
左立面
LEFT ELEVATION
后立面
REAR ELEVATION
正立面
FACADE
文化体验馆
07/11

3.4　实战 4——景观建筑方案模型

第 3 章课件（四）

实战 4 为景观建筑方案模型制作。当下，在景观与建筑设计过程中，设计师都越来越重视方案模型的制作，其原因主要是模型可以用来推敲和分析设计方案构思，并为下一步设计工作开展提供必要帮助。模型不但可以表现建筑物自身的材质关系、体量关系、空间关系、构成关系，还能有效地表现建筑物与场地的空间关系、构成关系、体量关系、交通关系等重要设计要素。

实战 4 中的项目是基于场地自然特征与项目人文内涵的景观建筑设计——重庆汉字博物馆设计，很有代表性。重庆汉字博物馆位于重庆市九龙坡区白市驿镇的西部，设计师力图把它打造为一座融自然生态与文化生态于一体的、全新概念的公共绿色文化场所。

实战导入

汉字是中国传统文化中的一颗璀璨的明珠，历经数千年而长盛不衰，是中华文明显著标志之一。汉字元素在设计中的创意表达，对中华文化发展和世界文化多元共存具有积极的作用，本实战的选取就是基于这样的前提。

复盘本实战的项目设计，制作展示模型，要求同学们以精益求精的态度掌握复杂地形和不规则形态建筑的模型制作技巧与方法。同时，同学们也可在模型制作过程中体会到：在传统艺术的基础上，一旦设计出适应当代社会生活和文化需求的空间作品，那么该作品就会具有高水平的审美价值与意义，可以使大众感受到优秀传统文化符号在空间意向表达中的魅力，从而更加坚定文化自信。

请思考和总结：本实战项目设计与模型制作中，如何运用当代设计法则进行传统符号的提炼与表达？

3.4.1　展示目标

模型全面展示园区的建筑、景观、绿化、雕塑、道路、池塘等，而重庆汉字博物馆作为园区的核心建筑，是表现重点。

3.4.2　模型设计与制作方案的拟订

按照模型展示目标和模型的构思设计，考虑模型制作的比例、规格以及各要素的制作设计材料、色彩等，必要时还可参考项目方案的效果图拟订制作方案和计划（表 3.4）。

3.4.2.1　模型设计范围

为了更好地体现建筑与环境的关系，模型制作选定 A 组团（图 3.41）的中心部位加以表现，A 组团面积较大，高差较小，地势开阔，邻近公路，对外观赏性较好，适合群体建筑的放置与重要景观节点的布置。实战 4 将 A 组团内长 373m、宽 180m 的中心区作为设计范围。这一区域中包含整个项目中最为重要的建筑和景观节点，极具代表性。

表 3.4　　重庆汉字博物馆设计方案模型制作计划

制作工具与辅材		镊子、铅笔、美工刀、手术刀片、砂纸、夹钳、精雕机、雕刻刀、气钉枪、模型胶、双面胶
比　例		1 : 250
时间计划	第一周	完成图纸调整工作；购买工具、材料
	第二周	制作底座、地形，并完成组装
	第三周	制作建筑模型及细部构件
	第四周	完成模型细部，调整关系
材料预算		木工板：2400mm×1200mm，1张；密度板：2400mm×1200mm，2张；有机板：2400mm×1200mm，0.5张；亚克力板：2400mm×1200mm，2张
加工工艺		底座：采用木工板，按比例尺寸用轮盘锯切割，台面边框再包1mm厚木线条。底座尺寸约为1240mm×690mm（以定稿后尺寸为准）。 地形：选用2mm厚黄灰色密度板，用CAD软件整理平面图纸文件，精雕机完成切割，按比例高度手工胶接。 建筑：用亚克力板制作建筑主体。 配景：用亚克力喷漆板、铜丝、细棉线等手工制作

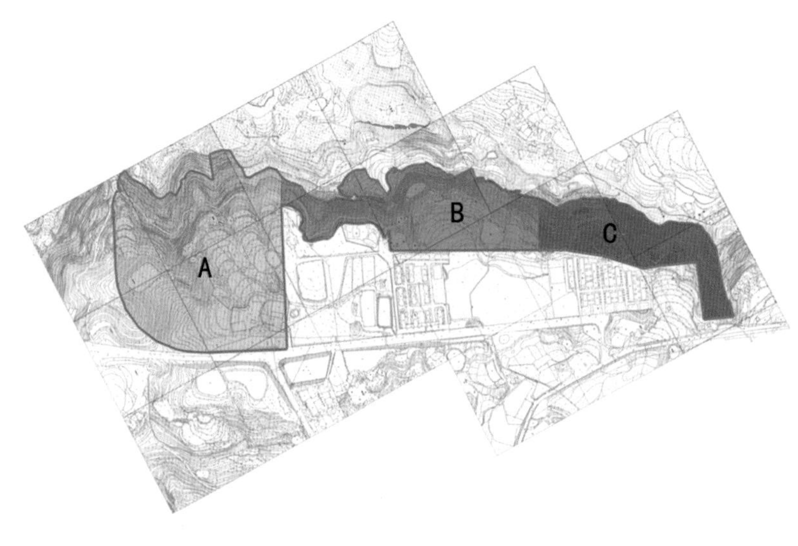

图 3.41　模型制作范围及其环境

3.4.2.2　设计内容

重庆汉字博物馆景观建筑方案模型设计内容包括重庆汉字博物馆建筑设计、汉字馆前平台设计、水面设计、百米大道设计、梯田景观设计、入口大门设计等。在确定设计方案后，可用三维建模软件模拟建筑及周边环境（图 3.42），为制作方案模型做基础准备。

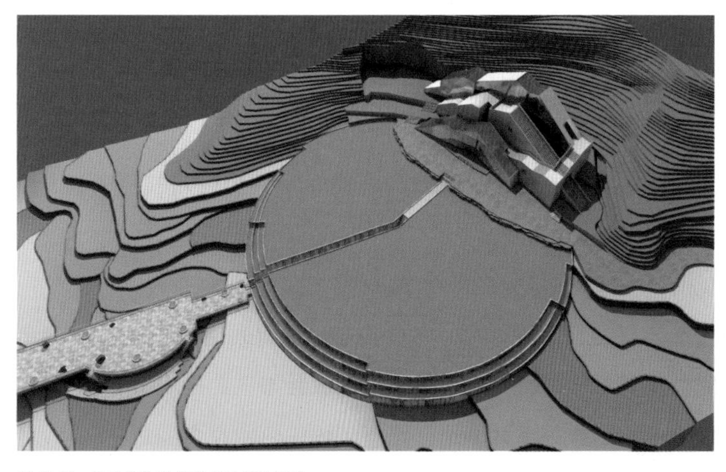

图 3.42　用建模软件模拟的建筑及环境

（1）建筑设计。汉字博物馆以展示为主，是园区中最为重要的标志性建筑，它背靠大山，面临平川，视野开阔。在这里，山峦与平川相映成趣，建筑与环境融为一体。建筑设计表现出中国传统建筑艺术所追求的意境与神韵。坡体建筑形成山形效果，建筑屋顶上覆土种植的树木随季节变化色彩，既映衬出建筑整体关系，又使建筑的边缘形态更加富有节奏，与其背后的山体达到有机融合（图3.43）。

图3.43　建筑设计方案

（2）平台设计。平台形状模拟甲骨文，从龟壳形状抽象而来。

（3）水面设计。在建筑前面，利用地形关系设计圆形水面，以期利用建筑的水中倒影形成山水画的艺术效果。同时结合地形设计跌水瀑布，增加整个场地与建筑的生动性与趣味性（图3.44）。

图3.44　水面设计方案

（4）百米大道设计。从入口至水面景观的道路，利用高差关系设计成悬浮道路。大道两侧列植树木（图3.45）。

（5）梯田景观设计。根据地形高差的变化设计梯田景观（图3.46）。

图3.45　百米大道设计方案

图 3.46　梯田景观设计方案

（6）入口大门设计。入口大门采用中国传统的构造方式，辅以竖直钢线，寓意最早的文字形式——结绳记事。

3.4.2.3　景观建筑方案模型制作要点

1. 确定模型制作比例

根据设计地块的大小和制作要求——能比较详细地体现建筑物自身的材质关系、体量关系、构成关系以及建筑物与场地的空间关系、交通关系等确定模型制作比例。该模型制作比例确定为 1∶250，放样出来的大小为：长 1200mm，宽 650mm。

2. 选择材料

（1）材质。方案模型中的建筑与景观可选择不同的材料制作。建筑模型材料根据建筑的主体风格、形式、造型进行选择。本方案中的建筑属于现代风格，制作现代建筑时，一般选择亚克力板、ABS 板、PVC 板、硬质卡纸等材料。本实例建筑的实体部分和玻璃幕墙均选用亚克力板制作。本实例为山地地形，局部为梯田。在制作自然形态的地形时，可选择质地不太硬、有一定肌理感的材料，如密度板、软木板、软质 PVC 板等。本实例的地形制作选用密度板。

（2）厚度。根据模型制作比例、建筑墙体的实际厚度和地形高差来选择建筑模型材料的厚度。本实例比例为 1∶250，建筑墙体厚度一般为 240mm，地形图上相邻等高线之间的高差为 0.5m，可选择厚度为 1mm 的亚力克板制作建筑模型，厚度为 2mm 的密度板制作地形模型。

3. 确定模型的色调

根据模型表现对象的实际色彩，运用色彩构成原理进行模型色彩设计，切忌色彩杂乱无章。表现形式一般有两种：一种是利用模型材料自身的颜色；另一种是用涂料进行喷涂。本实例模型色彩的建筑实体部分定为淡黄色，玻璃部分定为绿灰色，水面定为淡蓝灰色，山体与梯田用密度板固有色，百米大道与大门选择与建筑实体部分相同的颜色。

上述工作完成后进行底座、地形、建筑、配景等的制作。

3.4.3　模型制作步骤

3.4.3.1　底座的制作

按照 1∶250 的制作比例计算，模型尺寸为 1200mm×650mm。模型包边为 20mm，所以需要切割的底座平面尺寸为：长 =1200mm+20mm×2=1240mm，宽 =650mm+20mm×2=690mm。底座的制作方法参见实战 1。

3.4.3.2　地形的制作

本实例的地形制作比较复杂，这是与其他实例模型的最大区别。重庆汉字博物馆景观建筑类模型的地形包括两部分：一是原有地形，即山体和周边环境；二是设计地形，即设计的稻田、景观水面、百米大道、建筑平台。在制作之前一定要弄清楚各个部分之间的上下关系、连接关系，制作时尽量做到地形整体切割、整体制作，防止缺项。

1. 整理设计地形 CAD 图

第一步，把设计地形 CAD 图中的地形部分单独存为一个图形文件（即保留图中地形，把建筑、百米大道、大门删除），并进行标高整理。整理工作完成后，计算模型的制作高度，以便确定模型效果。实际场地的最高点标高为 357.5m，最低点标高为 313m，高差为 44.5m。按比例计算，模型上的高差应为 17.8cm，制作时注意尽可能地减小误差，尽量真实地表现场地的地貌特征。然后，把在制作地形过程中不能一次性制作的内容（如台阶、田埂等）删除，如图 3.47 所示。

第二步，进一步整理地形 CAD 图，使之达到精雕机的雕刻要求。本实例使用的精雕机的最大可雕刻范围为 1200mm×1200mm，待雕刻地形的每一个部分的尺寸都应控制在这个范围内。按等高线切割板材，再把切割好的地形按高度顺序黏结。该场地中的地形较复杂，其特征是中间低（标高 313m），北面与南面高（北面标高 357.5m、南面标高 319m），所以每一条等高线形成的闭合面是由中间最低点向两端延展。按标高由低到高的顺序把每一个由等高线形成的闭合面拣选出来。为了节约板材，把每一块地形图分别布置在 1200mm×1200mm 的图框内，如图 3.48 所示。然后输入雕刻机中进行雕刻。雕刻过程中一定要给板材编号。由于这组地形的高差较大，也可以直接在雕刻好的板材上，用铅笔标注其实际高度。

2. 打磨

雕刻完成后还应该用细砂纸打磨板材边缘，这是因为雕刻机的钻头很容易把雕成品的边缘弄得参差不齐。对雕刻好的板材进行打磨。打磨完成后，可先简单地按标高把板材拼贴在一起，检查是否有缺项漏项。如果有，应立即想办法进行补救。图 3.49 所示为简单拼贴的地形效果。

3. 圆形水面的制作

圆形水面的颜色设计成蓝灰色，使用蓝灰色罐装喷漆均匀地在水面位置喷涂即可。

第一步，从简单拼贴成的地形中选出圆形水面所在的板材，并从该板材中选出圆形水面的位置，然后把其余部位用废纸遮挡，以免喷漆时彩漆喷到别的地方。用废纸遮挡时应注意：不要使用黏性太强的黏合剂，以免去除遮挡物时造成板材破损。可以使用黏性不是很强的透明胶带把废纸贴在板材上。

第二步，喷漆。喷漆时应注意：首先，要把喷漆部位清理干净，避免有大块的纸屑或杂物留存其上，否则喷完后会造成凹凸不平的现象；其次，喷罐不可离板材过近，以免形成漆斑，一般要离板材

图 3.47 地形 CAD 图整理示例

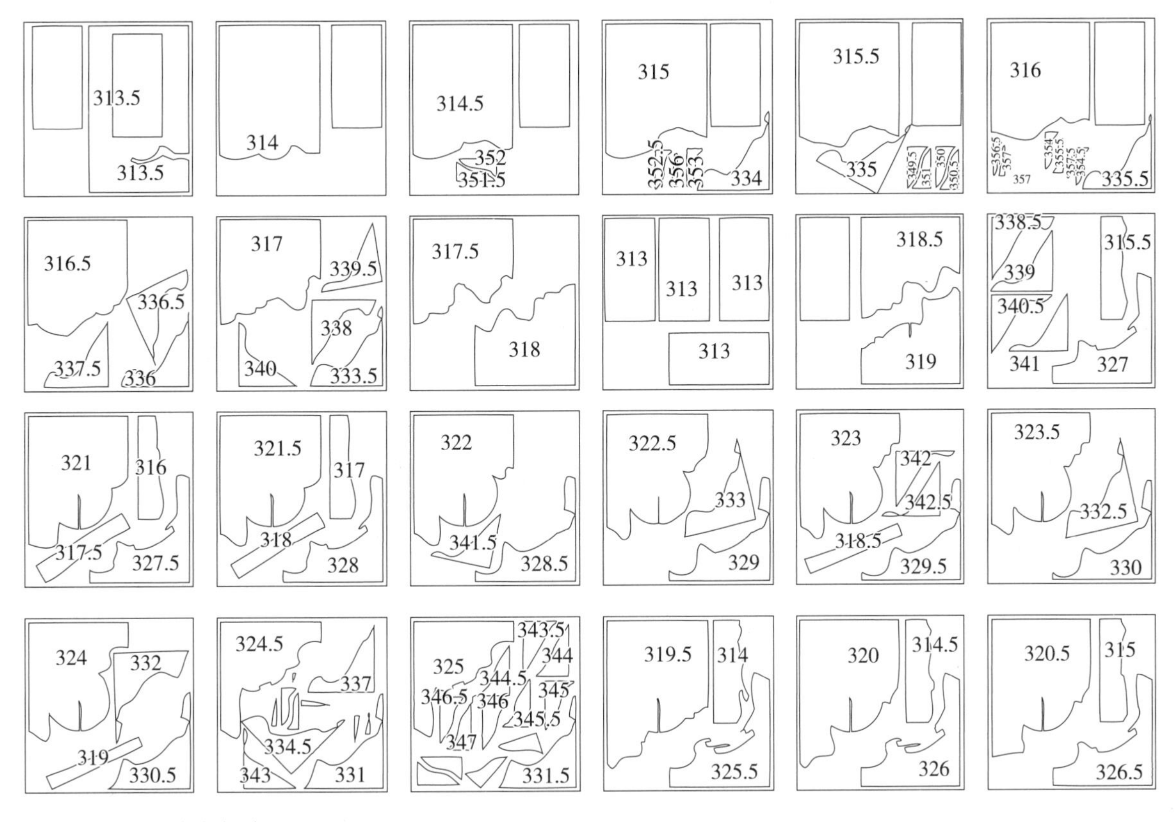

图 3.48　整理好的排版地形文件

30cm 以上；最后，把喷漆均匀地喷在板材上（图 3.50），应多喷几遍，不可操之过急，以免发生不均匀现象。喷完后，把板材放置在阴凉处晾干，切忌放在阳光强烈的地方，以免喷漆漆面出现龟裂。

4. 地形的组装黏结

水面制作完成后，可以进行地形的组装黏结工作。从最低标高 313m 处，逐级向上黏结。黏结时应注意以下事项：①工作前，应把双手洗干净，以免把板材弄脏；②黏结每一层时都要把下层的灰尘清理干净，以免因有大的颗粒杂物而造成层与层之间形成缝隙（图 3.51）；③由于该地形复杂，需组装的板材层数多，所以在黏结时一定要注意把各层板材的边角对齐，以免发生错位；④黏结和固定板材可选用万能胶、502 胶、亚克力胶、气钉枪等。由于该模型层数多，有些小块板材、不宜用胶粘剂固定，可选用气钉枪逐层固定，增强模型的牢固程度。使用气钉枪时应注意安全，首先把板材摁紧，再拿气钉枪沿板材周边向中间逐步打钉。可多钉几颗，保障其牢固程度（图 3.52）。当从高到低逐级固定板材后，模型地形即制作完毕。

图 3.49　简单拼贴的地形效果

3.4.3.3　道路的制作

该模型方案的道路即百米大道，其制作方法如下：

（1）整理设计地形中的百米大道。在 CAD 中用 PL 线描出百米大道，并用圆形工具画出留空部位，形成一个闭合图形（图 3.53）。

微课视频

基层材料边角打磨

圆形水面制作

地形的组装

道路的制作

（2）材料选择 1mm 厚的亚克力板。

（3）用精雕机雕刻。根据绘制的道路交通 CAD 图雕刻道路模型（图 3.54）。

（4）雕刻好的模型，用细砂纸磨边、整理，然后在其正面和侧面均匀地喷涂淡黄色漆（图 3.55），最后放于阴凉处晾干。喷漆方法和注意事项与地形中的水面制作相同。

（5）将晾干后的道路模型粘贴在地形模型上（图 3.56）。

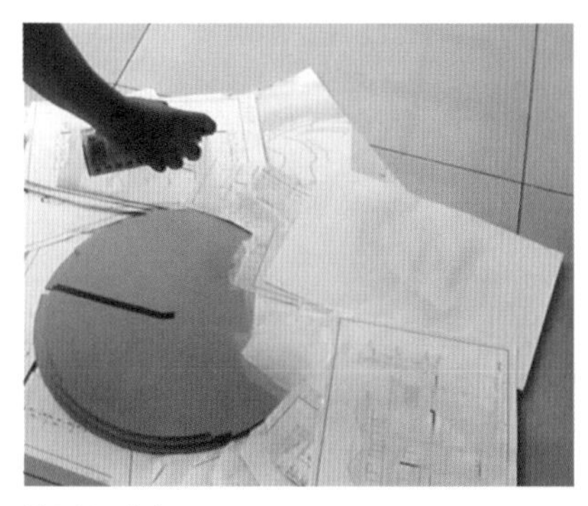

图 3.50 喷漆

图 3.51 清理灰尘

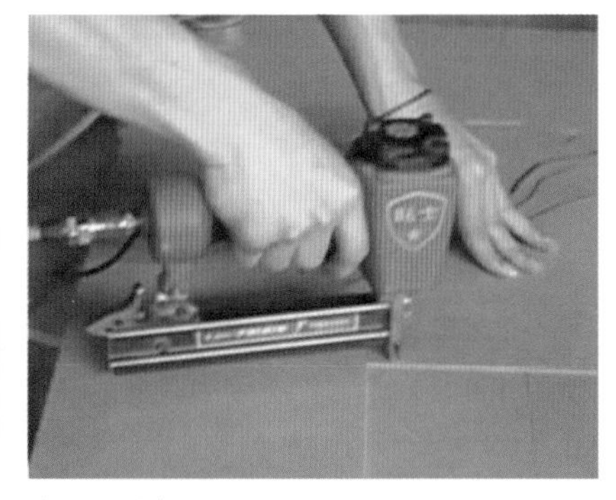

图 3.52 固定

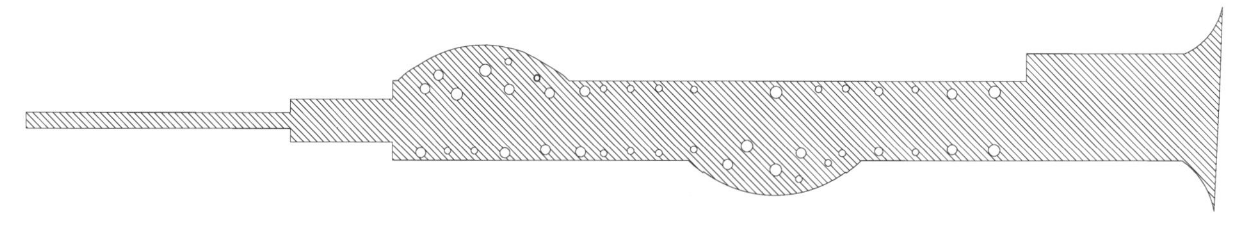

图 3.53 用 CAD 画出百米大道

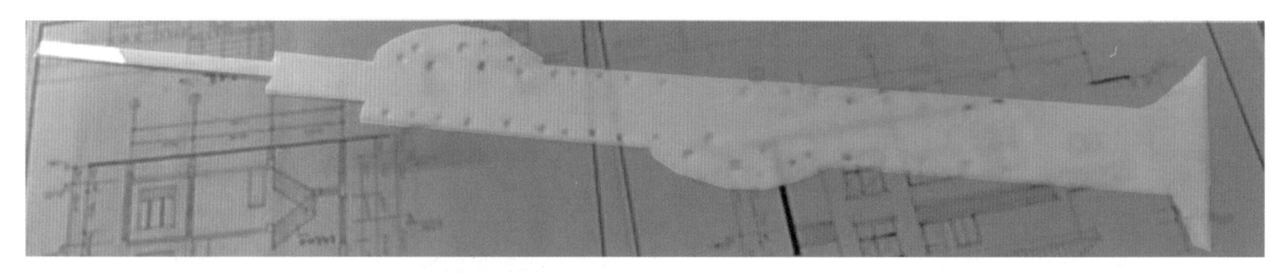

图 3.54 雕刻道路

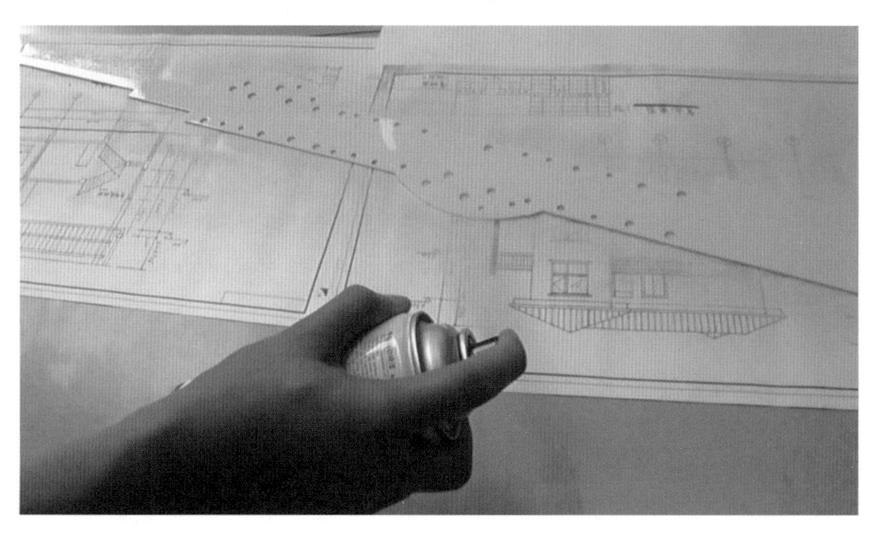

图 3.55 喷漆

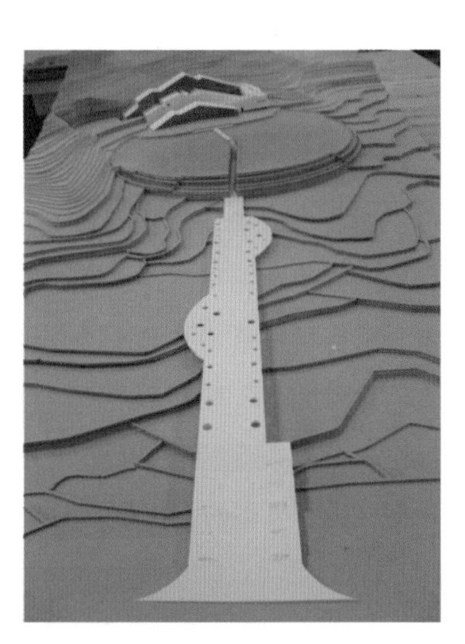

图 3.56 粘贴道路模型

微课视频

建筑的制作

3.4.3.4 建筑的制作

重庆汉字博物馆建筑模拟山的形态，外形较为复杂。前期运用三维软件建模并分析确定主要运用玻璃与石材两种材料表达建筑界面。该建筑由四大部分组合而成，如图 3.57 所示。设计选用 1mm 厚的亚克力板并喷黄色漆来模拟建筑的石材界面，用 1mm 厚的茶色亚克力板拉缝模拟建筑的玻璃幕墙（太薄的亚克力板，硬度不够，并且在做拉缝时容易破损，因此选择 1mm 厚的亚克力板）。可顺序制作图 3.57 所示的建筑四大部分，然后再组合成建筑整体。

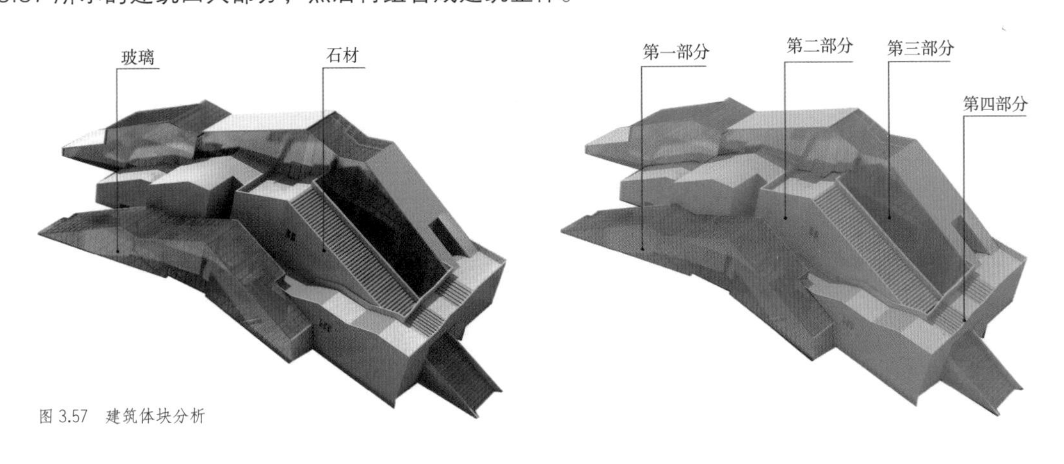

图 3.57 建筑体块分析

1. 整理建筑 CAD 图

（1）按 1∶1 的比例用 CAD 画出建筑各个面的展开立面。因为该建筑模仿的是山的形态，故而有很多面是不规则的倾斜面，所以要用 CAD 画出各个界面的立面展开图，以便精确地制作模型。图 3.58 所示为建筑第二部分各个立面的展开图。

（2）立面展开图画好后，把各个转折面闭合，形成一个闭合的单独图形，如图 3.59 所示，两部分以便精雕机雕刻时使用。1mm 厚的亚克力板质地坚硬，一般都是使用精雕机进行切割。

（3）将石材界面与玻璃幕墙的转折面分别整理在 1200mm × 1200mm 的图框内，如图 3.60 所示。在表示玻璃的图形上每间隔一段距离，用与外轮廓不同颜色的线画一条线段，用来表现玻璃幕墙的效果，如图 3.61 所示。精雕机可以按照线型的设置，雕刻不同的深度。

2. 雕刻与打磨

（1）用精雕机在 1mm 厚的亚克力板上雕刻出建筑石材界面的轮廓线。一定要注意事先计算好各条切割线的位置，以免造成材料浪费。一般要把雕刻时的损耗量和雕刻完成后的打磨修正损耗量计算进去，以解决材料损耗造成的模型尺寸不精确的问题。本案把闭合图形向外扩边大约 0.5m。

（2）根据 CAD 图，用精雕刻机在 1mm 厚的茶绿色亚克力板上雕刻出建筑玻璃幕墙的轮廓线。设置精雕机的雕刻深度，把玻璃幕墙上的钢结构按图纸上竖划线的位置雕刻出来。但一定不能把板材雕穿，以免玻璃幕墙面断裂。本案中，将图 3.61 中的红线设置为雕刻深度 0.7mm，绿线设置为 0.5mm。

为保证各个立面的正确粘贴组合，可以每切割一块，就按一定的顺序进行编号。同时对相应的图纸也进行同样的编号。

（3）加工建筑的镂空部分，如建筑的门与窗。用 CAD 在建筑展开立面图上画出门和窗的位置，用精雕机把门窗部分镂空即可。

（4）对雕刻好的建筑的各个面，先用 200 号的砂纸进行打磨，再用 100 号的砂纸做最后打磨。

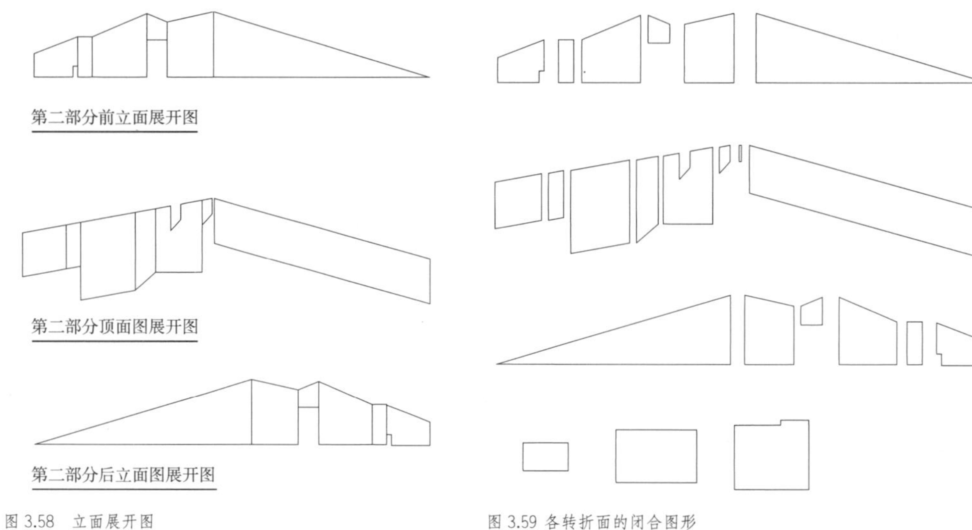

图 3.58　立面展开图

图 3.59 各转折面的闭合图形

图 3.60　整理在 1200mm×1200mm 图框内的石材界面部分

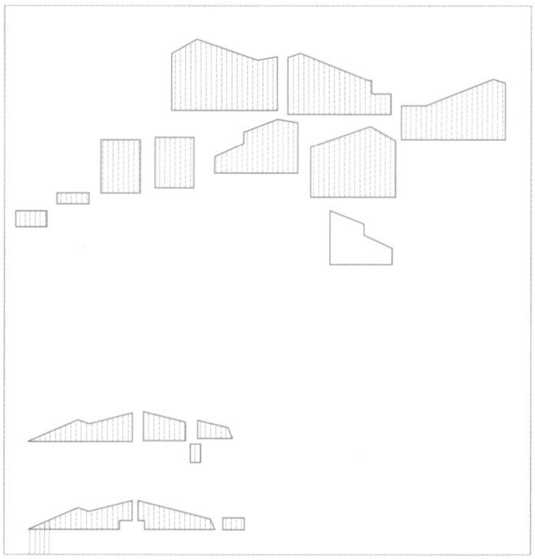

图 3.61　整理在 1200mm×1200mm 图框内的玻璃幕墙部分

3. 建筑的组装

建筑各个部分雕刻、打磨完成后，可将建筑平面图按 1：250 的比例打印，建筑立面根据打印出的平面图来定位。首先把建筑主体的四个部分依据平面图定好位，然后按顺序黏合在一起。注意不同的材料应选用不同的胶粘剂，亚克力板选用亚克力胶即可。黏结时注意以下事项：

（1）最好从一个方向推进，先内后外，不可随意黏结。

（2）使用亚克力胶时，注意控制用量，防止胶水溢出。亚克力胶的黏度大而且干后会在亚克力板上形成胶痕，不易擦除，所以最好准备一支针管，在针筒内装满胶水，从针头挤出适量胶水涂抹在黏结面上。因亚克力胶干得很快，所以涂抹后应立即进行黏结（图 3.62）。

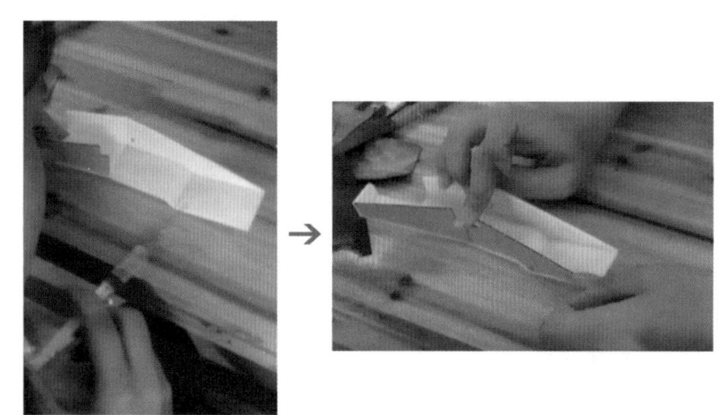

图 3.62　黏结

（3）在黏结时若发现板材的长度或宽度有小的出入，可以用砂纸打磨修正；如果发现因前期计算不够精细而导致板材长宽尺寸出入较大，则可以用磨砂机把多余的部分磨掉（图 3.63）。

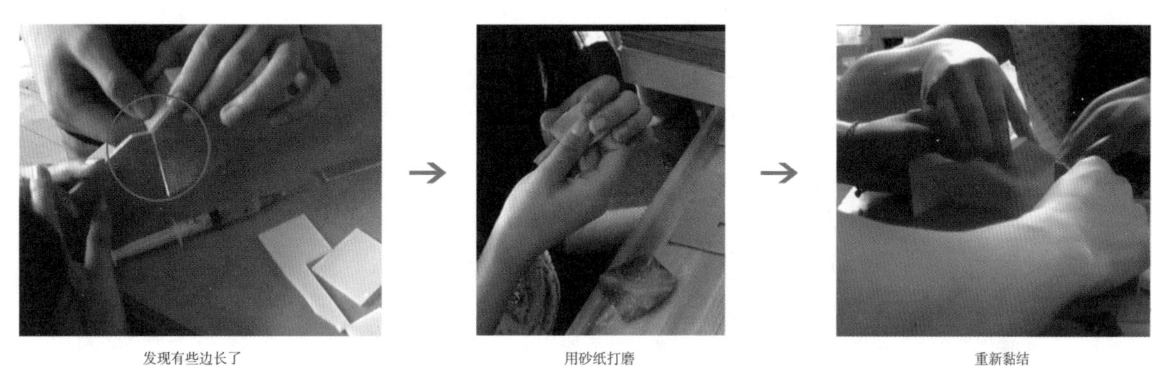

图 3.63　打磨

每一部分制作完成后，都要与其他部分及地形进行简单的拼接，检查有无出错的地方，如果发现有错就及时调整（图 3.64）。

建筑各部分制作完成后，可进行喷漆。本实例按照设计方案在建筑的石材部分喷黄色漆。喷漆方法与水面和百米大道相同，这里就不再赘述。

图 3.64　调整

喷漆完成后，可对建筑各个部分进行组装。由于各个部分制作得比较精确，所以组装时基本不需要使用胶水黏结，相互卡在一起即可。组装过程如图 3.65 所示。组装完成后，把建筑放入地形当中，建筑制作完成（图 3.66）。

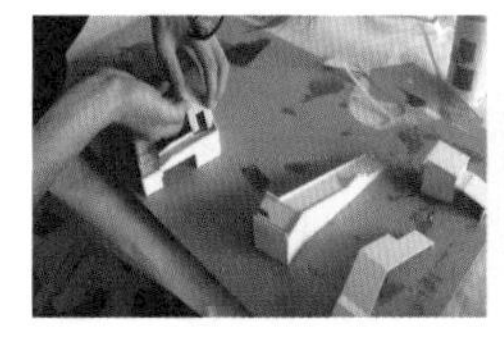
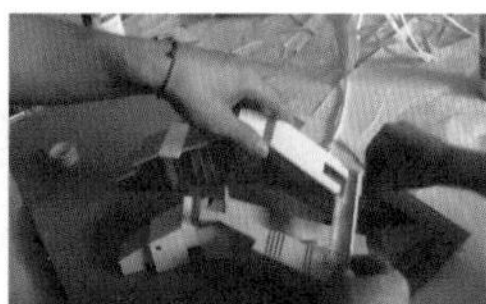
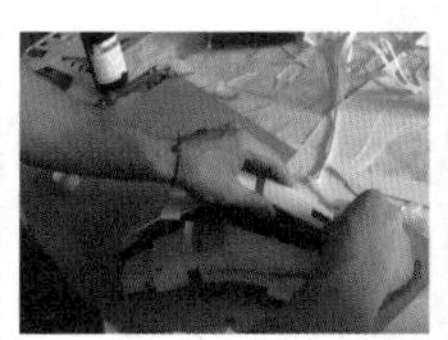
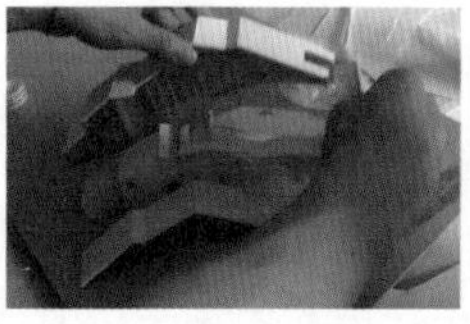
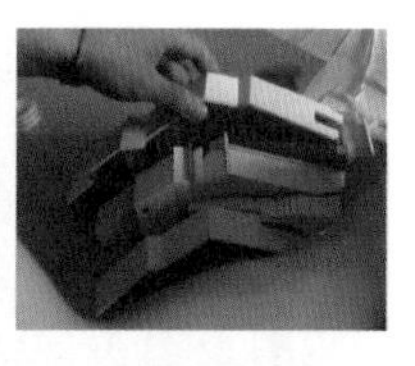

图 3.65　组装

微课视频

配景（田埂）的制作

入口大门的制作

3.4.3.5　配景的制作

1. 田埂的制作

（1）在 CAD 中用 PL 线描出田埂的位置，把每一根田埂都变成闭合图形，然后把所有田埂图形整理在一个 1200mm × 1200mm 的图框内。

（2）材料选择 2mm 厚的密度板。

（3）用精雕刻机雕刻 CAD 软件勾画的田埂图。

图 3.66　建筑制作完成后效果

（4）把雕刻好的模型用细砂纸砂边。田埂很细，砂边时不宜用力过大，以免其断裂。

（5）根据地形，沿着稻田的边缘，按照从前往后的顺序粘贴田埂（图 3.67）。粘贴时注意，因田埂太细，如果选用胶水，特别容易溢出到稻田地形上，影响整体效果。为了避免这种现象，可采用双面胶进行黏结固定。至此，田埂就制作完成了（图 3.68）。

2. 入口大门的制作

制作入口大门大致可分为两步：第一步，用精雕机把大门模型的基本形切割出来；第二步，用线

图 3.67 粘贴田梗

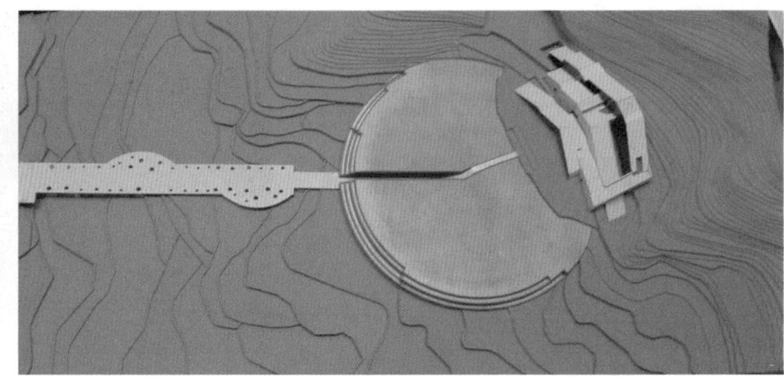

图 3.68 田埂制作完成

连接这些基本形，形成整体。具体制作方法如下：

（1）在 CAD 中用 PL 线描出大门图形。大门为序列式，共 8 组，每组都由两个一模一样的基本形构成，共有 16 个基本形（图 3.69）。把每一个基本形都绘成闭合图形，然后整理在一个尺寸适当的图框内。

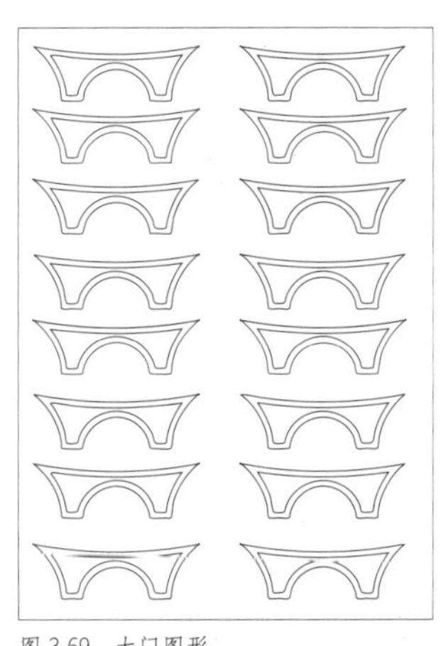

图 3.69 大门图形

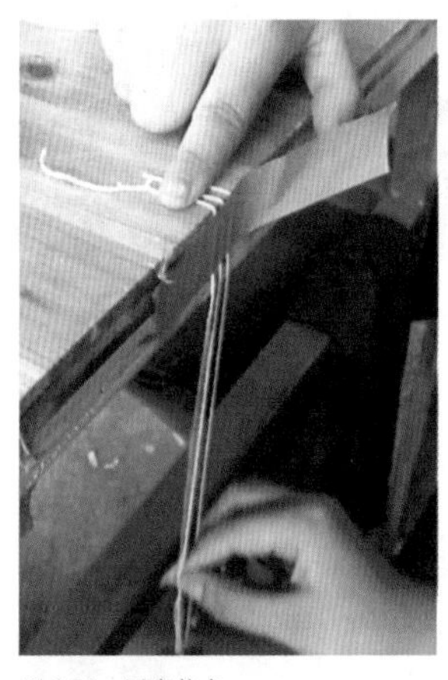

图 3.70 固定拉直

（2）材料选择 1mm 厚的亚克力板。

（3）用精雕机雕刻 CAD 软件绘制的大门图形。

（4）把雕刻好的模型用细砂纸砂边。用砂纸打磨不到的部位，可以用小刀刮平。

（5）打磨完成后，以两个基本形为一组，用中间穿线的方法模拟表现设计意图。制作顺序为：首先，把细棉线等距离地粘贴在一张纸胶带上；其次，把纸胶带连同排线一起固定在桌子边缘，然后把排线拉直（图 3.70）；再次，用两个基本形夹住排线并对齐，然后用亚克力胶黏结（因接缝很小，可用针管涂抹胶水进行黏结，见图 3.71）；最后，用剪刀把大门基本形从排线上剪下来（图 3.72），大门的一部分即制作完成。

（6）用剪刀把大门基本形上下出露的线头清理后，将其依次黏结在百米大道的前端，入口大门即制作完成（图 3.73）。

至此，模型基本也就完成了（图 3.74），接下来就是查漏补缺、弥补细节的不足，这里不再赘述。

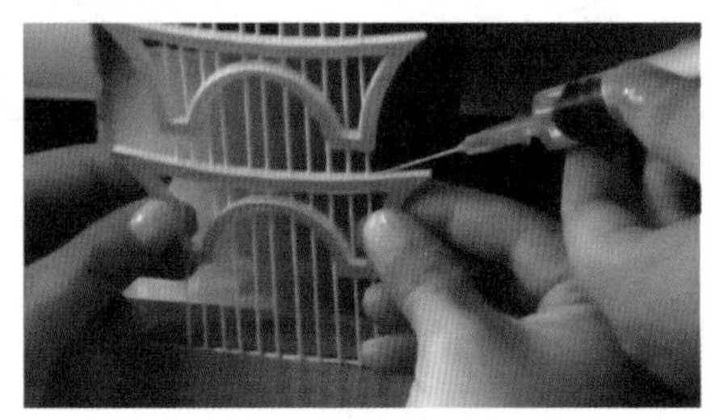

图 3.71 粘线

图 3.72 剪下大门

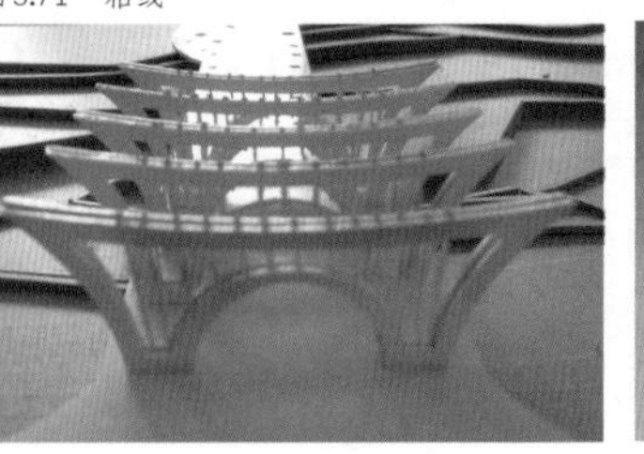

图 3.73 大门制作完成

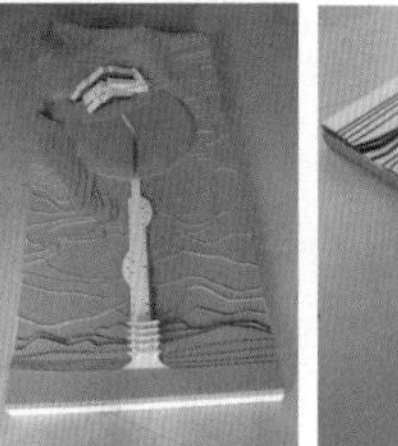

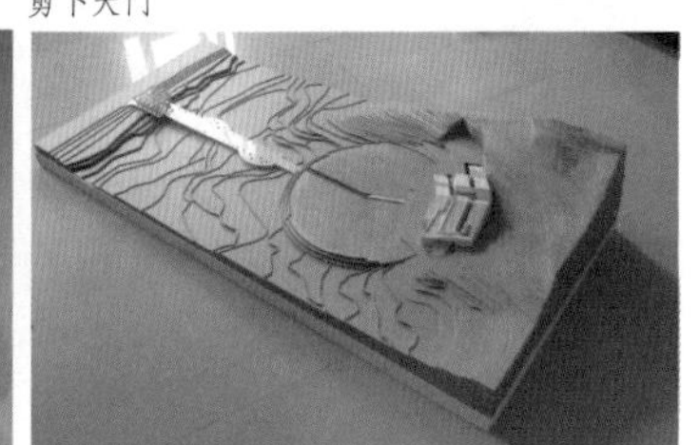

图 3.74 完成的模型

实战项目链接

拓展资料

项目设计
全套方案

重庆汉字博物馆项目设计方案展示。

重庆·汉字博物馆

Chongqing Chinese characters Museum

建筑及景观设计

Architecture/landscape design

设计场地分析 Design and analysis of site

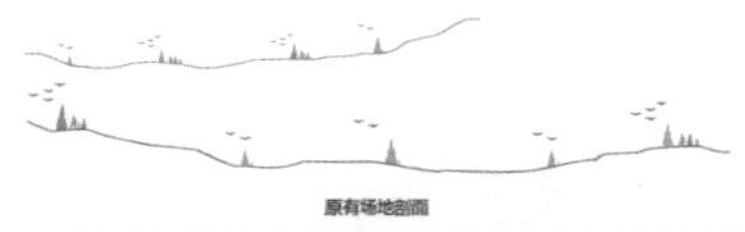

原有场地剖面

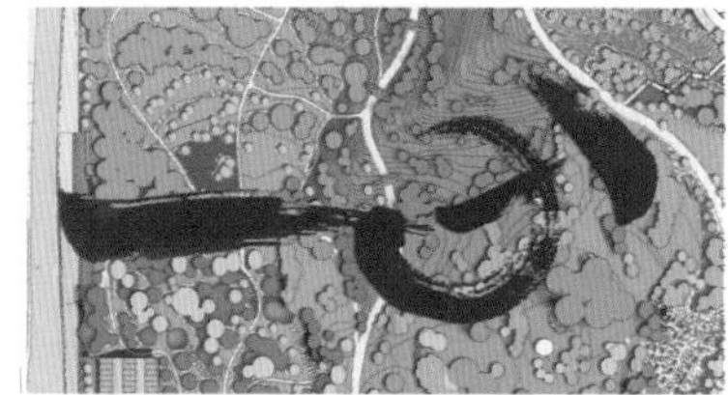

原有场地效果图

该场地最高点为357.5M，最低点为313M，高差为44.5M。高差也较小,地势开阔,又邻近公路,对外观赏性较好，适合群体建筑的放置与重要景观节点的布置我们在该区域的中心位置，在长373米，宽180米的范围内进行设计。这一区域的设计将包涵了整个设计的最为重要的建筑及景观节点，非常具有代表性。

The is smaller, open terrain, and the adjacent highway, foreign ornamentalbetter,or group building placment and important landscape node layout we in the central position of the region, in 373 meters long, 180 meters wide range of design. This area includes the whole design design will be the most importantarchitectural and landscape node, very representative.

设计内容 Design conten:

重庆文字博物馆景观建筑概念模型设计包括：中国文字博物馆建筑设计、文字馆前平台设计、水面设计、梯田设计、百米大道设计、入口大门设计等内容。

Chongqing Museum of Chinese characters of landscape architecture design of concept model includes: Chinese character museum building design, text design, water design, before the platform terrace design, 100 meters Avenue entrance gate design, the content such as design.

文字演化 Character evolution

汉字经过了6000多年的变化， 从商代甲骨文到至今的楷书,汉字的形体逐渐演变.这种演变可以分为两大阶段,就是古汉字阶段和隶书楷书阶段.前一阶段起自商代终于秦代,字体有甲骨文,金文,大篆和小篆;后一阶段其自汉代一直延续到现代,字体有隶书,草书,行书和楷书.两个阶段的分野是小篆到隶书的转变.

Chinese characters after 6000 years of change, from the Shang Dynasty Oracle now regular script,the form of Chinese characters evolved.Evolution can be divided into two stages,in the ancient Chinese characters and calligraphy kaishu stage stage. Before one phase since the Shang Dynasty finally Qin, fontB as the Oracle,bronze inscription, Zhuan and Xiaozhuan; later stage since the Han Dynasty has continued into modern times,the font has official script, cursive, calligraphy and calligraphyBook two stage division of Chinese scriptis to change.

设计理念 Design concept

1.以文字时间出现为脉络组织安排场地设计。

1 .words time sequence arrangement of site design.

整个场地围绕文字发展历程进行设计，通过"结绳记事"、"传统农耕文化"、"汉文点划"、"甲骨起源"、"体例百家"形成故事化的叙事方式，具体实现在:

入口大门———以文字发展的根源"结绳记事"体现形式。结绳是一种参观者能够亲身参与体验活动，增强其对观赏的记忆。

观赏行进方式—以汉文字的笔划结构为载体，以多通道高架桥为表现形式。使观者逐渐进入汉文字形成过程的体验，同时解决了景观带源为低洼地形观赏视线的难以形成的问题。

沿线景观带———以孕育为主题，将原本自然坡地堆叠为梯田形态，再现本土传统农耕文化。提示汉文化形成的历史背景。

博物馆前集散平台———整体以石壁形态进行设计，表面以龟甲的形式进行分布，局部雕刻甲骨文，参观者在探索的过程中进入对甲骨文起源的体验。

主体建筑———形式以中国山水画为载体，内容以金文、小篆、隶书、楷书、草书和行书等七种字体为主题参开室内布置。

2.以中国传统山水人文化为意向进行建筑设计。

2 ,Chinese traditional landscape culture intention for architectural design.

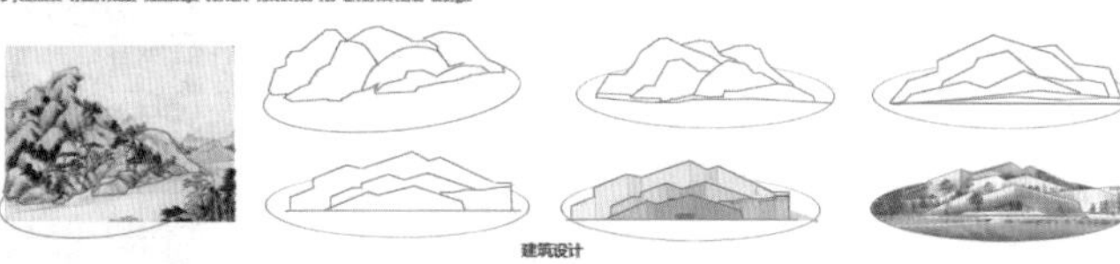

建筑设计

文字馆是以展示为主的在园区中最为重要的标志性建筑，选址环境背靠大山、面向开阔，山峦与平川相映成趣，极符合中国艺术中的理想境界，如何使建筑与环境融为一体并表现出中国艺术所追求的意境与神韵，为此大费周章。清代绘画大师董其昌的名作《秋兴八景图》给予我们极大的启发，起伏的山峦与山麓林冠线相互映衬，显现出自然中具有诗意般的节奏和绘画中的线性浓淡变化。这种感受使我们在中心设计时有了基因。利用坡体建筑形成山形，并在建筑上覆土种植树木，让树木的色彩的变化影响建筑整体的关系，使其建筑的边缘形态更加赋予节奏与后面的山体达到有机结合，由此体现建筑生态性与艺术性的统一。

设计场地植被 Design of ground vegetation

春：　夏：　秋：　冬：

该场地周边植被丰富。林地是所有地类中植被覆盖度最高的,春夏秋冬四个季节的植被覆盖依次为77.79%、86.02%、77.66%、62.98%,建设用地的植被覆盖度最低,春夏秋冬植被覆盖依次为37.93%、39.92%、36.77%、33.11%,耕地和草地的植被覆盖度接近,不同土地利用类型植被覆盖度的季节变化比较明显,夏季平均植被覆盖度最大,冬季平均植被覆盖最小；一年中,从秋季到冬季是植被覆盖度变化最快的时段,除建设用地的植被由于受人为的控制而变化较小外,各种土地利用类型的植被覆盖度变化均超过了10%。

The area surrounding vegetation is rich. The woodland in all kind of vegetation coverage degree of highest, spring summer autumn winter four season of vegetation coverage were 77.79%, 86.02%, 77.66%, 62.98%, construction land vegetation cover degree lowest, Chun Xiaqiu winter vegetation coverage were 37.93%, 39.92%, 36.77%, 33.11%, farmland and grassland vegetation coverage is close to. Different soilfoe of type vegetation coverage seasonal change is obvious, the average summer vegetation coverage, vegetation cover in winter average minimum; in a year, from autumn to winter is the change of vegetation coverage in the fastest time, in addition to construction land vegetation due to artificially control the change of the smaller, various types of land use the change of vegetation coverage are more than 10%.

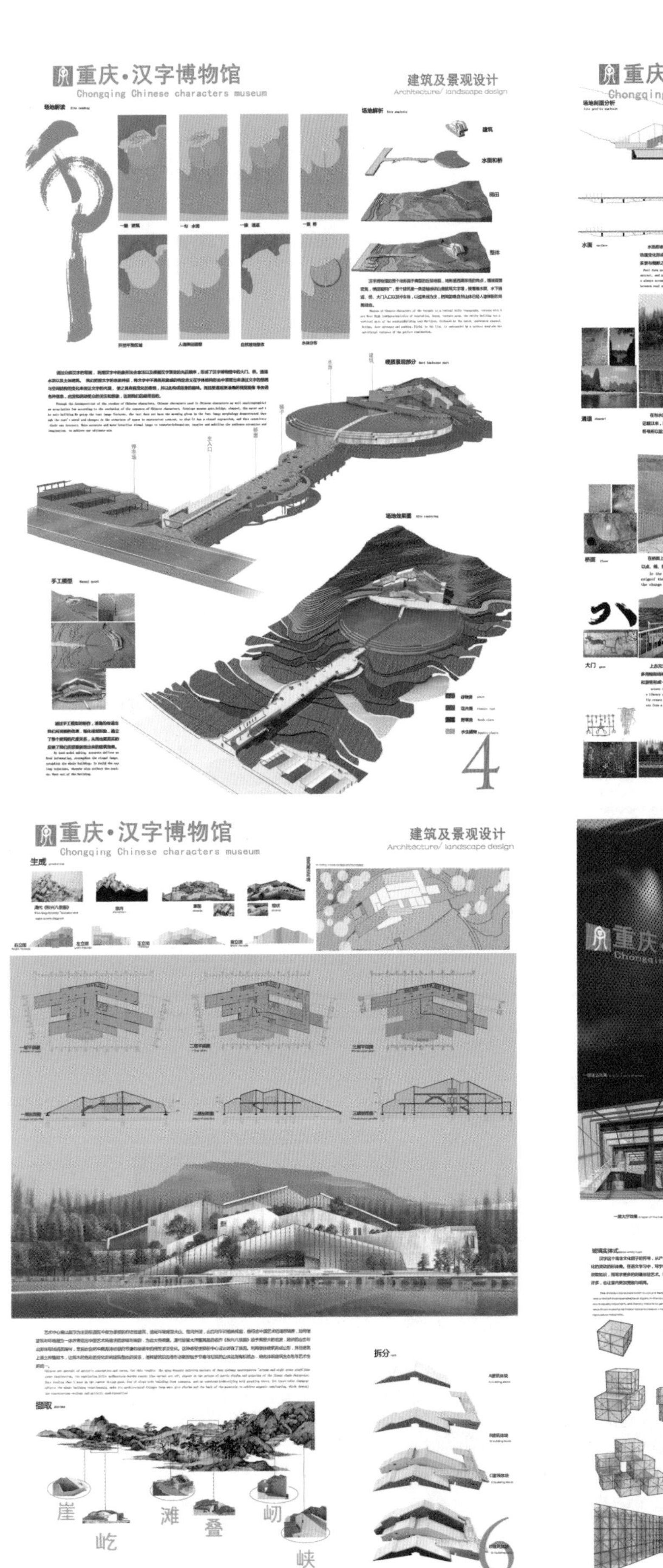

重庆·汉字博物馆
Chongqing Chinese characters museum
建筑及景观设计
Architecture/ landscape design
4
重庆·汉字博物馆
Chongqing Chinese characters museum
建筑及景观设计
Architecture/ landscape design
崖
屹
滩
叠
岈
峡
6

重庆·汉字博物馆
Chongqing Chinese characters museum
建筑及景观设计
水面
通道入口
桥面
入口
5

建筑及景观设计
重庆·汉字博物馆
Chongqing Chinese characters museum

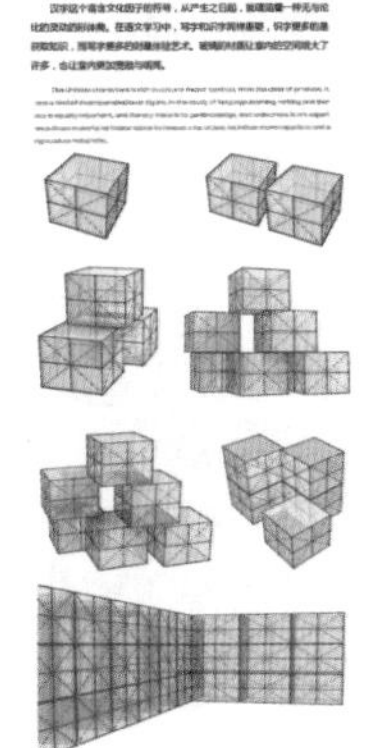

第4章 建筑模型设计与制作实战

4.1 实战 5——直线形建筑模型

高迪曾说：“直线属于人类，而曲线归于上帝。”在建筑设计中，直线是构造建筑成型、成面的元素之一，曲线则为建筑增添一丝灵动和活跃。线型的不同造就了不同的建筑风格。20 世纪中叶开始盛行的现代主义建筑设计，主张建筑师摆脱传统建筑形式的束缚，大胆创造适应于工业化社会条件、要求的新建筑，具有鲜明的理性主义色彩。现代主义建筑造型简洁，很少装饰，又被称为现代派建筑（图 4.1），具体特征有：①六面建筑；②标准化、模数化；③采用中性色彩；④功能主义；⑤玻璃幕墙等。它对世界建筑设计影响巨大，无论是以后的国际主义还是后现代主义都脱胎于它。而直线造就现代感，简单干净的线条和大胆的结构元素体现了一种优雅的设计。学习制作现代主义建筑这一当今应用范围最广，也最为基本的建筑形态的模型，有助于为以后制作其他复杂形态的建筑模型打下良好的实做基础。在模型实战 5 中，我们以重庆工商职业学院实训楼改造设计项目为例来体验直线形建筑的模型表现。

第 4 章课件（一）

4.1.1 项目概况与展示目标

该项目位于重庆工商职业学院二郎校区内，建筑占地面积约 2060m^2，共 7 层。该建筑作为艺术学院学生实训基地和教师工作室使用，具有典型的现代主义建筑风格特征——几何形体、中性色彩、标准化、模数化（图 4.2）。该建筑目前不能突出艺术学院的特色，功能上也未能满足实训室应具有的实

图 4.1 现代主义建筑

图 4.2　原有建筑

图 4.3　改造后的建筑模型

训场地条件。其主要问题有以下 3 点：①建筑外形缺少变化；②建筑立面不够简洁；③建筑内部空间划分过于标准化。针对这些现实问题，提出以下改造设计原则：①合理性，不破坏原有建筑结构；②经济性，尽量利用原有的结构空间、通过对原有结构的修饰产生新的建筑形式；③艺术性，采用艺术设计的手法使之具有设计意味；④开放性，改变建筑封闭的现状，创造开放平台，以促进师生交流。建筑改造模拟效果如图 4.3 所示。针对上述设计原则，制作改造后建筑模型应把建筑各体块间的关系、立面的肌理关系、结构关系、空间关系等重要建筑关系表现清楚。

4.1.2　模型设计与制作方案的拟订

根据项目情况和展示目标，确定模型以实训楼建筑主体为重点表现对象，表现内容还包括建筑前后的部分道路和地形。常用的建筑模型制作比例有 1∶25、1∶50、1∶75、1∶100、1∶150、1∶200 等。比例的选择，应遵循以下原则：①确保表现范围完整，能展现建筑与周边场地的关系；②保证模型成品的尺寸合适；③保证制作工作的可操作实施，例如制作建筑模型时需要在亚克力板上打孔，如果洞的直径小于 2mm，钻孔操作就不好控制，误差会比较大。根据以上原则，将模型制作比例定为 1∶150。

模型以表现建筑为主，以灰色为主色调。地形采用黄灰色的软木板制作；建筑主体采用亚克力板喷灰色漆的做法制作，不做装饰。制作前，与前述实战一样，首先制订制作计划（表 4.1），列明材料用量、时间进度、制作工具等，以便参照执行和采购材料。采购的材料最好请材料商切割成块状或条状，这样在后续加工处理时就不必耗费太多的时间和体力了。

表 4.1　　重庆工商职业学院实训楼改造设计模型制作计划

制作工具与辅材		镊子、铅笔、美工刀、砂纸、精雕机、气钉枪、木工工具、模型胶、双面胶
比　例		1∶150
时间计划	第一周	完成图纸调整工作；购买工具、材料
	第二周	制作底座、地形，并完成组装
	第三周	制作建筑模型及细部构件
	第四周	完成模型细部，调整关系
材料预算		木工板：2400mm × 1200mm，0.5 张；软木板：2400mm × 1200mm，0.5 张；有机板：2400mm × 1200mm，0.5 张；亚克力板：2400mm × 1200mm，2 张
加工工艺		底座：采用木工板，按比例尺寸用轮盘锯切割，台面边框再包 1mm 厚木线条。底座尺寸约为 500mm × 850mm（以定稿后尺寸为准）。 地形：选用 2mm 厚黄灰色软木板，用 CAD 软件整理平面图纸文件，用精雕机完成切割，按比例高度手工胶接。 建筑：采用亚克力板制作建筑主体、亚克力方柱制作建筑柱子、茶色亚克力板制作楼梯与栏杆

4.1.3 现代建筑基本结构识读

想要制作出精致的现代建筑模型，制作者首先要对现代建筑的结构有一定的认识。建筑结构，简单地说就是建筑的承重骨架。现代建筑的结构一般由基础、墙或柱、楼地层、楼梯、屋顶、门窗等主要部分组成（图 4.4）。其中，基础是位于房屋最下部的承重构件，承受房屋的全部荷载，并把这些荷载传给下面的土层（地基）；墙或柱是建筑的垂直承重构件，承受楼地层和屋顶传来的荷载，并把这些荷载传给基础，墙起承重、围护、分隔建筑空间的作用；楼梯是房屋建筑中联系上下各层的垂直交通设施。本案的建筑是典型的钢筋混凝土框架结构。

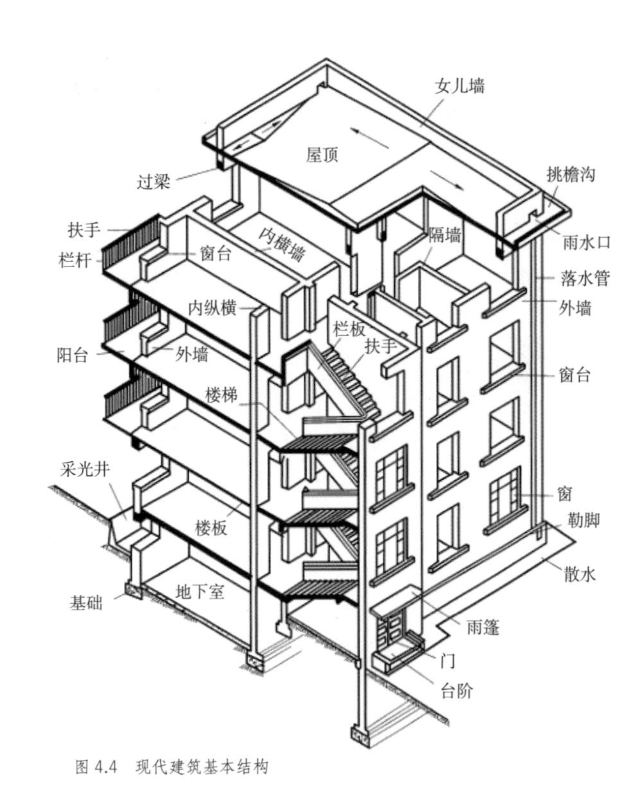

图 4.4 现代建筑基本结构

4.1.4 模型制作步骤

4.1.4.1 底座的制作

底座的制作方法与前面几个实例的做法相同。首先，根据 1∶150 的制作比例计算得出底座尺寸为 500mm×850mm，再加上 20mm 的包边，需要切割的底座平面尺寸为 540mm×890mm；其次，制作底座包边和矩形座托；最后，先后使用 400 号、200 号、100 号的砂纸整体打磨底座 3 次。

4.1.4.2 地形的制作

该项目用地地形平坦，所以模型的地形制作比较简单。选用 2mm 厚的软木板制作地形。软木板本身有一种肌理感，能增加场景的丰富性，但它的质地比较软，容易破损，所以在切割、裁剪时应小心谨慎。地形制作方法如下：

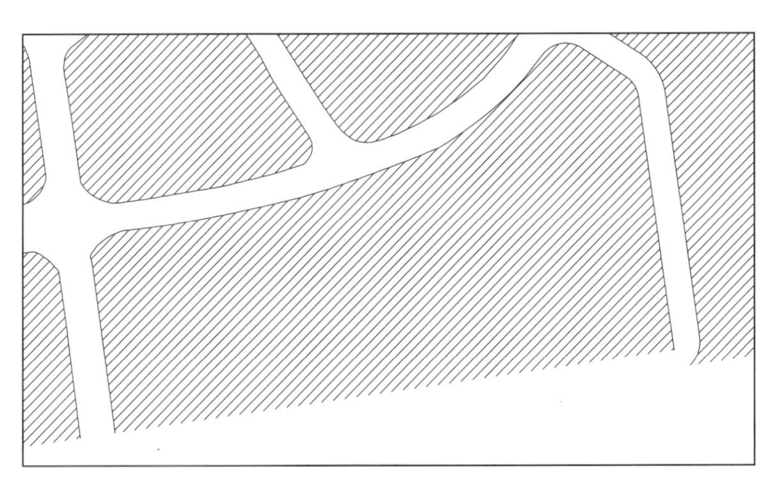
图 4.5 整理后的场地地形图

（1）在 CAD 软件中打开原始地形图，归纳并整理地形，把道路分为一层，把周边草坪分为另一层（图 4.5）。然后把场地地形图按比例打印，并用复写纸在软木板上把整个场地按打印出的图纸分区域拓印两次，其中一次只拓印场地的外轮廓线，另一次只拓印场地中的草坪。拓印直线可以借用直尺，拓印弧线可以借用弧形尺，拓印时不要太用力，以免划破软木板（图 4.6）。

图 4.6 拓印

图 4.7 拼接地形

（2）拓印好后，用小刀或剪刀沿拓印的边线把拓印的图裁剪下来。遇到弧线或线段变化比较多的部位，最好使用剪刀剪裁。

（3）裁剪完成后，按照顺序拼接地形。把整个场地的模型板放在最下层，草坪模型板放于其上，道路就自然呈现了（图 4.7）。拼接地形时，如果发现某一块板超出了界定范围，那么就要把超出的那一部分标记出来并用剪刀剪掉，然后再放回原来的位置检查大小是否合适（图 4.8）。如果发现某一块板的尺寸小了，必须重新制作。

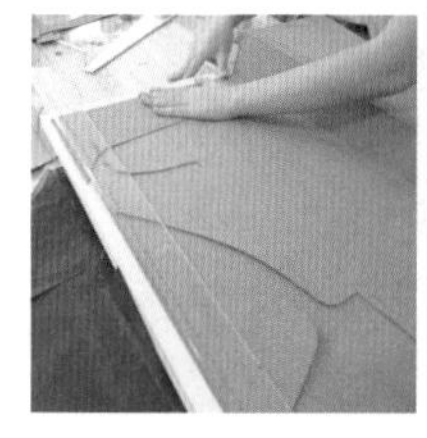

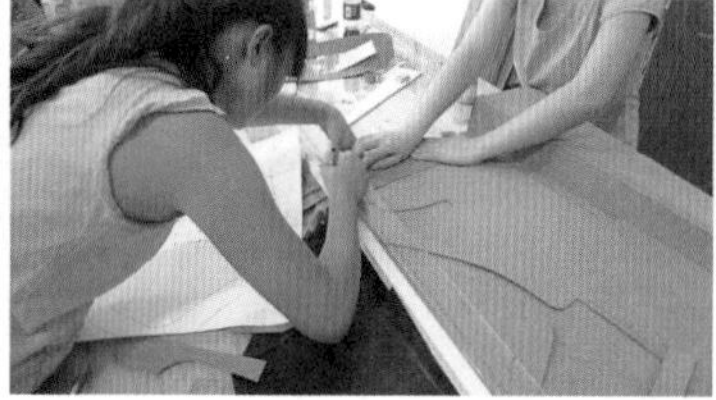

图 4.8 调整地形

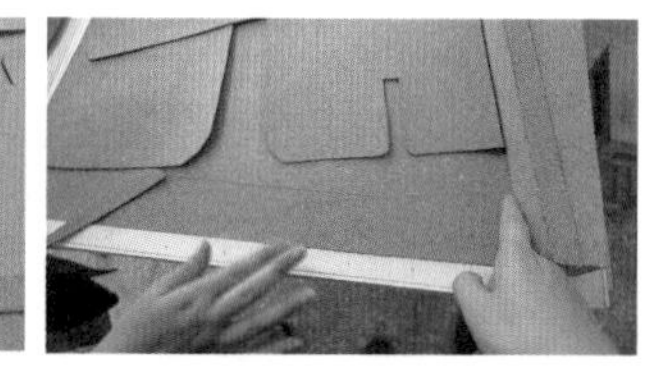

图 4.9 压实

（4）把拼接好的地形用万能胶水、502 胶水等粘贴在一起。一般从板材边缘向中心涂抹胶水，以免弄脏模型。粘贴时应沿一个方向，从一边粘向另一边，这样可以保证每一块都粘贴得较为平整。粘贴完成后，用力压实各块板的边缘，以防起翘（图 4.9）。至此，模型的地形即制作完毕。

4.1.4.3 建筑主体的制作

该建筑长 80.4m、宽 23.9m、高 28.5m，共 7 层，是典型的现代主义建筑，中性色彩、模数化、无装饰的特点十分明显。运用三维软件建模分析发现，建筑主体部分基本运用 4 种材料表达建筑外立面——外墙体、红色玻璃幕墙、楼板间的钢结构以及裸露的白色柱体（图 4.10）。从功能分区来看，该建筑基本由主楼和裙楼两大部分组合而成（图 4.11）。根据该建筑的外形特征及模型制作比例，选用 1mm 厚的亚克力板喷灰色漆来模拟建筑的外墙体，用 1mm 厚的红色亚克力板模拟建筑的玻璃幕墙，用 1mm 厚、6mm 宽的白色亚克力条模拟钢结构部分，用 4mm×4mm 的亚克力棒模拟柱体部分。制作时，可先制作建筑的各个部分，然后再组合形成整体建筑模型，其中被遮挡的结构和建筑内部结构可不做表现。建筑模型的制作步骤如下。

1. 整理建筑 CAD 图纸文件

整理建筑 CAD 图纸文件时要注意：楼梯、栏杆等辅助结构应单独整理。整理步骤如下：

（1）用 CAD 软件按 1∶1 的比例画出建筑的各个立面，并把每个立面整理成闭合图形。注意主楼与裙楼应分开整理。由于建筑各个立面的层叠关系比较复杂，所以要对各立面的层次进行梳理，图 4.12 所示为主楼正立面层次分析图。每个立面的每一层次设为一组，给每一组编号，以免后期组合粘贴时出错。图 4.13 为主楼正立面 CAD 整理图。在整理 CAD 图纸文件时，应当把精雕机的雕刻损耗和

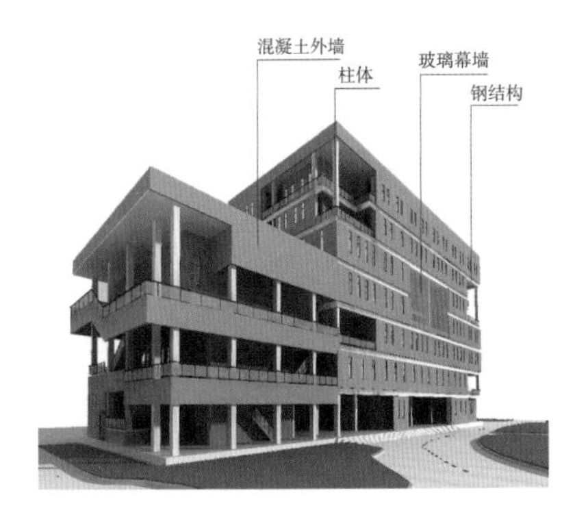

图 4.10　主体模型

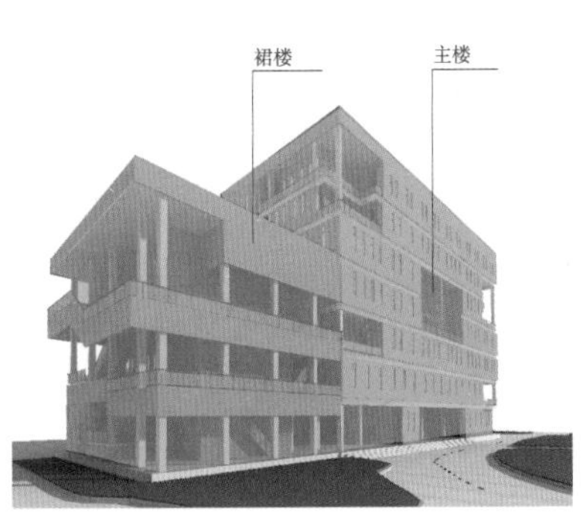

图 4.11　建筑功能分区

图 4.12　主楼正立面层次分析图

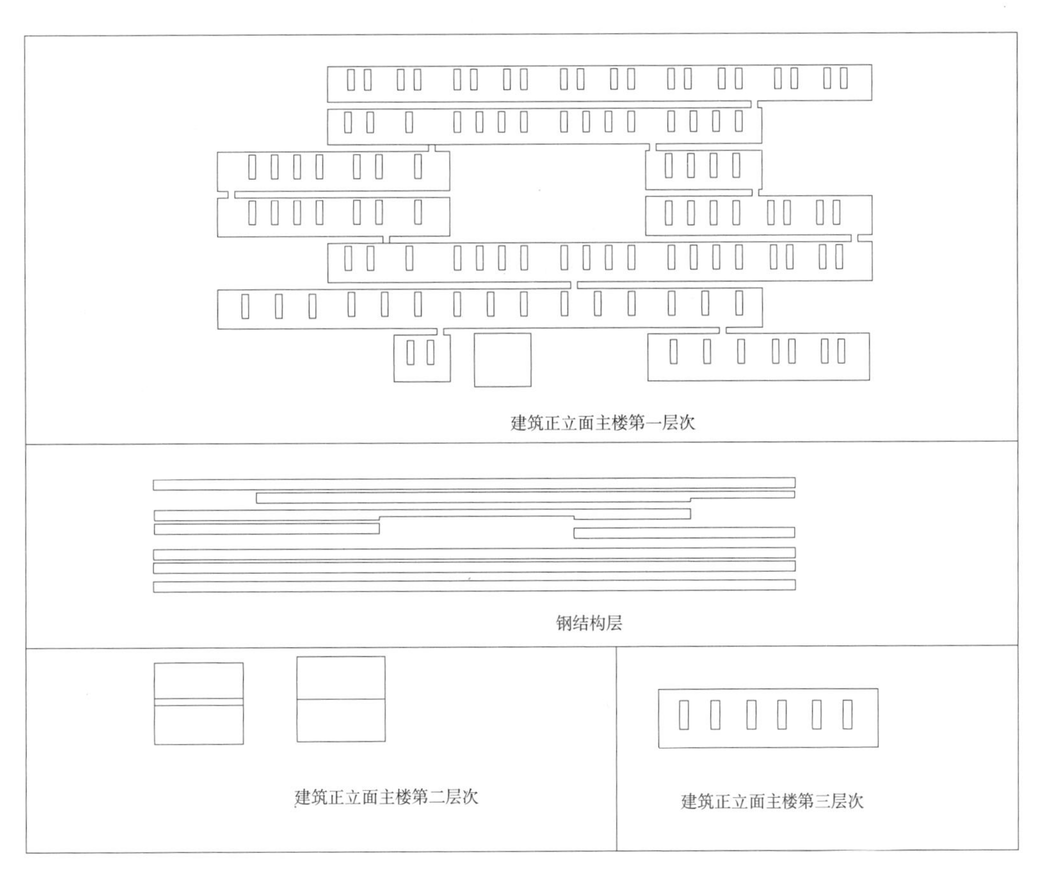

图 4.13　主楼正立面 CAD 整理图

雕刻完成后的砂边损耗计算进去，同时也要把黏结面的尺寸计算进去。例如，设计图上的每一根工字钢的高度为600mm，实际则按 900mm 的高度绘制。

（2）用 CAD 软件按 1∶1 的比例画出建筑各层楼板，并在楼板上画出柱子的位置（图 4.14），然后闭合该图形，并进行编号。随后，把能看到的内墙墙体、梁、屋顶平面、地台平面等也整理成闭合图形。

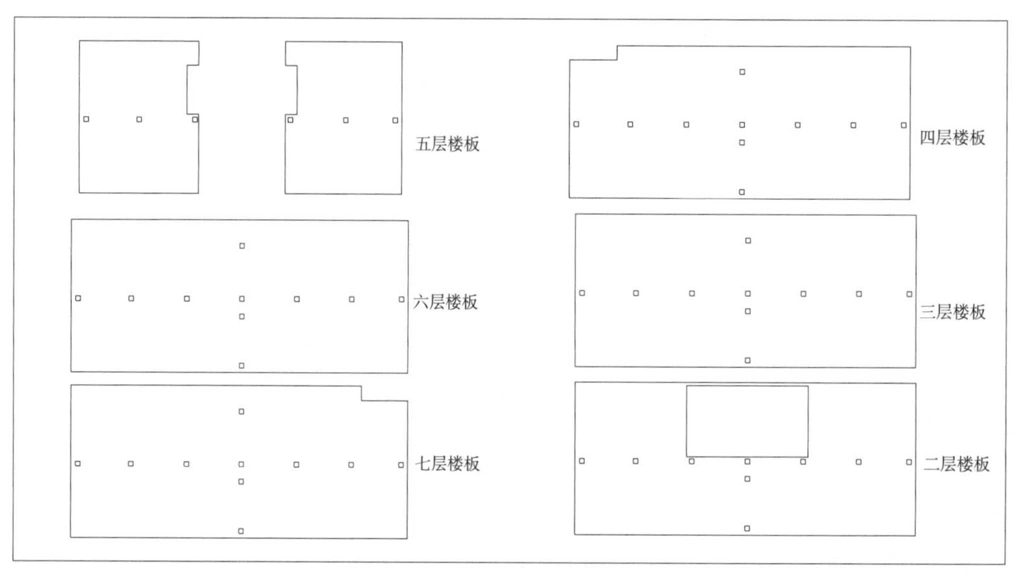

图 4.14　画出柱子位置

（3）把整理好的所有闭合图形放在一个 1200mm × 1200mm 的图框内，图纸整理完毕。

2. 雕刻

把整理好的 CAD 图输入精雕机，在 1mm 厚的亚克力板上进行雕刻，雕刻完成后进行打磨。

3. 喷漆

选出各个立面各个层次的外墙以及能看到的内墙、各层楼板、屋顶面、地台面等的模型板材，用灰色喷漆进行喷涂。喷漆方法与上一实例基本相同，这里不再赘述。由于喷涂面积大、喷漆量大，制作人员在喷漆时可戴上口罩（图 4.15），以防吸入有害气体。喷漆完成后，把板材放到阴凉处晾干。

图 4.15　喷漆

4. 建筑主体部分的黏结与组装

把建筑的各个部分雕刻、打磨后，即可将建筑的各层平面图按 1∶150 的比例输出打印，然后将建筑主楼与裙楼的各个部分按打印的平面图进行定位，最后按顺序黏结。胶粘剂选用亚克力胶。具体制作方法如下：

（1）由外向内、由周边向中心、由下至上逐层黏结（图 4.16）。

（2）建筑的主楼共有7层，上下两层之间都用钢结构连接。在黏结好一层的外墙和内墙后，用切割好的 6mm 宽、1mm 厚的亚克力条模拟钢结构，连接二层的外墙。当二层的外墙黏结好后，再黏结二层楼板（图 4.17），然后加入柱子。把 4mm×4mm 的方形亚克力柱从二层楼板的镂空处穿过，再用胶水固定在底层平面上。按上述方法和步骤逐层向上组装。

（3）组装第四、第五层时应注意，由于建筑内部为开敞式空间，梁、柱完全暴露在外，所以这一部位的结构需要把梁柱关系表现出来（图 4.18）。用 2mm 厚的亚克力板制作梁，把亚克力板雕刻成宽 2mm、厚 2mm 的亚克力长条，再根据柱间距切割亚克力条，然后在相应位置与柱子胶接（图 4.19）。

（4）第四、第五层制作完成后，在红色亚克力板上雕刻两块 50mm×120mm 的矩形，然后将其胶接在建筑外墙的内侧，形成建筑中部的玻璃幕墙效果（图 4.20）。继续向上组装，直到封顶。

图 4.16　逐层黏结

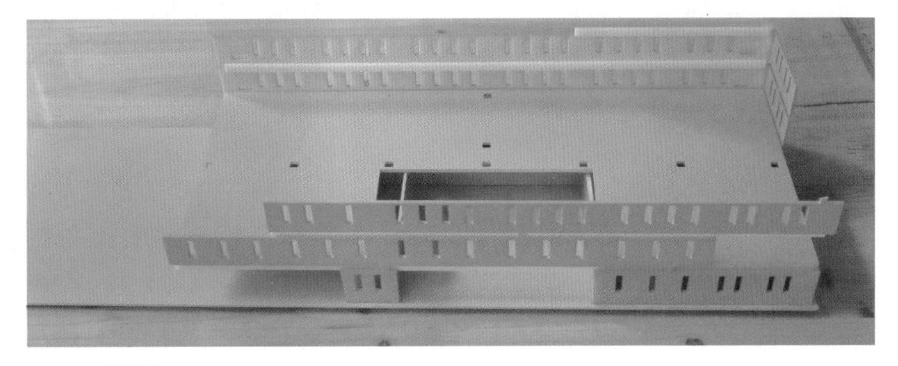
图 4.17　黏结楼板

图 4.18　组装第四、第五层

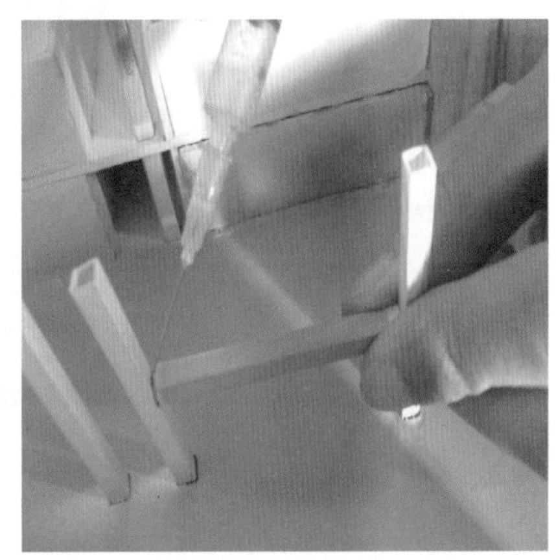
图 4.19　胶接梁和柱

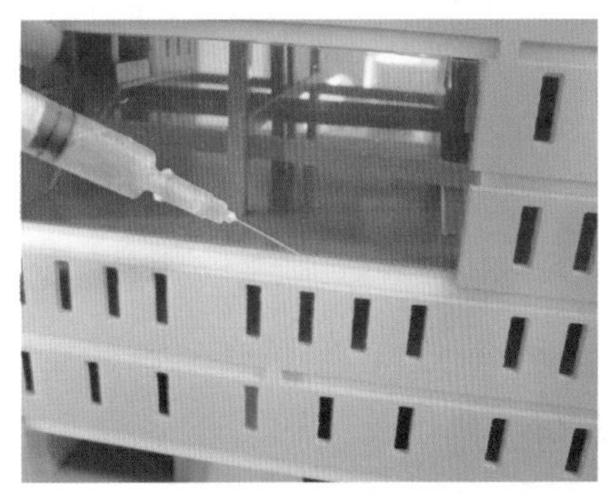
图 4.20　胶接玻璃幕墙

（5）单独制作电梯设备房，然后按位置胶接在屋顶上（图 4.21）。至此，建筑主楼部分基本制作完成。

模型黏结与组装注意事项与上一实例基本相同，这里也就不再赘述了。

用同样的方法制作裙楼。裙楼制作完成后，按位置与主楼胶接并固定在底层平面上（图 4.22）。至此，建筑主体部分制作完成（图 4.23）。

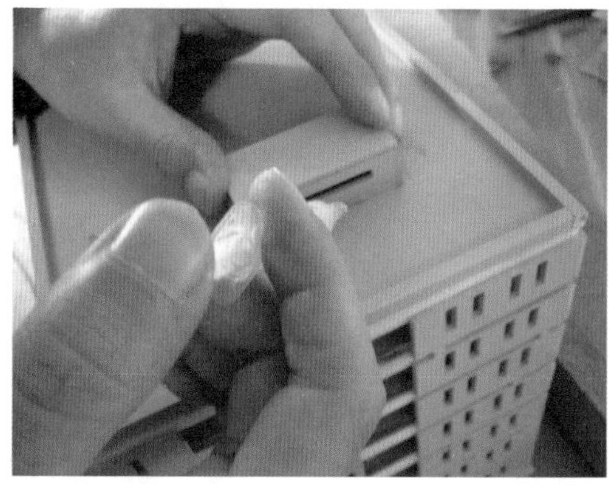

图 4.21 制作和固定电梯设备房

图 4.22 胶接裙楼

图 4.23 制作完成的建筑主体模型

4.1.4.4 其他建筑构件的制作

1. 楼梯的制作

楼梯是最重要的楼层上下交通通道，对表达建筑特征具有很强的作用。本案只表现从外部可以看到的楼梯，遮挡在建筑内部的楼梯不做表现。楼梯一般由楼梯段、楼梯平台（楼层平台和中间平台）、栏杆（栏板）和扶手组成。一部公共楼梯的每一梯步的长、宽、高至少为 1500mm × 250mm × 150mm。按 1∶150 的模型制作比例计算，一梯步楼梯的模型尺寸约为 10mm × 1.7mm × 1mm。1.7mm 的模型很难制作，因此楼梯梯步选用长 10mm、宽 2mm、厚 1mm 的亚克力板制作。计算出楼梯段和楼梯平台的长度，然后进行切割、黏结，组成梯步（图 4.24）。

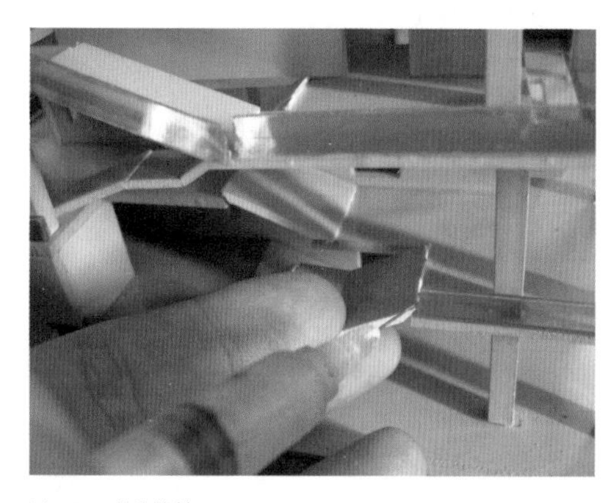

图 4.24 制作楼梯

2. 栏杆的制作

栏杆是安全设施，设置在楼梯或平台临空的一侧。栏杆多用方钢、圆钢、扁钢等型材焊接各种图案，既起防护作用又有装饰效果。我国有关设计规范规定，栏杆的垂直杆件间距不应大于 110mm，栏杆高度不应低于 1050mm。由于按比例计算的模型尺寸太小，无法制作，所以只能用栏板形式来表示栏杆。计算实际栏杆的长度和高度后，换算成模型尺寸，用精雕机切割茶色亚克力板，得到栏板模型。最后，把栏板胶接在楼梯和平台的外侧（图 4.25）。

完成楼梯与栏杆的制作，建筑模型就制作完成了。接下来的工作就是把建筑放入地形当中，形成最终效果（图 4.26）。

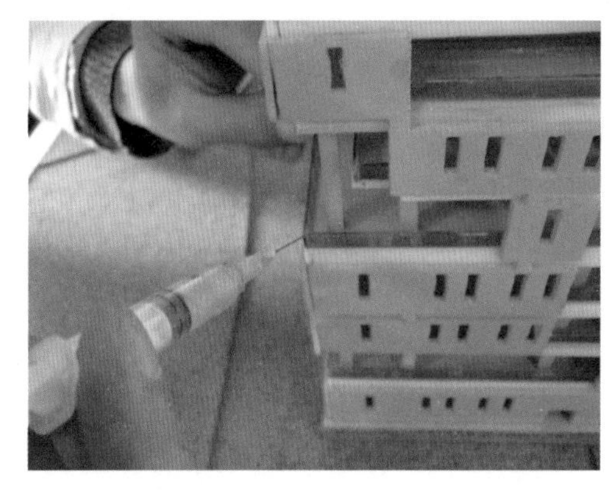

图 4.25 胶接栏板

图 4.26 模型最终效果

4.2 实战 6——圆弧形建筑模型

圆弧形建筑是我们日常生活中常见的一种建筑类型，多为框架结构。随着社会的发展和人们审美眼光的不断提高，单调的矩形建筑样式已经无法满足建筑的使用功能要求和人们的审美要求。在建筑中添加曲线结构，不但可以增加建筑物的美感，而且能大大增加建筑空间（图 4.27）。圆弧形结构广泛应用于建筑工程中，就建筑物本身来说有以下几个原因：①根据建筑的平面形式，建筑本身必须包含弧线结构，此类建筑多以体育场馆居多；②为达到建筑物的某种特殊功能（比如视听功能），此类建筑以音乐厅、影剧院居多；③为增加建筑的曲线美，增大使用空间，无角落感。圆弧形建筑在满足建筑使用功能要求和人们审美要求的同时，也给施工工作增加了难度。圆弧形建筑既常见又较为复杂，学会制作这类建筑的模型，将为制作形态更为复杂的建筑模型打下良好的基础。模型实战 6 以某滨水景观餐厅项目为例，介绍圆弧形建筑的模型表现方法。

第 4 章课件（二）

图 4.27 圆弧形建筑

4.2.1 项目概况与展示目标

该项目位于江津农业园区的重庆鲁能江津美丽乡村首开区内（图 4.28），建筑占地面积约 2100m^2，共两层。建筑作为景区的主要餐饮空间使用，整个形体呈弧形，但也具有典型的圆弧形现代主义建筑风格特征——几何形体、中性色彩、标准化、模数化。建筑周边的自然景观优美。建筑前方是一片水域，水域与周边有近 7m 的高差，建筑设计有以下原则：①具备餐饮空间的必要功能；②建筑与周边环境有机融合；③餐厅拥有良好的观景视野。图 4.29 所示为建筑初步设计效果。项目模型需要清楚地表现建筑各个体块间的关系、立面的肌理关系、结构关系、立面空间关系以及建筑与周边环境的关系等重要建筑关系。

图 4.28　园区规划

图 4.29　建筑初步设计效果

4.2.2 模型设计与制作方案的拟订

根据项目情况和展示目标，本案以餐厅建筑为重点表现对象，表现范围涵盖建筑前后的道路和地形。模型比例定为 1:100。

模型整体色调为黄色。地形和建筑主体的制作材料均为椴木板。建筑不做装饰。制订模型制作计划，见表 4.2。

表 4.2　某滨水景观餐厅设计模型制作计划

制作工具与辅材		镊子、铅笔、美工刀、砂纸、精雕机、气钉枪、木工工具、模型胶、双面胶、罐装手持喷漆
比　例		1:100
时间计划	第一周	完成图纸调整工作；购买工具、材料
	第二周	制作底座和建筑一层
	第三周	制作建筑二层和细部构件
	第四周	完成模型细部，调整关系
材料预算		木工板：2400mm × 1200mm，0.5 张；透明亚克力板：600 mm × 400mm，2 张；椴木板：910mm × 910mm，6 张
加工工艺		底座：采用 150mm 厚的木工板，按比例尺寸用轮盘锯切割，台面边框再包 1mm 厚木线条；底座尺寸约为 930mm × 930mm（以定稿后尺寸为准）。 地形：采用 2mm 厚的椴木木板，用 CAD 软件整理平面图纸文件，用精雕机完成切割，按比例高度手工胶接。 建筑：采用 2mm 厚的椴木木板制作建筑主体部分、栏杆和楼梯，用透明亚克力板制作建筑玻璃外墙和遮阳伞

4.2.3　模型制作步骤

4.2.3.1　底座的制作

底座的制作方法与前面几个实例的做法相同。首先，根据 1:100 的制作比例计算得出底座尺寸为 900mm × 900mm，但本案模型的底座较为特殊，它是个箱体，所以要把四周挡板的厚度考虑进去，每边增加 15mm，则需要切割一块 930mm × 930mm 的底板。其次，用钉枪把四块挡板固定在底板上。最后，用 400 号、200 号、100 号的砂纸整体打磨底座 3 次。

4.2.3.2　建筑基地的制作

本模型中的建筑基地由 3 部分拼叠而成：第一部分位于下层，包括基础地面和出水栈道；第二部分位于中间层，包括基础地面和环道；第三部分位于上层，在基础地面上预留了柱体的安装孔和建筑定位线。每一层在中央部位都有一阶关系的退让，这样就形成从栈道到建筑内部三层台阶的关系（图 4.30）。制作时，先用精雕机把三层地形雕刻出来，然后按照从下往上的顺序依次粘贴即可。

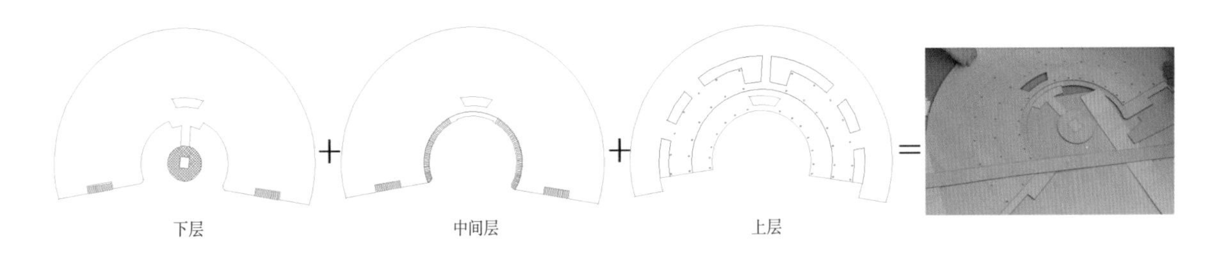

图 4.30　地形制作

4.2.3.3　建筑主体的制作

用三维软件预置模型制作效果。整个模型使用 3 种材料（椴木板、透明亚克力板、油漆）制作而成。模型制作设想如下：建筑主体以及栏杆、楼梯、柱子等构件用 2mm 厚的椴木板制作，所有的玻璃以及遮阳伞都使用透明亚克力板制作。为了突出模型的表现力，并表现建筑结构细节，该模型的一部分按照模型设计效果图制作，另一部分则重点表现建筑的结构（图 4.31）。建筑主体的制作步骤如下。

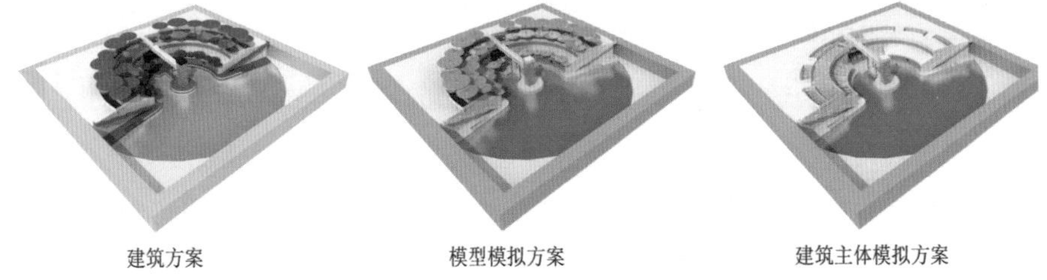

图 4.31　建筑模拟

1. 整理建筑 CAD 图纸文件

整理建筑 CAD 图纸文件时要注意，材料不同的部件须分开整理。首先用 CAD 软件按 1:1 的比例画出建筑的各个立面，并把每个立面整理成闭合图形。整理弧形立面时，应当画出它的展开面，尺寸宁大勿小。另外，还要注意区分线型，做镂空处理的线条与一般刻线的线条一定要分开处理。最后把整理好的图形放在 1200mm × 1200mm 的图框内，为雕刻做好准备（图 4.32）。

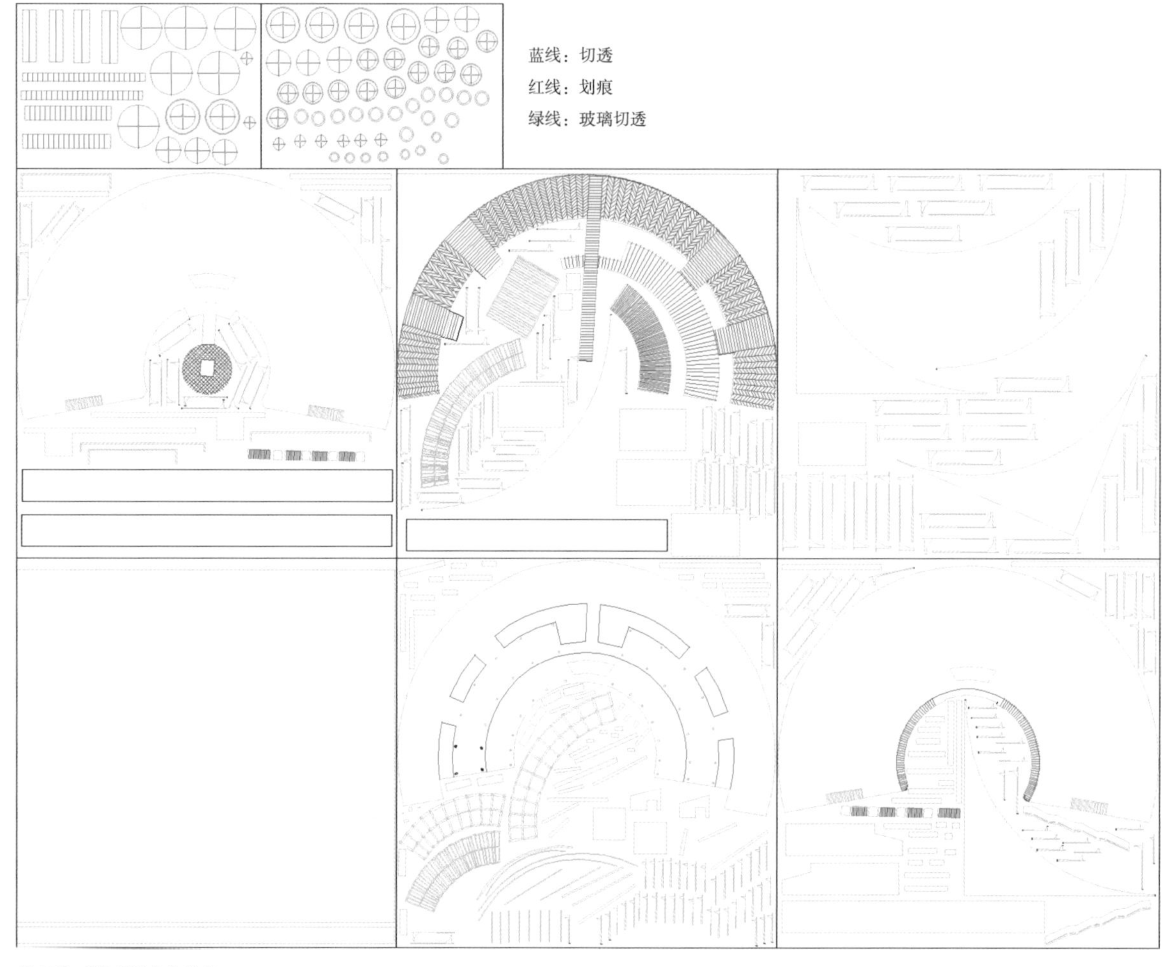

图 4.32　CAD 图纸文件整理

2. 雕刻

用精雕机在两种板材上分别雕刻相应图形，雕刻完后进行打磨。

3. 建筑主体部分的黏结与组装

将建筑各部分雕刻、打磨完成后，从四周向中间进行组装。

（1）组装模型外墙。弧形墙的制作和组装方法是：首先，把雕刻、打磨好的弧形墙按照雕刻在基地平面上的墙体定位线弯曲，并查看墙体的长度是否合适，如果长了，可使用美工刀把多余部分切掉；其次，在基地平面的定位线上涂抹胶水，把墙体沿定位线弯曲并用胶固定；最后，按压弧形墙，使之与地面黏结牢固（图 4.33）。组装完弧形墙，再进行其他外墙的制作与黏结（图 4.34、图 4.35）。直线墙体的制作比较简单，方法与前面的实战案例相同，只须按 CAD 图纸雕刻出来后进行打磨、黏结固定即可。

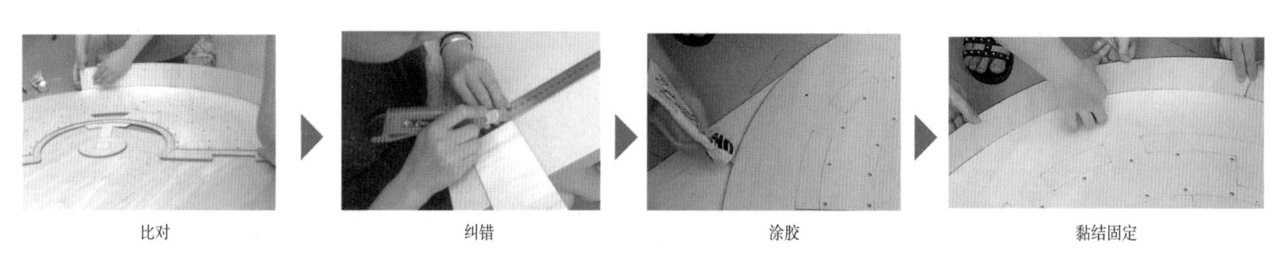

图 4.33　弧形墙面组装步骤

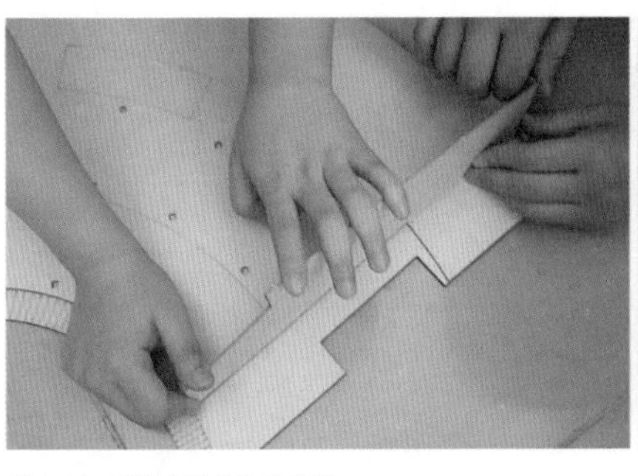

图 4.34 两侧直线墙体的组装

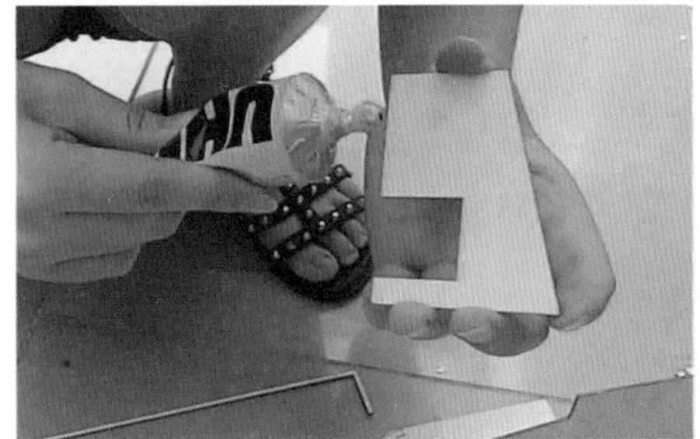

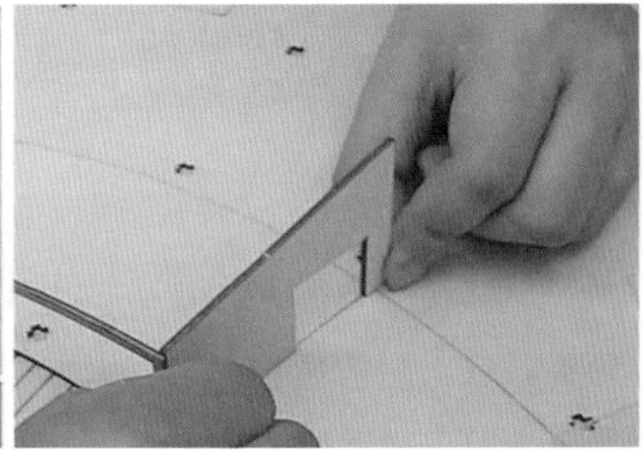

图 4.35 中庭直线墙体的组装

（2）建筑外墙的实体部分组装完成后，接着制作建筑一层的玻璃外墙。玻璃外墙采用亚克力板制作。由于亚克力板硬度大、柔韧性差，故不能随意弯曲，所以在制作弧形玻璃外墙时，须把整面的玻璃分成若干小块制作，然后进行组装。具体制作方法如下：

1）整理 CAD 图，把整面的玻璃外墙分割为若干等分，然后使用精雕机把玻璃小块雕刻出来，再用美工刀修整雕刻得不够整齐的地方。

2）沿基地平面上的定位线依次黏结玻璃小块。注意黏结时，应在基地平面的定位线上和玻璃小块相接处涂抹胶水，且胶水不宜过多，以免把玻璃弄脏。

3）玻璃安装完成后，把事先设计雕刻好的窗套粘贴在玻璃外表面。至此，一层玻璃外墙就制作完成了（图 4.36）。

（3）当一层玻璃外墙制作完成后，可对一层屋顶进行封顶。本项目建筑的结构设计比较特殊，构造柱都从一层屋顶穿至上层，所以封顶时需要先组装构造柱。每个构造柱由 4 个 L 形的基本形组成，把 4 个基本形依据图纸雕刻出来并黏结在一起，然后插入基地上预留的孔洞。如果插不进去，可用美工刀进行修剪（图 4.37）。保证所有构造柱都能轻松地插入孔洞。把事先雕刻好的右半边屋顶安装在墙体上，再将构造柱穿过屋顶上的预留孔洞，插入基地中（图 4.38）。

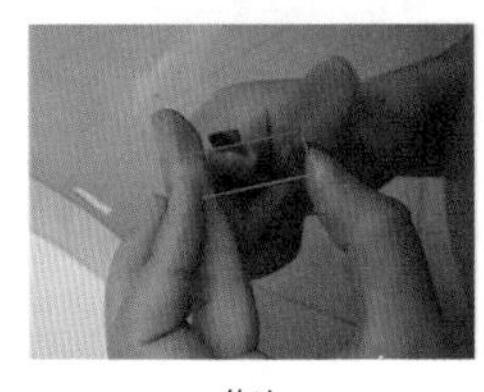

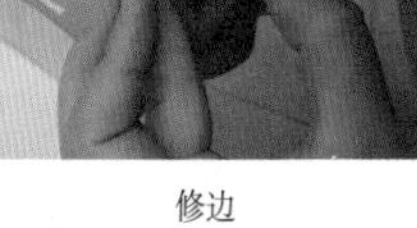

修边

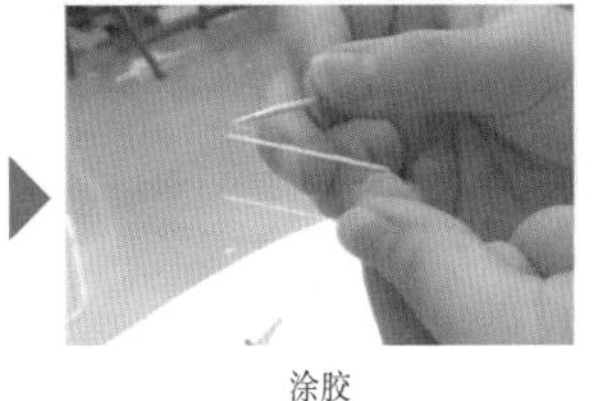

涂胶

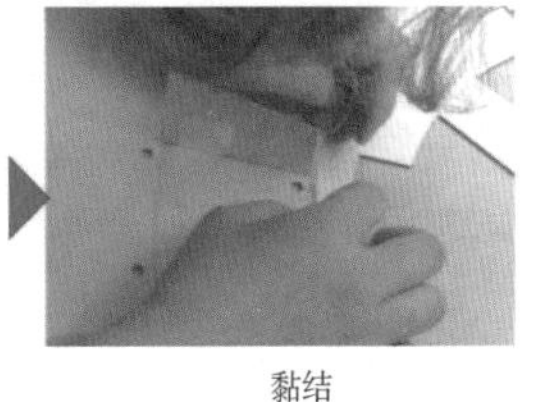

黏结

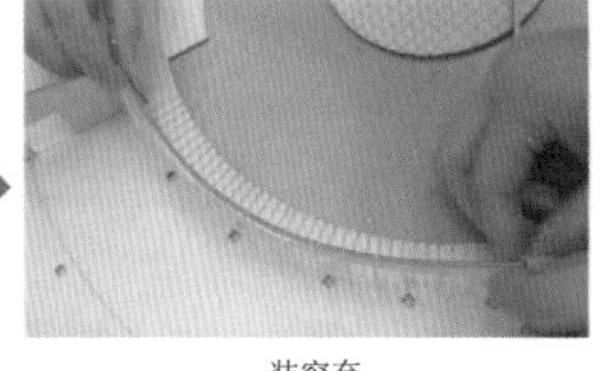

装窗套

图 4.36 一层玻璃外墙制作

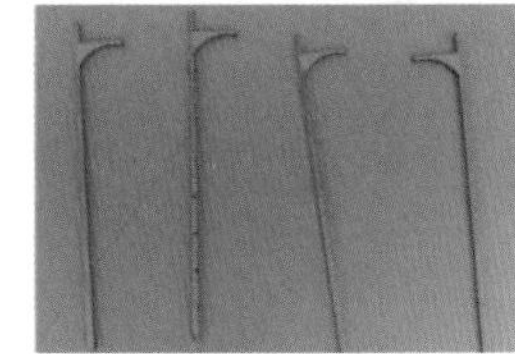

基本形

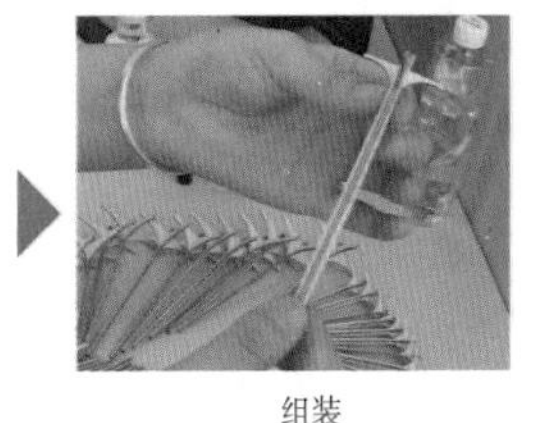

组装

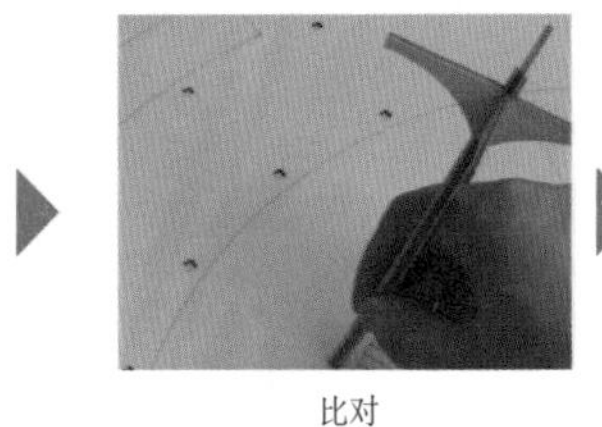

比对

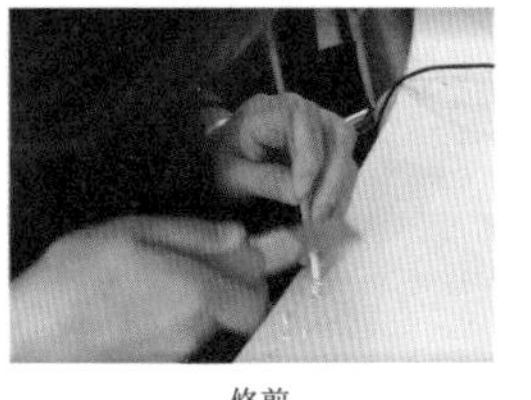

修剪

图 4.37 柱体制作

微课视频

弧形墙体的制作

直线形墙体的制作

一层玻璃外墙的制作

柱体的制作

柱体的固定

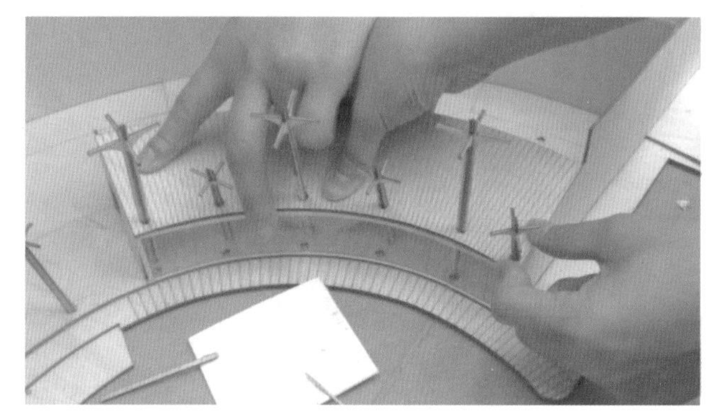

图 4.38　插入构造柱

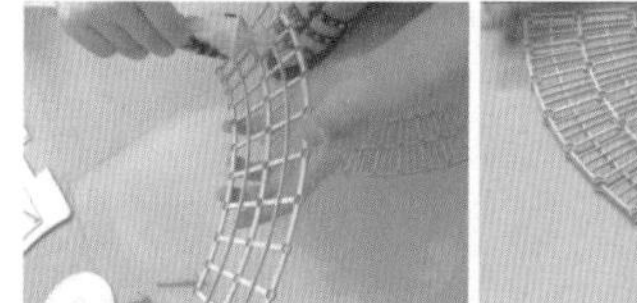
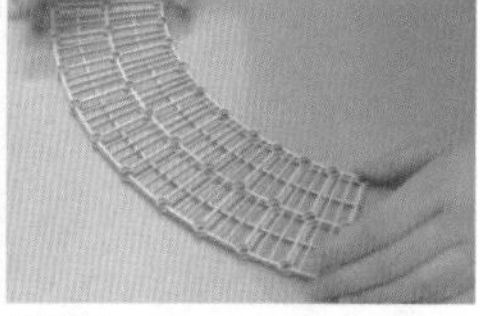

制作屋顶骨架

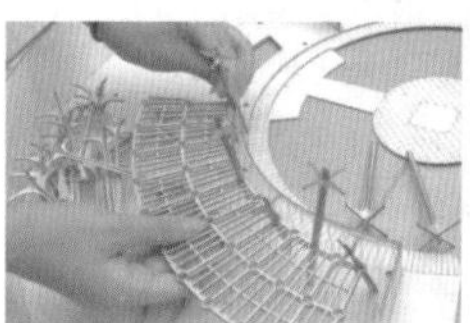

安装屋顶骨架

图 4.39　屋顶骨架制作与安装

为了清晰地表现该建筑的结构特征，制作模型时，特意把左半边的顶部结构暴露在外。屋顶结构分为三层，最底层为大梁，中层为小梁，面层为骨架。依次制作这三层结构并进行黏结，然后将构造柱穿过骨架上预留的孔洞，插入基地中。最后，用胶水将屋顶骨架和与侧墙玻璃墙黏结（图 4.39）。至此，该模型的一层部分制作完成。

（4）制作建筑二层的玻璃外墙。制作方法与一层玻璃外墙做法相同，即先将玻璃墙面化整为零，再进行雕刻组装，最后粘贴窗框（图 4.40）。

（5）二层屋顶封顶。首先安装屋顶左侧裸露的骨架结构，其制作和安装方法与一层做法基本相同（图 4.41）。然后安装右半边屋顶。这部分屋顶与外部景观和进入餐厅的廊道处在一个水平面上，所以可把它们整合成一个整体进行雕刻组装，但必须把尺寸计算准确。最后，安装构造柱，把屋顶与侧墙和玻璃外墙黏结在一起，模型主体部分便制作完成（图 4.42）。

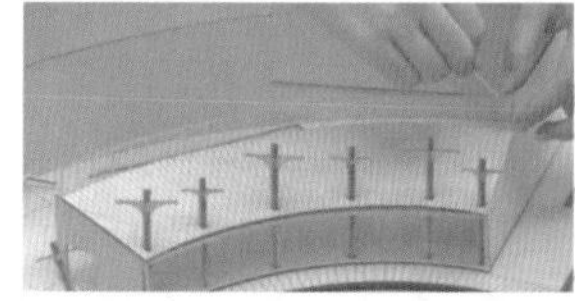

二层左侧玻璃外墙制作

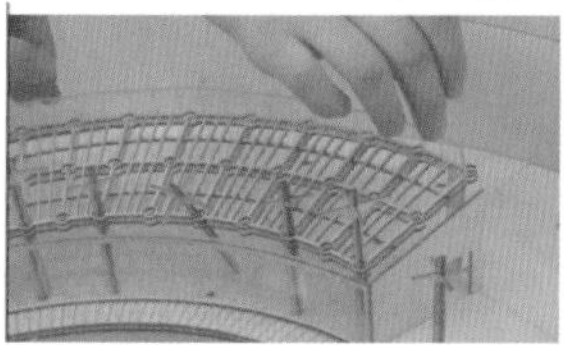
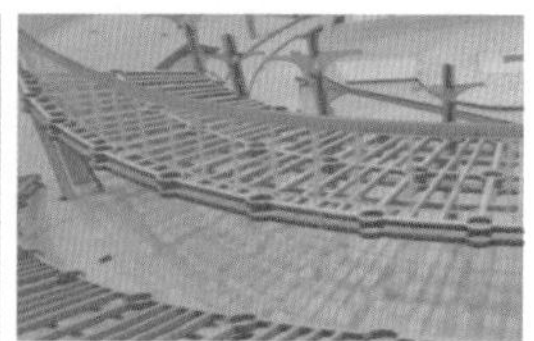

二层右侧玻璃外墙制作

图 4.40　二层玻璃外墙制作

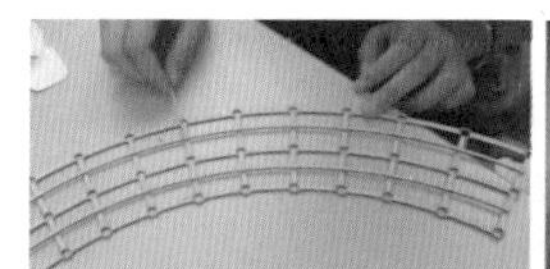
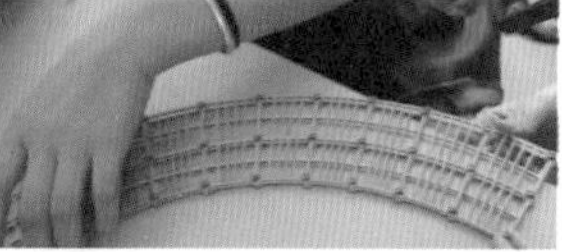

制作二层屋顶骨架

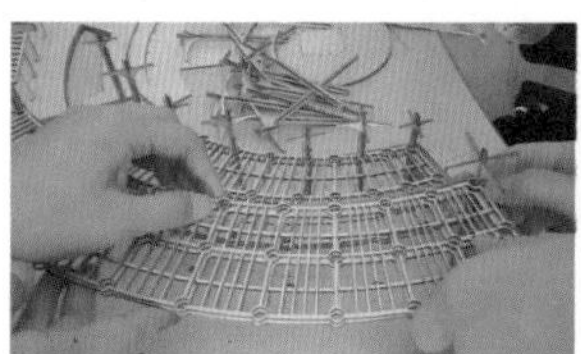
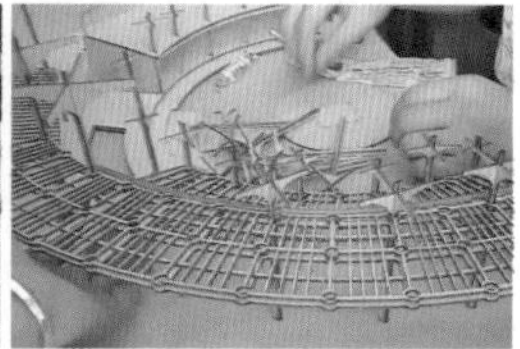

安装二层屋顶骨架

图 4.41　二层屋顶制作

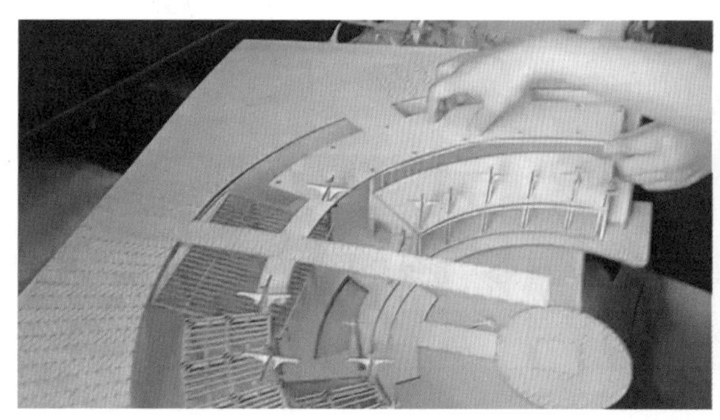
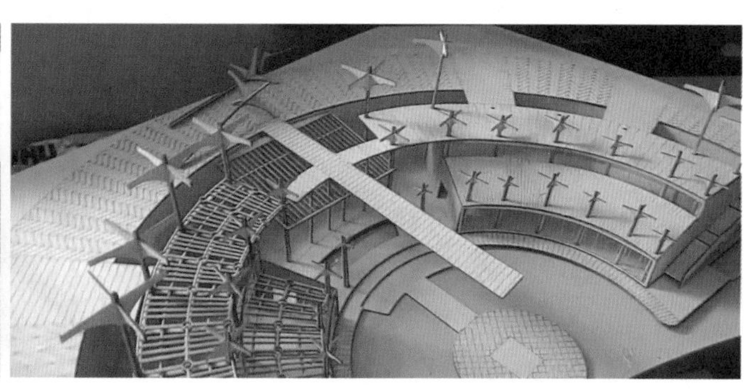

图 4.42　建筑主体制作完成

4.2.3.4 其他建筑构件的制作

（1）楼梯的制作。楼梯的制作方法与前面的实例基本相同，但由于本实例中的楼梯为单跑楼梯，所以在模型上设置了卡槽结构，把楼梯梯面卡入扶手面中，这样可防止模型因黏结不牢而脱落（图 4.43）。

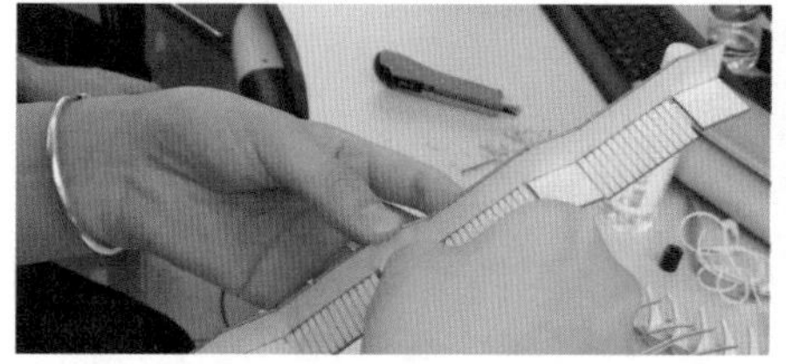

图 4.43 楼梯制作

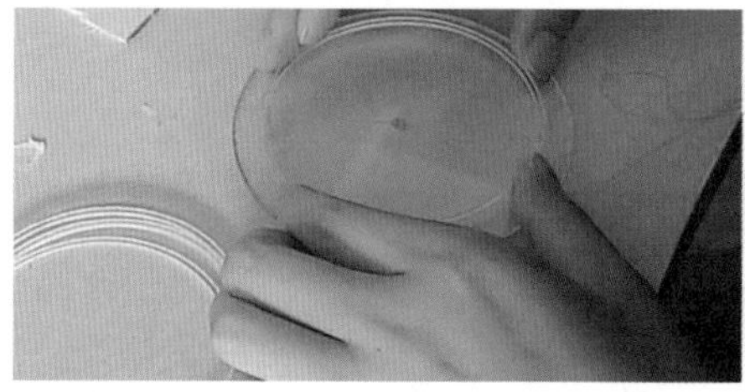

图 4.44 遮阳伞制作

（2）遮阳伞的制作。为了避免彩色遮阳伞喧宾夺主，遮盖了须重点展示的建筑主体，模型设计使用透明亚克力板制作遮阳伞。首先，按照设计图把遮阳伞和各个组件雕刻出来；其次，安装内圈结构，使用双面胶粘贴（可避免大面积使用胶水而造成的遮阳伞面脏污问题）；最后，连接遮阳伞和构造柱，即把构造柱顶端插入遮阳伞面上预留的孔洞中（图 4.44）。

（3）栏杆和其他构件的制作。把按照设计图雕刻的栏杆依次黏结在适当的位置。需要注意的是：遇到转弯比较急促的地方，栏杆应当按照弧形玻璃外墙的制作方法来制作，即先把整条栏杆分成若干段雕刻，然后再拼装组合黏结而成。中央电梯井，可将它看作一个直线形建筑，按照实战 5 中介绍的制作方法进行制作。

最后，在模型的最低平面上喷漆，以模仿水面效果，并把整个模型固定在底面上，放入盒状底座内，模型便制作完成（图 4.45）。

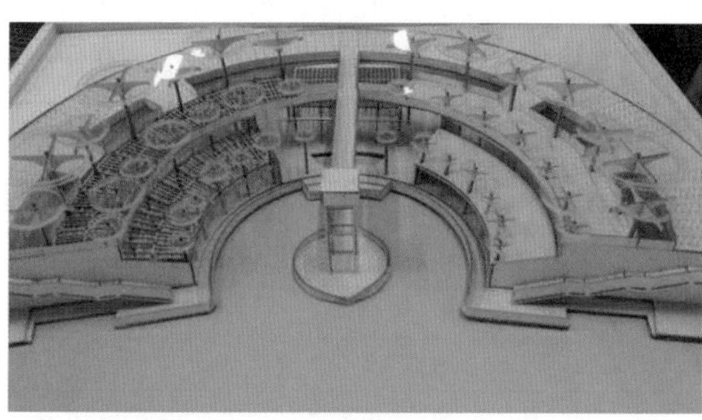

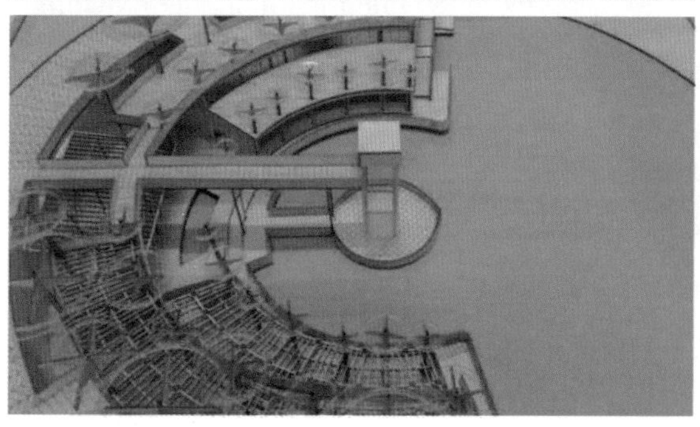

图 4.45 模型最终效果

微课视频

一层左侧屋顶的制作

二层玻璃外墙的制作

二层左侧屋顶的封顶

右侧屋顶的安装

遮阳伞的制作

栏杆的制作

4.3 实战 7——古建模型

近年来，传统木结构建筑作为传统文化的重要载体，越来越受到人们的重视，传统建筑修缮、修复重建等工程项目越来越多，对传统建筑模型的需求也日益增长。模型设计制作实战 7 即以涞滩古镇下涞村二社 5 号传统院落修缮复原项目为例，介绍古建筑的模型表现方法。

实战导入

中国传统建筑具有悠久的历史和光辉的成就，多采用木柱、木梁构成房屋的框架，在技术上有极大的灵活性，其院落布局在文化上体现着“天人合一”的思想内涵。民居院落建筑体现了一丝不苟、精益求精的工匠精神，而古建筑民居模型的制作也需要更多的耐心、更强的毅力。模型制作的过程，仿佛是我们在踏着前人的足迹探索中华建筑文化之脉络。

请思考和总结：传统建筑中的哪些细节让你感受到了一丝不苟、精益求精的工匠精神？

4.3.1 项目概况与展示目标

实战 1 中已经对涞滩古镇背景情况作了介绍，实战 7 要展示的院落属于涞滩古镇的下涞滩聚落，这里有着悠久的佛教文化和水运码头文化。该项目力图将院落修缮完整，并复原其川东传统民居院落的空间格局，展示川东建筑文化。模型制作要清楚地表现院落格局、穿斗式构架结构以及传统建筑的细部构造。

4.3.2 模型设计与制作方案的拟订

根据项目情况，确定以传统民居建筑为重点表现对象，表现范围涵盖一进院落和局部街道。常用的古建类模型比例 1 ∶ 25、1 ∶ 50、1 ∶ 75、1 ∶ 100 等。本案例不仅要表现建筑外部样貌，而且要展示其剖断面，所以宜选用大比例，如 1 ∶ 25 或 1 ∶ 50 制作模型。统筹考虑展示空间和需求，模型尺寸又不宜过大，所以最终选用 1 ∶ 50 的比例。

模型整体表现以空间为主导，整体色调定为灰色。地形材料采用亚克力板，不做色彩装饰。模型制作计划见表 4.3。

表 4.3　　涞滩古镇下涞村二社 5 号传统院落修缮复原剖面模型制作计划

制作工具与辅材		镊子、铅笔、砂纸、夹钳、精雕机、气钉枪、喷枪、模型胶、双面胶
比　例		1 ∶ 50
时间计划	第一周	拟订制作计划，购买工具、材料，完成图纸调整工作
	第二周	制作底座、基座、屋架
	第三周	完成地形组合，制作建筑模型和道路模型
	第四周	完成模型细部，调整关系
材料预算		木工板：2400mm × 1200mm，0.5 张；2.5mm、2mm 和 1mm 厚度的白色亚克力板：2400mm × 1200mm，各 0.5 张；直径 4mm 和直径 1.5mm 的亚克力圆柱型材各 30 根
加工工艺		底座：采用亚克力板，按比例尺寸用轮盘锯切割，台面边框再包 1mm 厚、20mm 宽的木线条。底座尺寸约为 600 mm × 900mm（以定稿后尺寸为准）。 建筑：切割 2mm 厚的亚克力板制作枋，并采用亚克力圆柱型材制作屋架；雕刻 1mm 厚的亚克力板制作建筑围护结构和门窗等构件，手工制作。 上色：气泵喷枪喷漆上色。 组装：用模型胶胶接

4.3.3　古建基本结构识读

建筑的外在形态，模型制作者容易仿照制作，但却常常因为对传统建筑房屋结构认识不足而导致模型表现不准确。所以想要制作出精致的古建筑模型，制作者必须对古建结构有一定的认识。中国传统木结构建筑主要由基座、屋架结构、围护装饰三大部分组成，古建模型基本上按照上述结构来制作组合。

出于木结构建筑的防水要求，中国古建筑都建有基座。基座起到保护建筑主体的作用。宫廷建筑的基座通常材料华丽、尺度高大，民居则较为简易。基座在模型制作中容易被忽视，但却是非常必要的部分。

屋架结构是核心部分。我国大部分地区的传统木建筑的结构可归入穿斗式和抬梁式两大类。穿斗式是用穿枋把柱子串联起来，形成一榀榀房架；檩条直接搁置在柱头上，沿檩条方向再用斗枋把柱子串联起来，从而形成一个整体框架（图 4.46）。相对于抬梁式木构架柱上搁置梁头，梁头上搁置檩条，梁上再用矮柱支起较短的梁的做法，穿斗式木构架用料小，整体性强，但柱子排列密，在我国西南的云南、贵州、四川、湖南等地的民居中被广泛运用。抬梁式在中原地区运用广泛，采用了在立柱上架梁的方式，是我国木构架建筑的代表。这种构架的特点是：在柱顶或柱网上的水平铺作层上，沿房屋进深方向架数层叠架的梁，梁逐层缩短，层间垫短柱或木块，最上层梁中间立小柱或三角撑（图 4.47）。可采用跨度较大的梁来减少柱子的数量，取得室内较大的空间，在宫殿、庙宇等重要建筑中运用广泛。大屋顶的外观其实是由内部的屋架结构决定的，屋面与屋架结构是有机联系的。制作模型时，先完成屋架，再制作檩条、椽条和瓦面。

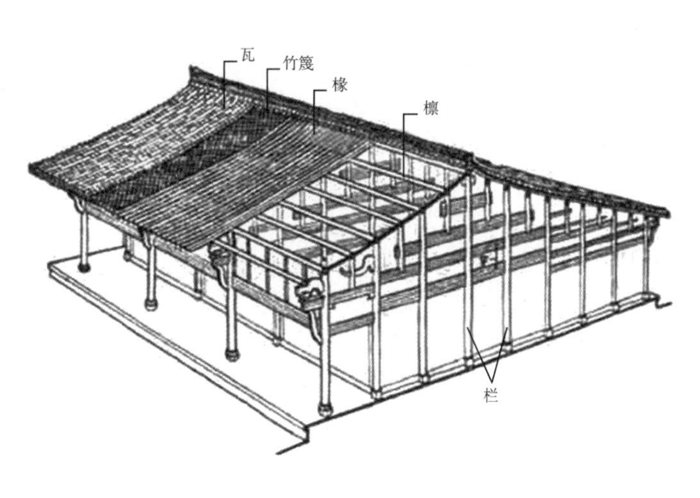

图 4.46　穿斗式木构架示意图

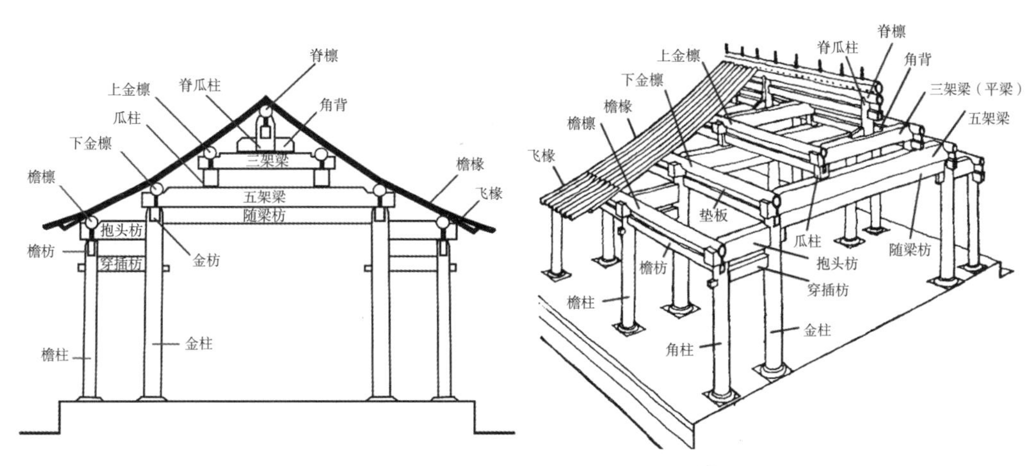

图 4.47　抬梁式木构架示意图

围护装饰部分都依附在屋架结构之上。屋架结构就像骨骼，围护装饰部分则像肌肉和软组织。围护构件包括墙、门、窗，装饰构件包括挂落、雀替、门簪、垂花柱等。

有几千年历史的传统建筑构件的制式复杂、样式多变，其模型制作的精度要求高，制作难度增大了不少。了解传统建筑基本结构体系，对模型制作者来说非常必要，可以避免因不了解结构而出现的制作错误。

4.3.4 模型制作步骤

4.3.4.1 模型底座和建筑基座的制作

按 1∶50 的模型比例计算得出底座的尺寸为 600mm×900mm。模型包边为 20mm，所以需要切割的底座平面尺寸为：640mm×940mm。然后制作底座包边和矩形座托，再用 400 号、200 号、100 号的砂纸整体打磨底座 3 次。

模型的底座制作完成，就进入建筑基座制作环节。这一环节可以看作是制作了一个简单的地形。本案中，古建基底（露出地面的部分）高度为 150mm，则模型高度为 3mm，实际使用 2.5mm 厚的亚克力板制作基座。需

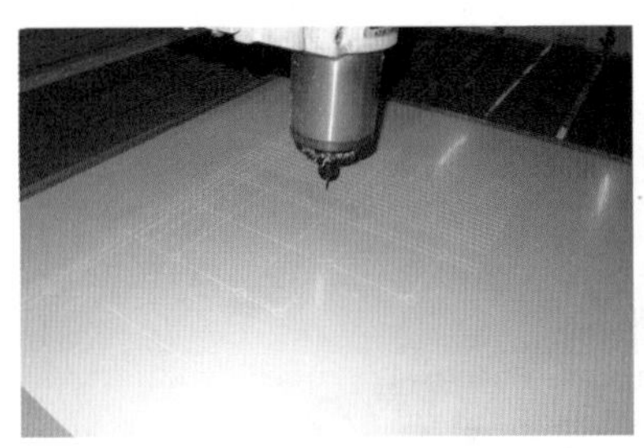

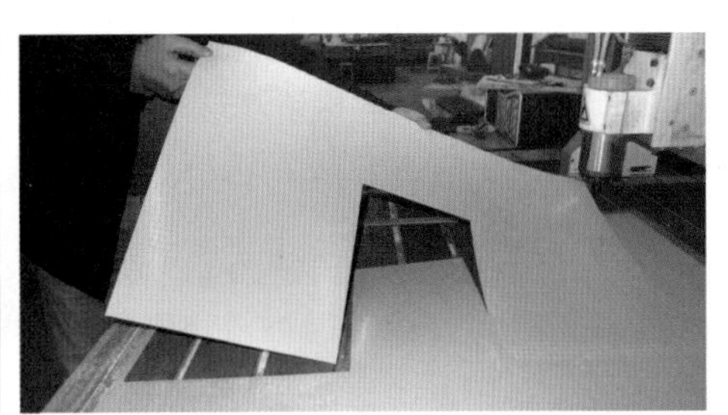

图 4.48　制作基座

要注意的是，为了呈现古建的真实效果，基座的铺装也需要制作，一般在切割基座时一并制作完成。用 CAD 软件整理需要制作的地面铺装线，把它们与基座的轮廓线存储在同一个 CAD 图形文件中。在精雕机床上固定好亚克力板，先雕刻铺装线。这时需要调整雕刻深度，不能把板材雕透了，只需在板材表面形成浅的阴刻线效果即可。铺装线雕刻完成后，机器暂停运行，再次调整雕刻深度，然后启动机器，沿基座轮廓线切割（图 4.48）。完成后，把基座定位准确，并使用模型胶黏结在底座上。

4.3.4.2 古建屋架结构的制作

中国传统建筑的屋架由柱、枋、檩、椽等构件组成，类似一个框架系统。这些构件相互穿接，构成良好的受力体系。制作古建筑模型同样遵循这个结构体系，制作者首先要用模型材料搭建一个这样的支撑骨架，然后制作围护结构，并连接在屋架结构上，最后完成装饰构件的制作和连接。

古建屋架结构看起来错综复杂，但把它拆分后，就容易认识理解了。我们对屋架结构进行简化，可以把它看成是由多个山墙屋架横向连接组成的，那么就可以从单个山墙屋架入手制作。单个山墙屋架主要由纵向的柱子和横向的枋组成，本例中，柱子的实际直径为 220mm，按 1∶50 的比例计算，模型柱的直径为 4.4mm；山墙上的枋的实际高度为 100mm，按 1∶50 的比例计算，模型枋的高度为 2mm。模型制作选用直径 4mm 的空心圆柱型材作为柱子的制作材料，选用厚度为 2mm 的亚克力板材作为枋的制作材料。

涞滩古镇下涞村二社 5 号传统院落是典型的七柱穿斗式与抬梁式结合的屋架结构。剖面图中的剖切位置在堂屋和门厅之间，厢房未被剖到。也就是说，堂屋和门厅的屋架模型必须制作完整，而厢房部分由于没有被剖切

到，只需要制作端头山墙上的屋脊即可。所以本案将制作两类屋架：一类是独立的单个山墙屋架，堂屋内 3 个，门厅内 3 个，共 6 个；另一类是与山墙结合在一起，需整体制作的半屋架，堂屋 1 个，门厅 1 个，厢房 1 个，共 3 个。分类制作可以帮助我们理清工作思路，避免因混乱而出错。

1. 制作山墙屋架

在 CAD 软件中打开绘制好的山墙屋架剖面图文件，把需要完整制作的堂屋、门厅的屋架分离出来单独存为一个文件，按 1∶50 的比例打印。准备好材料和工具，从堂屋的内部屋架开始制作。观察屋架的结构，可以看出竖向的构件就是柱子，横向的结构是枋。

（1）制作山墙屋架的“骨架”。本案模型尺寸不大，山墙屋架上圆柱与枋的真实榫卯关系难以制作表现。解决办法是：先给每一个山墙屋架制作一个整体骨架（用精雕机整体雕刻而成），再把柱子处理成圆柱。骨架的制作方法如下：①用 CAD 软件整理山墙屋架的轮廓，如图 4.49 所示，柱子和枋是连接在一起的；②将整理好的图输入雕刻机，使用 2mm 厚的亚克力板雕刻成型。这种做法可以使柱子与枋形成一个整体，做出的屋架模型不容易变形、不会散开，同时也降低了制作难度。

（2）处理圆柱。按照打印的图纸中的柱子长度，用机器切割圆柱型材，切出落地柱和骑柱。再用机具把每根柱切割成两半，然后把半圆柱粘贴在制作好的屋架骨架上的柱子两侧。依次黏结，注意骑柱的底端应粘贴在梁上，形成卡接的效果。两个半圆柱与骨架的连接处由于制作误差会形成缝隙，需要做填灰、打磨处理。可将熟石灰粉、石膏粉按 1∶1 的比例混合，加入适量聚氨酯木器漆增加硬度和黏性。用小号刷子将调好的灰料填入缝中，刷在半圆柱的两个端头，然后刮去多余的灰料。干燥后，用 200 号、100 号砂纸将填灰的部位打磨平滑。山墙屋架模型效果如图 4.50 所示。

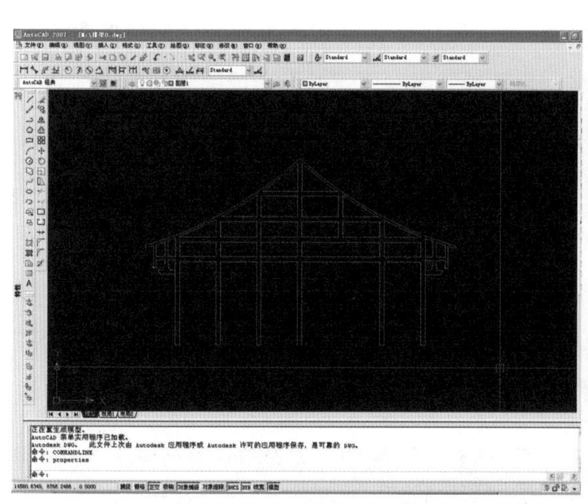

图 4.49　屋架图与屋架骨架模型

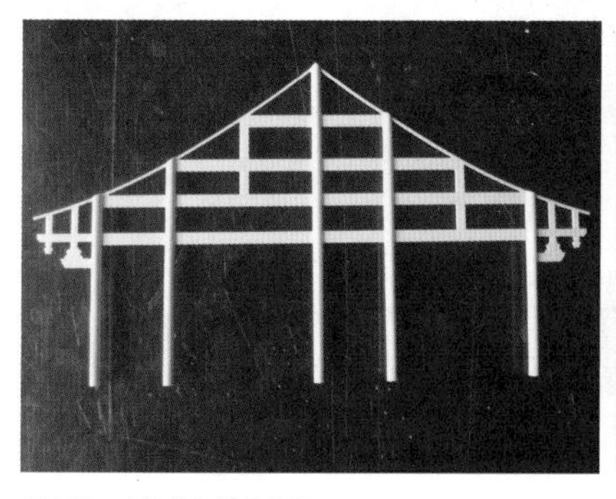
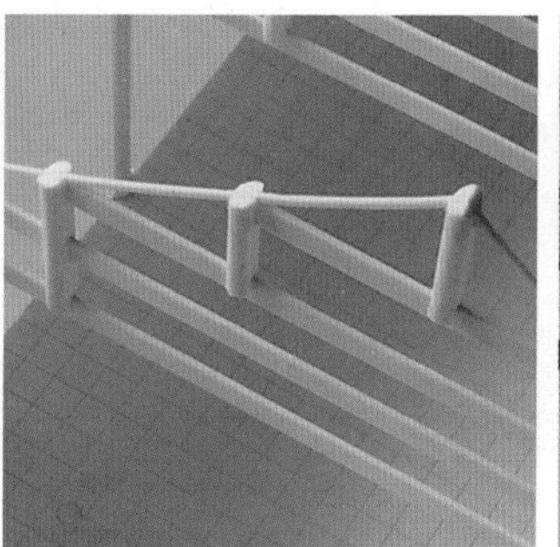

图 4.50　山墙屋架模型效果

按照上述方法，制作 6 个山墙屋架待用。建议初学者不要一次性制作数量过多的山墙屋架，每次制作以 2 ~ 3 个为宜。同时制作的山墙屋架太多，反而会增加工作的复杂程度。

2. 制作与山墙结合的屋架

原理同上，先制作“骨架”。但制作与山墙结合的屋架，仅在骨架一侧粘贴半圆柱，而另一侧粘贴山墙墙面。本案中的 3 个山墙各不相同，堂屋的山墙与厢房的外墙相连，另外还有门厅的山墙和厢房的山墙。首先，将与山墙结合的 3 个屋架的 CAD 图按 1 : 50 的比例分别打印，整理屋架的轮廓并输入精雕机，用 2mm 厚的亚克力板雕刻成型；其次，整理山墙的轮廓并输入精雕机，在 1mm 厚的亚克力板上雕刻成型备用；再次，切割好落地柱和骑柱，并把它们加工成半圆柱；最后，在骨架的一侧粘贴半圆柱，并完成填灰、打磨的工作，再将骨架与山墙黏结。注意半圆柱、山墙的黏结方向要正确。至此，与山墙结合的屋架也制作好了。

4.3.4.3 古建墙面的制作

墙面的制作就相对简单多了。用 CAD 软件整理各个墙面，然后使用精雕机在 1 mm 厚的亚克力板上雕刻出所有墙面（图 4.51）。墙面上的分隔线的制作与地面铺装线的处理方法相同，即先雕刻浅的刻线，然后再雕刻墙面的轮廓。

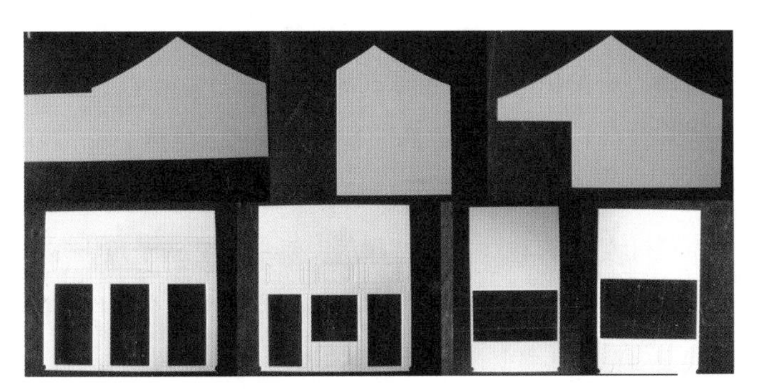

图 4.51 制作好的古建墙面

4.3.4.4 古建的初步组装

将制作好的独立屋架、与山墙结合的屋架、各个墙面先组装起来，形成整体框架，再把各个屋架按照平面图定位后黏结在基座上。由于黏结面小，所以要用黏性强的胶水。为了避免因制作误差而造成的组装困难，宜从一个方向黏结，按照一个屋架、一段墙面依次组装。墙面与屋架形成纵向和横向的相互支持的作用，所以从厢房外墙（即堂屋山墙）开始组装，然后向内院推进。制作过程中，应该以基座的铺装线为参照，注意屋架中心对齐、墙面中心对齐。搭好古建院落的整体框架后，再把各个墙面按照相应的位置，从内部临时固定在屋架上（图 4.52）。

增加横向的梁与檩条。梁的制作相对简单，可以按照打印的图纸中的梁高切割出亚克力长条，再根据横向梁的位置按需要的长度切割而成，临时粘贴。选择直径 1.5mm 的圆柱型材制作檩条。分别按照堂屋、门厅、厢房

图 4.52 黏结墙面与屋架

的屋面长度把圆柱型材切割成檩条，然后按照图纸，在每根柱子的顶端安放横向的檩条。

4.3.4.5　古建坡屋面的制作

要完成整个屋顶，还需要制作椽条、瓦屋面、屋脊、博风板和封檐板。椽条是一个从屋脊到檐口承载瓦片的构件，相当于瓦屋面的龙骨。椽条尺寸比较小，通常截面尺寸为 30mm×50mm。参照模型比例，实际选用 2mm 厚的亚克力板雕刻制作多个“人”字形的檩条（如果有合适的型材，也可以用型材拼接制成），然后按照图纸上标准的间距，将椽条逐个黏结在横向的梁上。

椽条制作完成后，接着进行瓦屋面的制作。在模型材料商店选购专门的瓦面亚克力板制作瓦屋面。使用精雕机切割，但要注意由于建筑平面、立面和剖面图中都没有完整的瓦屋面轮廓，所以需要用 CAD 软件按照建筑侧立面图中精确的单面坡顶长度，另外绘制一个屋面轮廓图。我国传统的坡屋顶多有“举折”，使屋面形成优美的曲线。本案采用电吹风加热瓦面亚克力板，再将其弯折，使之产生弧度来模仿举折的弧形效果（图 4.53），使用吹风机弯曲板材对于初学者来说，难度较大，可以多尝

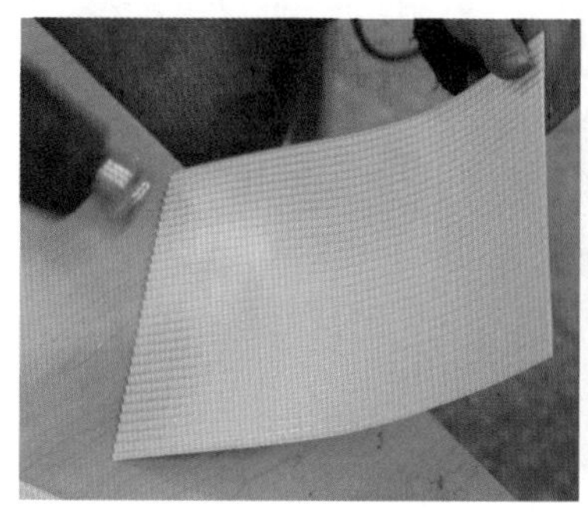
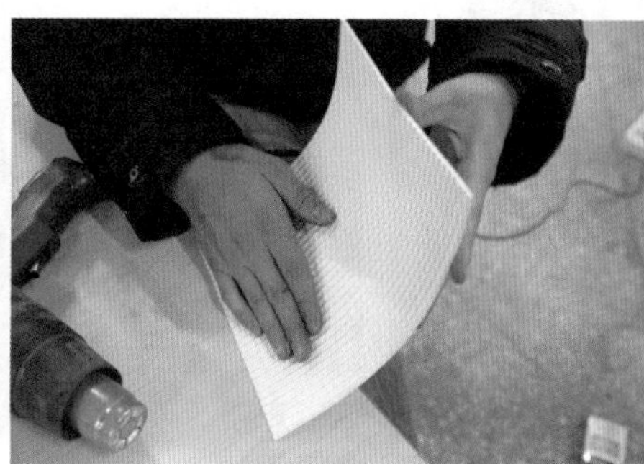

图 4.53　吹弯板材

试几次。

坡屋面交接点的处理是又一个制作难点。内院有 3 个屋面交接点，本案的做法是在切割屋面轮廓时，雕刻了一条斜线，然后根据实际情况再加工交接处，用工具磨去多余的部分，反复多次拼接、打磨，直到屋面交接顺畅且严丝合缝。最后将屋面黏结在屋架上。

屋脊同样使用精雕机制作。在 CAD 图中分别把堂屋、门厅、厢房的屋脊整理好，单独存储。把

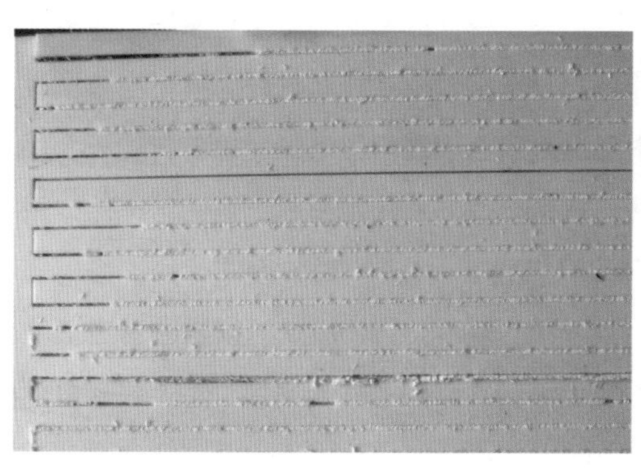
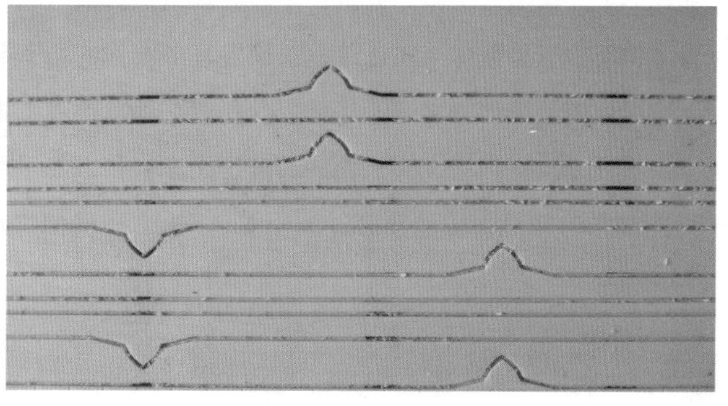

图 4.54　制作屋脊

3mm 厚的亚克力板在精雕机上固定好，进行切割（图 4.54）。把切割好的屋脊黏结在相应位置。

最后，制作博风板和封檐板。这两个构件的制作相对简单，在 CAD 中整理好博风板和封檐板的轮廓图，按图用亚克力板雕刻后，黏结在相应位置即可。至此，屋顶制作就基本上完成了。

4.3.4.6　古建门窗和小构件的制作

为了获得精美的效果，古建模型制作除比例、结构要准确外，还需要表现足够多的细节特征。其中门窗和一些小构件的制作处理非常重要。

（1）门窗的制作。用 CAD 软件整理门窗，再用精雕机在 1mm 厚的亚克力板上雕刻制作。雕刻门窗并不复杂，但是整理线条时要有耐心，雕刻过程中注意固定板材，因为门窗的雕刻很精细，如果板材位置稍微移动，就得返工重做。完成门窗雕刻后，再按照门窗的轮廓制作一张 0.5mm 厚的透明磨砂胶片，把它与镂空的亚克力板用双面胶简单黏结，备用（图 4.55）。

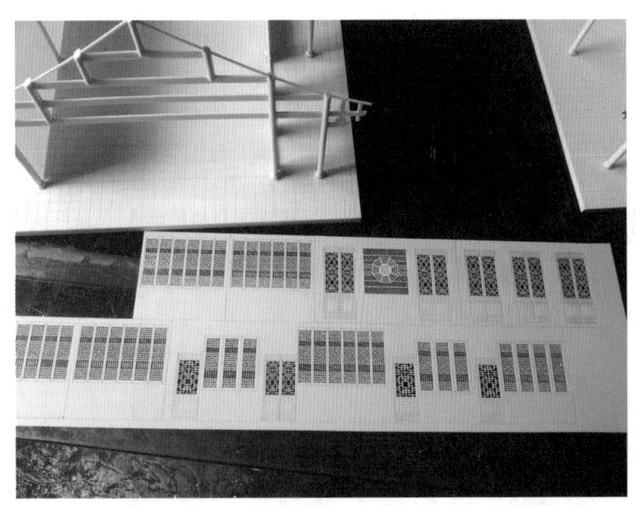

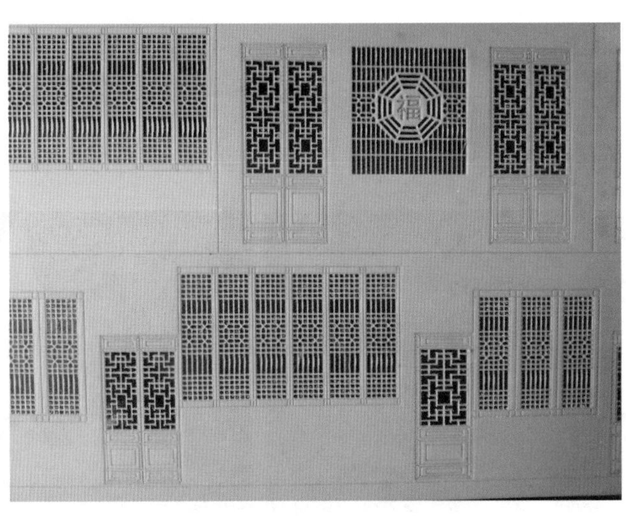

图 4.55　制作门窗

（2）板凳挑的处理。檐口的板凳挑是四川民居的一个特色。板凳挑的“骨架”已经制作好，只需在其上处理圆柱和吊瓜即可。

4.3.4.7　上色与整体调整处理

喷漆上色最好采取每次上薄漆，多上几次漆的方式，这样能够保证漆面均匀、整洁，防止出现漆过厚而龟裂、漆过多而流淌等问题。如果是自行配漆，要遵循宁可多、不能少的原则，否则一旦出现色差，就很难处理了。把各个部件的上漆面清理干净，放置在干净无尘的地方进行喷漆。如果有条件在专业的无尘喷漆房、烤漆房操作最好。为了便于给模型整体上灰色漆，前面各环节制作的所有部件都只是临时固定。此时可以集中地给所有部件上漆。上漆可以使用喷灌气雾漆，也可以使用气泵喷枪喷漆。本案选用灰色喷灌气雾漆。上色前，把各个部件轻轻地拆下，按顺序放好。将需要上漆的面清理干净，待自然干后，将各个部件均匀地喷涂一遍。第一遍上漆只要做到尽可能的均匀即可，切忌漆面过厚（图 4.56）。一般的漆自然干燥需要 10 个小时，待漆干后，再上第二遍漆。再干后就可以组合固定了。

图 4.56　喷漆

最后，按照顺序，将上好灰色漆的各个部件组合固定。这一步是非常关键的，制作者要细心、有耐心，否则将功亏一篑。完成这一步就大功告成了（图 4.57）。

图 4.57　模型制作完成效果

第5章 室内环境模型制作实战

5.1 室内环境模型类别

室内模型的种类很多，根据用途可分为设计模型、施工模型、展示模型，根据表现时代可分为仿古模型、现代设计模型、未来概念模型等，根据材质可分为纸质模型、发泡塑料模型、PVC 塑料模型、亚克力模型、木质模型、综合材料模型等。这些模型可以是对整个空间的完整表现，也可以是对某个局部的细节分析，均按一定比例制作。

5.1.1 根据用途分类

（1）室内设计模型。室内设计模型主要用于辅助方案设计，表现目的是方便设计师对室内空间的分隔、表面的处理以及材质的搭配等进行分析。按照方案设计要求，模型表现的着重点不同。例如，强调空间分隔与组合的模型多采用单色或者 2 ~ 3 种不同颜色但材质相同的材料来表现（图 5.1）。室内环境中的设计模型主要是对整个空间进行表现和分析。

（2）室内施工模型。室内施工模型是在施工前制作的用于分析室内空间、建设用材的模型。这类模型注重真实效果，可以用真实材料等比例或者缩小比例来制作，也可以用相似材料仿制。其作用是方便设计师分析施工过程中可能出现的问题并提出预案。另外，它对施工后的效果呈现也有指导作用。室内环境中的施工模型一般是对局部或整体结构较复杂的施工做法进行分析和呈现（图 5.2）。

（3）室内展示模型。室内展示模型主要用于向观看者呈现室内环境以及周边环境，通常是对整

图 5.1　用 KT 板制作的室内设计模型

图 5.2　室内施工模型

第 5 章课件（一）

个室内环境或者建筑及其外环境的整体表现。例如，小区售楼部展示出来的楼盘模型和各种室内户型的模型，其目的是为了向购买者说明不同户型的室内空间组织及总体朝向等情况，以达到吸引消费者的目的（图 5.3）。

图 5.3　小区楼盘户型展示模型

5.1.2　根据表现时代的不同分类

（1）室内仿古模型。室内仿古模型既具有时代性也具有地域性，例如中国唐代建筑室内风格、中世纪欧洲建筑室内风格等。仿古风格的室内环境设计（如近年来比较流行的新中式风格）大多运用了古代建筑的某些元素或符号（图 5.4）。

（2）室内现代设计模型。从改革开放以来，中国接受国际设计思潮，其中影响最深的便是德国包豪斯。包豪斯开启了现代设计风格，其最有代表性的是现代简约风格。室内现代设计风格的模型也体现出当下简约、环保、低能耗的设计理念（图 5.5）。

图 5.4　室内仿古模型

（3）室内未来概念模型。室内未来概念模型是对未来生活环境的体验式设计呈现，也是对新材料、新技术和新型室内空间的探索，具有实验性质。例如依靠太阳能发电产生电能的室内供电、供暖系统模型等。

5.1.3　根据材质分类

（1）室内纸质模型（图 5.6）。纸质模型材料的可塑性较强，便于剪裁、折叠，也可通过折皱产生各种不同的肌理，或者通过渲染改变其固有色，制作较为简便，常用来制作草模、设计模型等。市面上的纸板主要有国产和进口两大类，其厚度一般在 0.5 ~ 3mm 之间。常用来制作纸质模型的材料有厚纸板、卡纸、底纹纸、蜂窝纸、瓦楞纸等。

图 5.5　室内现代设计模型

（2）室内发泡塑料模型（图 5.7）。发泡塑料也称泡沫塑料，是以塑料为基本组成成分，并以气体

图 5.6　室内纸质模型

图 5.7　室内发泡塑料模型

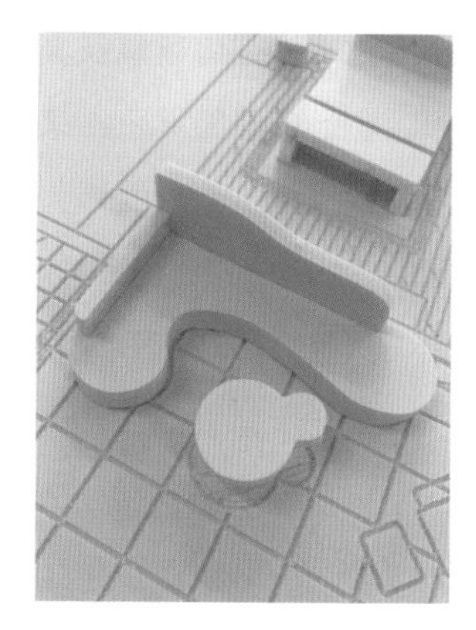
图 5.8　室内 PVC 塑料模型

为填充的复合材料。常用的泡沫材料主要有发泡 PS（聚苯乙烯）和发泡 PU（聚氨基甲酸酯）两种，使用这种材料制作室内环境模型，易于切割，制作速度快，适合制作概念模型。

（3）室内 PVC 塑料模型（图 5.8）。PVC（聚氯乙烯）是制作模型框架的首选材料，主要有板材、管材、线材等。这种材料易于加工，0.1 ~ 0.5mm 厚的板材可用手工切割；材料表面可做喷漆、贴纸等处理，一般用来做设计模型和展示模型。

（4）室内有机玻璃模型（图 5.9）。有机玻璃大致分为无色透明、有色透明、珠光、压花有机玻璃等，是由甲基丙烯酸酯聚合成的高分子化合物。无色透明有机玻璃是目前最优良的高分子透明材料。有机玻璃具有透明性高、机械强度高、质量轻、易于机械加工等优点。

而另一种类似的材质——亚克力，是一种丙烯醇类的化学材料，俗称“经过特殊处理的有机玻璃”，是有机玻璃换代产品，透光性能好、美观平整。不同厚度的亚克力或亚克力板，除了可以用作室内环境模型的墙体，还可以用来制作玻璃窗户，这种材料做展示模型较多。

（5）室内木质模型（图 5.10）。木质模型使用的木材根据其易弯曲的程度，分为密度板、层板、木工板等质地偏硬的木材和软木等。木制模型质感较强，也比较容易加工成型，既可表现仿古风格的建筑室内装饰，也可制作现代设计风格的室内环境模型。

图 5.9　室内有机玻璃模型

图 5.10　室内木质模型

（6）室内综合材料模型。综合材料制作的模型就是运用多种材料制作的模型，如用 PVC 板材制作室内墙体，用亚克力板材制作玻璃窗，用木材、织布制作家具等。此外，在日常生活中还可收集一些废弃材料（如一次性筷子、冰棍杆、废笔杆、各种包装盒等），进行改造和再次利用，用作模型制作材料。

5.2　室内环境模型制作的准备工作

在设计制作模型之前，首先要将项目的方案确定下来，这是模型制作顺利、成功的良好开端和可靠保证。同时也要求制作者对模型表现对象和表达内容有清晰的认识和深入的了解。准备工作大致有以下阶段：

（1）明确任务，熟悉图纸。接到制作任务，制作者首先要明确居住空间模型的制作标准、规格、比例、功能、材料、时间要求和特殊要求等重要问题，然后熟悉图纸。

（2）构思设计，拟订方案。构思设计是根据制作任务的具体要求进行构思，并拟订可行的、最优化的制作方案。构思的内容包括模型比例的确定、材料的选用、底盘的设计、室内的布置、环境的设计、色彩的搭配、成本核算、时间安排等。必要时，还可以根据要求，书面写出设计制作方案，进行比较、选择，最终确定一个较为理想的方案。

（3）制订模型制作计划。方案拟订后，可以着手拟订一份完成模型制作的工作计划，安排时间进度，以确保工作效率。另外，想要实现设计制作方案中的预期效果，必须选择合适的工具和材料制作模型。模型制作作品的成败与材料、工具有着直接的联系，用材不当，工具不当，即使构思很好，也难以达到理想的效果。模型制作工艺则需要多年的手工制作经验积累，才能运用自如。对于初学者来说，模型制作重点强调空间感受力和动手能力。

5.3　实战 8——综合材料的室内环境模型制作

第 5 章课件（二）

5.3.1　项目概况

该项目户型面积较大，约 180m²，业主是一对中年夫妇。根据与业主的沟通，设计方案定为新中式风格，将现代和古典进行完美结合，居室空间规划合理，使用方便，让使用者感觉清新、明快。

5.3.2　前期准备

制作模型前，首先整理好设计图纸，然后按照设计方案和图纸，拟订模型设计与制作方案，并制订模型制作计划，见表 5.1。 制作室内环境模型，材料的选择很重要。一般而言，表现效果与模型材料紧密相关，材料准备得充分，模型表现才可能达到完美的效果。材料的选择既要求在色彩、质感、肌理等方面能够表现室内空间的真实感和整体感，又要求材料具备加工方便、美观协调的特点。当然，表现手法还需要根据方案设计的特点确定。例如，墙面制作选用墙纸、壁纸、卡纸或薄型胶片（ABS 板）等材料，按室内各立面尺寸裁剪，挖去门窗、阳台部位，用层面排列或连续折面立体构成的方法，裱糊在模型框架上。但要注意不同材料的搭配与组合，避免令人产生不协调的感觉。本案模型根据空间布局、设计风格及方案特点，主体材料选用 PVC 板和 ABS 板。PVC 板用来制作墙体，ABS 板用来制作家具。

表 5.1　　恒大小区户型室内环境模型制作计划

制作工具与辅材		镊子、铅笔、美工刀、砂纸、精雕机、罐装手持式喷漆、模型胶、双面胶、墙纸、布料
比　例		1∶25
时间计划	第一周	完成图纸调整工作，购买工具、材料
	第二周	制作主体部分，包括墙体、铺地、门窗
	第三周	制作椅子、沙发、柜子等主要家具
	第四周	制作装饰画、电视机等陈设品；制作与模型风格相协调的底座；完成模型组装和细部调整
材料预算		层板：2400mm×1200mm，0.5 张；5mm 厚亚克力板：2400 mm×1200mm，0.5 张；0.8mm 厚 ABS 板：2400mm×1200mm，0.5 张
加工工艺		底座：在层板上粘贴 ABS 板，并在表面喷漆，制成石材效果。底座尺寸约为 600 mm×1200mm（以定稿后尺寸为准）。 主体：用 PVC 板制作墙体；墙面和地面根据家居装饰风格铺贴装饰材料；精雕机或手工切割 ABS 板制作门框、窗框；窗框粘贴在 0.8 ~ 2mm 厚的亚克力片上制成窗户。 家具：采用 ABS 板制作，收口处用砂纸或锉刀打磨，根据不同材质表现添加效果

5.3.3　模型制作

5.3.3.1　模型放样

完善了设计构思和制图，确定了尺寸、材料以及制作工艺之后，就可以进行模型放样。模型的缩放比例根据模型使用目的、表现规模、材料特性和表现细节程度等多个方面来综合考虑确定。常用的室内模型制作比例有 1∶15、1∶20、1∶25、1∶30、1∶50 等。一般来说，采用较小的比例制作的单体模型在组合时往往缺少细节表现，应适当地进行调整。

首先对墙体部分进行放样。PVC 板多为白色，模型放样时，可将缩放好比例的设计图纸用圆珠笔等拓印在 PVC 板上。拓印时落笔要轻，制作者自己能辨识即可。注意手肘等部位尽量不要放在图纸上，避免弄花 PVC 板，影响制作效果。经过专业培训的人员也可以使用相关软件进行放样。

根据教学经验，需要提醒制作者的是：从设计图纸到模型图纸，比例尺寸的计算非常重要，不能出错，否则模型组装时就会出现误差。下面列举在模型放样时容易出现的问题，制作时应当避免：①制作者没有按整体做比例缩放，而从局部分别缩放形体的各个部位，从而造成比例不协调；②组装模型时，墙体与墙体呈 90° 相交时，没有减去相交部分的材料尺寸；③制作者粗心大意，造成比例缩放不准确；④比例缩放不统一，切割后的材料的尺寸、比例不统一，造成返工和材料浪费。

总之，制作者要从整体上把握各体面的比例关系，缩放比例的设置要统一，避免放样出现问题。

5.3.3.2　材料切割与打磨

1. 材料切割

模型材料种类十分丰富，切割方法有手工裁切、手工锯切、机械切割和数控切割等。模型材料的选择应当以表现方案创意思维和达到模型制作要求为依据，概念性、研究性的模型重在表现创意思想和空间关系，一般选用 KT 板，便于加工和切割。不同材料具有不同质地，切割时要区别对待。本案模型与市场需求紧密结合，选用厚度 5mm 的 PVC 板和厚度为 0.8 ~ 1mm 的 ABS 板为主材，切割较易操作，但要求细节部分制作精细。

切割材料前，先在材料上作位置设定，尽量最大化地利用材料。其次要注意切割部位的形态和尺度比例。矩形的材料一般从长边的端头开始定位，不规则的材料一般从曲线或者折线边缘开始定位。切割时要与材料边缘保持至少 5 ~ 10mm 的间距，给材料的打磨留出充足的空间，同时也避免将磨损的边缘纳入使用范围。制作条件允许的情况下，可以采用切割机进行切割（图 5.11），这样更为精准；另外，切割后的材料边缘可免去打磨。

图 5.11　采用切割机切割模型材料

如果没有切割机具，也可使用一般的工具刀、钩刀，辅以钢尺进行手工切割。手工切割是一项比较费力费时的劳动，需要制作者耐心与细心。合理选择刀具也很重要，单薄的材料一般选用小裁纸刀；主材使用 5mm 厚的 PVC 板或硬质纸板等，就要选用大裁纸刀且刀片要宽厚，这样才能保证切割面平顺。手工切割材料时注意，一定要选用钢尺作为辅助工具，钢尺能够有效避免材料在切割过程中因受力而产生移动。手工切割方法为：一只手固定尺面于材料上，手指分散按压在尺子上，最好形成固定的三角支点，另一只手持裁纸刀沿着钢尺一边匀速裁切，力度适中，刀柄与台面呈 45° 角。为防止切面产生顿挫，切割时中途不宜停顿，速度过快也容易偏移方向。厚度较大的材质不易一次成功，可根据材料厚度在材料上进行数次划割。要求第一刀位置务必准确，形成划痕后才能为后面的切割提供正确的施力点。当材料切割成半连接状态时，不能强行撕开，避免造成破损。

手工切割常用材料的注意事项如下：

（1）切割硬纸板和薄的 ABS 板。数次拉刀，拉刀速度不宜过快。

（2）切割 PVC 板。慢速拉刀，每次拉刀要用力，力争一次性切割完成。

（3）切割 KT 板。快速拉刀，保持刀刃的锋利，刀尖尽量垂直于被割面。

（4）切割轻质木板。数次拉刀，保持刀刃锋利，切割后应磨边。

（5）切割塑料制品。用刀刃划出刻痕，将刻痕置于硬物的棱上，用适当力压两侧。

2. 材料打磨

在模型制作过程中，还有一个至关重要的环节就是材料的打磨，这也是容易出现问题的环节。由初学者打磨的材料，在黏结时常被发现存在对边不齐、缝角不平、弧面不流畅等问题，所以制作出来的模型精确度不够、表面粗糙，表现效果不佳。这一方面是由于初学者不能准确地把握模型各体面尺度、控制好打磨的限度，心中无数；另一方面，打磨时用力不均匀、打磨角度把握失控也是出现精度问题的重要原因。所以，制作者要调整工作心态，从整体把握模型的尺度、精度，做到心中有数。打磨时，用力一定要均匀，频率要高，要细致。宁可打磨得不够，也不能打磨过度。需要角度的，尽量把握好角度精度。

微课视频

模型的放样

墙体的制作

墙体的粘接

5.3.3.3　主体的制作

1. 墙体的制作

在室内模型制作过程中，墙面所占面积较大，整个模型的色调基本由墙面色彩来控制。因此，在选择材料时，一定要考虑色彩质感的因素。常用的材料一般有 PVC 板、亚克力板、密度板等。墙体制作中所有的墙面都要统一高度，切面呈 90° 角，以便胶接组合。然后可选用各种材质的纸粘贴在板材上，作为墙面。还可以在上面做进一步的质感、纹理、色彩加工，使模型更加形象、逼真。制作室内模型墙面的纸一般在出售模型工具的商店就能买到，如果想与其他模型有所不同，也可以自己制作材质。

模型墙面贴墙纸有两种做法：第一种做法是先在每块墙体上贴好墙纸，再进行组装；第二种做法是先把墙体组装好，再粘贴墙纸。采用第一种做法应当注意，由于模型中每个房间的墙纸不一定相同，所以贴墙纸时要比对好墙面属于哪个房间，确认每块墙面的位置，以免造成材料的浪费。第二种做法的操作难度更大，但是在墙的接缝处，墙纸的完整性要好很多，而且这种做法能避免把不同房间的墙纸贴错。本案采用第二种做法（图 5.12）。贴面平整与否能体现出模型制作者工艺水平的高低。

图 5.12　墙体的粘贴

下面介绍怎样把现有的材质粘贴在 PVC 板材上并达到美观的效果。为了把墙纸贴平整，可以在墙纸背面贴上整块的双面贴，然后根据墙体的尺寸进行裁剪，这样在粘贴时不会起泡。也有更为节约的方法，即在 PVC 板四周贴上双面贴，然后在中间贴上交叉型的双面贴或者涂抹上 U 胶（图 5.13）。粘贴墙面之前，应计算好所要使用的墙纸的尺寸，这样可以最大化地利用墙纸。墙面粘贴好之后，用工具刀裁剪掉多余的部分和门窗部分（图 5.14）。

图 5.13　在墙纸上贴上整块的双面贴，在粘贴时不会起泡

图 5.14　贴好墙纸以后，裁剪掉多余的部分和门窗部分

这里特别要注意电视墙的制作。在模型制作中，电视墙的造型设计一般较容易成为空间的焦点，因此可单独制作电视墙，然后整体粘贴到模型中。

2. 铺地的制作

在居住空间模型制作中，除墙面外，铺地同样也在整个模型中占有很大的面积。铺地材料的颜色、质感、图案等在很大程度上也影响着模型的效果。常见铺地材料在模型工具商店就可以买到，其色彩、风格多种多样。铺地的粘贴也较为简单：选择与墙纸相匹配的材质，按照墙纸的粘贴方法，先把双面贴整个儿贴在材料背面，再把铺地材料贴在底板上，然后根据房间的大小，用工具刀裁剪好（图 5.15）。

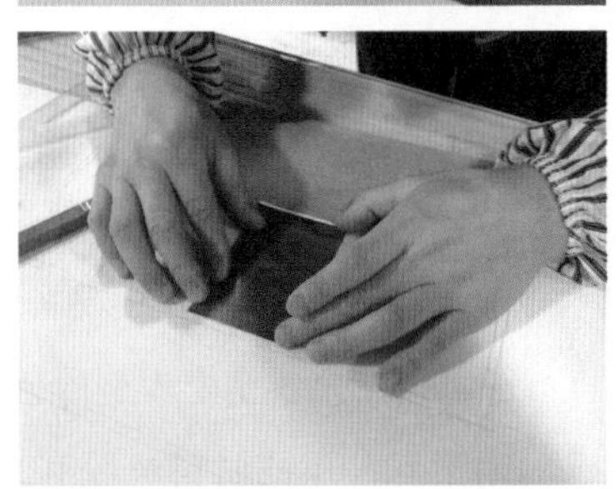
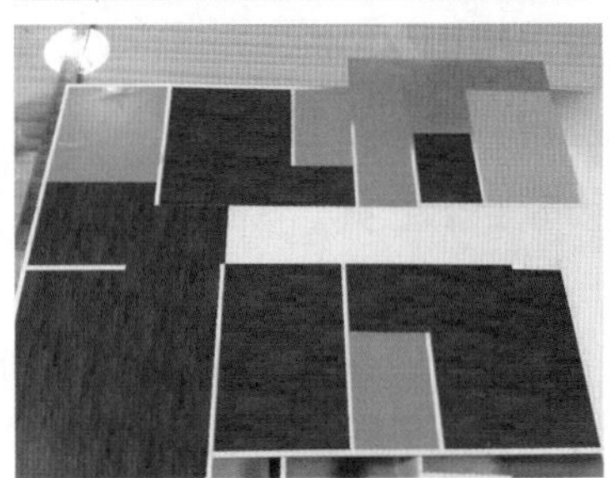

图 5.15　贴好铺地材质后，用工具刀划出墙体的位置

微课视频

墙纸的粘贴

铺地的制作

如果设计的居室风格较为独特，市场上的材料不能满足模型制作需要，就要靠自己动手制作材质了。下面介绍一些常见材质的制作方法：

（1）拼花大理石的制作。拼花的形式多样，可根据具体花样制作。材料选用透明亚克力板、即时贴、手喷漆。工具选用美工刀、尺子、镊子。按照需要的尺寸切割一块透明亚克力板，用手持罐装喷漆喷涂。喷漆颜色与所需石材颜色相同，喷涂距离不要太近。喷漆干透后，板材反面的效果是我们所需的光滑石材效果。

（2）室内地砖的制作。首先，根据尺寸要求，用钩刀和铁尺在材料上划出地砖缝纹。注意用力均匀，深度控制在板厚的 1/4 左右。如果刻划深度不到位，可进行调整，直到达到理想效果。然后，根据地砖的具体色彩喷漆上色，多次喷涂效果较好。为使色彩更稳重、逼真，可加喷其他颜色进行渲染，但要注意色彩变化。

（3）木纹地面的制作。首先切割出所需地面大小的 ABS 板，最好选用白色；然后用油漆调试出木纹颜色，用排笔刷出木纹效果。注意最好 1 ~ 2 遍就刷到位，色彩自然就可以。刷好油漆的板材晾干备用。

（4）其他地面的制作。当上述材质都不能满足模型的制作要求时，还可采用一种快捷的方法制作地面材质：在网络上下载自己需要并且符合设计的材质图片，精度要高一些，然后运用 Photoshop 软件进行处理，调出自己需要的效果并打印。但是采用这种方法时需要注意，由于打印纸张和色料的影响，打印的材质不能沾水，如果选用 U 胶粘贴材质，胶不能涂抹太多，否则会弄花材质。

3. 门窗的制作

模型中门的做法相对简单，一般只需要做出门框就行了。在切割模型墙体的时候就留有门洞的位置，因此墙体粘贴好之后，将 0.8mm 厚的 ABS 板用精雕机或者手工切割出矩形门框，然后按照设计方案进行喷色。喷漆或丙烯颜料涂抹均可。大多数情况下使用油漆，因为油漆的耐久性较好，而且对于很多材料来说，油漆都有很好的附着力。待油漆干后，在墙体相应位置插入门框，并用 502 胶或其他快干性胶水固定，门框就制作好了（图 5.16）。

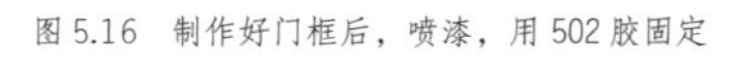

图 5.16　制作好门框后，喷漆，用 502 胶固定

接下来介绍窗户的制作方法。窗户表面的基本结构也需视其比例而定，大比例模型的窗可以用勾刀在材质上制造划痕，涂上白色水粉颜料就可以达到目的了；小比例的窗要做得相当精细，要表现出窗的结构形式、窗帘的安装模式等。常用的制作方法与门的做法较为相似（图 5.17）。将 0.8mm 厚的 ABS 板用精雕机或者手工切割出窗框，在后面衬上一层粗糙度较好的 0.8 ~ 2mm 厚的亚克力片即可。

还有更为简便的方法，即保留亚克力片的贴纸，直接在贴纸上划出窗框，涂抹成深色，再把多余的部分撕掉（图 5.18）。

5.3.3.4　家具的制作

居住空间模型的家具随着现代设计艺术和工艺技术的发展，已经产生了很多的种类，如陶艺家具、金属家具、塑料家具、布艺家具、木质家具等。风格也是多种多样，中式、欧式、田园风格等。配置了家具的室内模型可以直观地反映出住宅的居室风格，房间关系、使用功能等，而且还能反映出每个角落的细部装饰效果，并展示出不同的生活方式，可以清楚地反映出各种户型的空间形式，从而提供给观者以丰富的视觉体验。

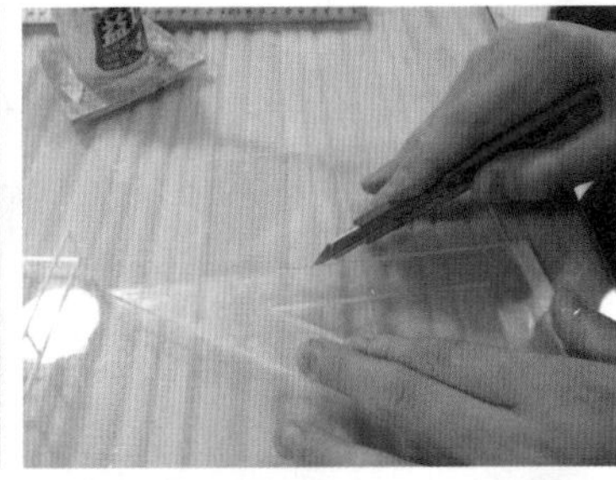

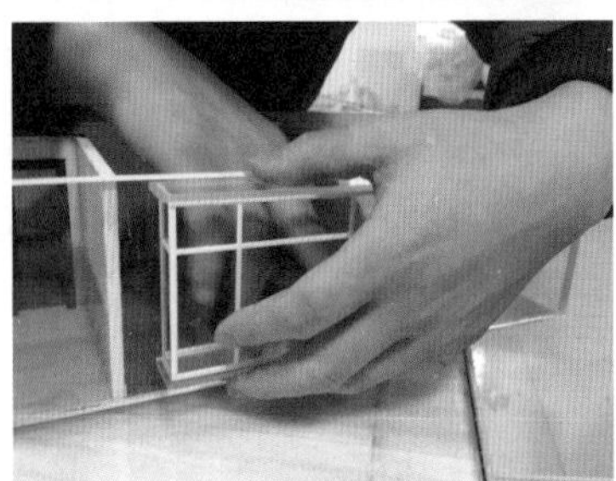

图 5.17　切割出窗框，在后面衬上一层光洁度较好的有机玻璃片，然后进行安装

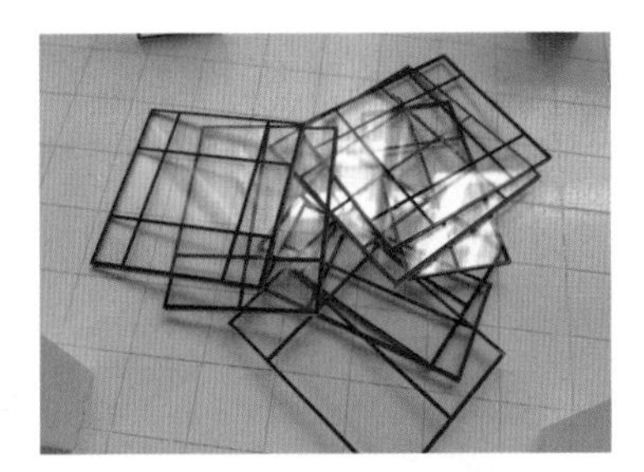

图 5.18　保留亚克力片的贴纸，直接在贴纸上划出窗框，涂抹成深色后把多余的部分撕掉

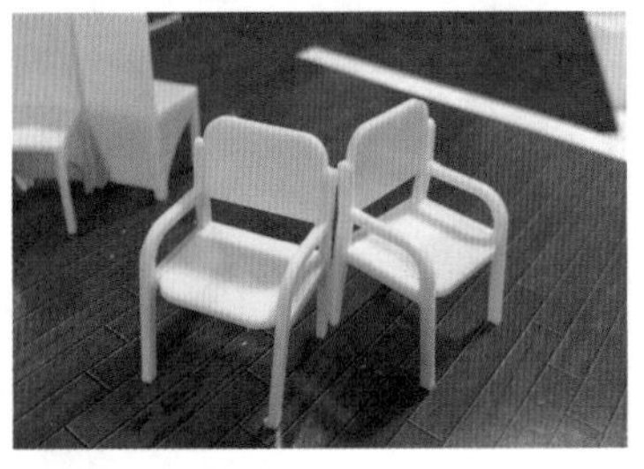

图 5.19　常用椅子造型

1. 椅子和沙发的制作

椅子是重要的室内家具，是模型展示的重要元素。椅子模型的制作方法如下：

（1）根据设计要求画出椅子的平面、立面图纸，注意把握比例关系。

（2）把画好的椅子平面、立面图拓印在 PVC 板和 ABS 板上。

（3）按照图形用钩刀进行切割，要注意细微结构的变化，局部可以用剪刀剪裁。一般来说，用刀具不易切割 PVC 板和 ABS 板，因此建议使用精雕机切割。为了便于加工，设计椅子时注意避免复杂的曲面造型（图 5.19）。

（4）进行打磨修整，弧形结构可用扁圆形锉刀打磨。

（5）根据所需颜色用手持罐装喷漆上色。

（6）椅腿则准备相应粗细的铁丝来处理，先把铁丝加工直挺，用手虎钳把铁丝弯曲成所需形状，再用锉刀把铁丝断面打磨平整。用砂纸打磨铁丝表面，以方便喷色。用手持罐装喷漆喷涂所需颜色。

（7）502 胶或三氯甲烷快干性胶水黏结椅腿和椅面。黏结时要注意结构位置的准确。

（8）完善椅子效果。

沙发模型有两条解决途径：一条是从市场上选购，市场上有各种颜色和造型的现成品；另一条是自己动手制作。手工制作可按照椅子的制作方法制作沙发骨架，再铺上薄海绵，然后用收集或者购买的布料包裹。包裹时可以满铺双面胶，也可以用 U 胶逐步粘贴（图 5.20）。

图 5.20　手工制作的布艺沙发效果

椅子和沙发的造型如果必须带有曲面，可用热风机加热板材后弯曲制作。注意温度的控制和弯曲弧度的把握，并仔细调整弧度。座椅边缘弧度的弯曲加工更要细致。

2. 床的制作

根据所设计的床体形状，按比例绘制床体平面图和立面图，注意比例、尺寸要准确。根据比例算出床体的几个块面大小，把图纸复制到白色 PVC 板或者 ABS 板上，尽量避免出现误差。将复制的图形用钩刀或者美工刀进行板材切割。切割时尽量把握好力度。对切割好的部分进行打磨，然后将切割好的材料进行粘贴。先黏合床体部分。为了使床看上去柔软舒适，可以在包裹布料之前，在床体部分填入泡沫（图 5.21）。

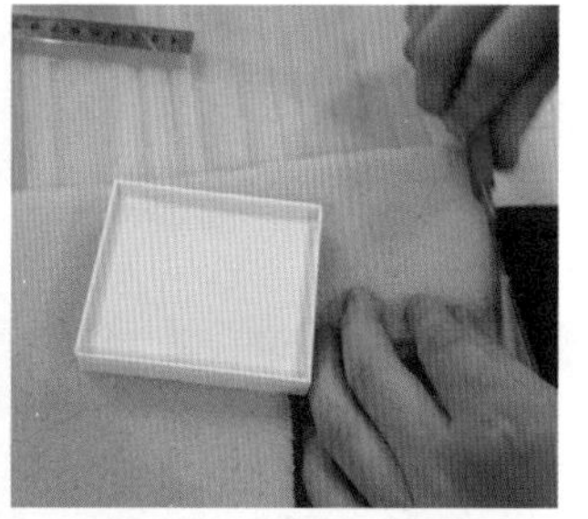

图 5.21　床的基本框架做好后，填入泡沫使之看起来更为柔软

微课视频

家具（床）模型制作

床占据了卧室的大部分空间，同样也是体现卧室温馨的必备家具，制作时注意根据方案设计的风格选择相应花型、材质的包裹布料。布料的花色最好与墙纸和地面铺装色调相匹配。布料可以利用自己不穿的衣服进行剪裁，或者到订制衣物的地方去收集。

依据床的尺寸裁剪合适的布料材质，然后在材质的背面贴上双面胶或 U 胶。U 胶一定要涂抹均匀。U 胶需要等一段时间才能完全干透，如果天气较热，胶干得较快。把床的 3 个垂直面黏合并固定好，一张床的基本形态就做出来了。最后添加床上用品，使其看起来既温暖又舒适。床上用品的制作方法和床的做法相同（图 5.22）。

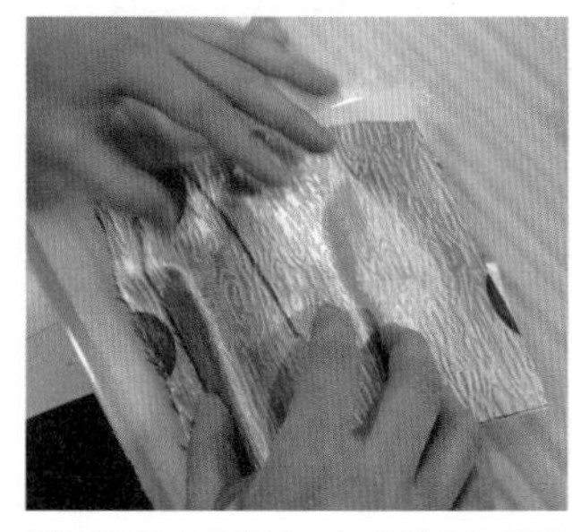

图 5.22　包裹上布料，添加床上用品

图 5.23 为学生制作的不同风格的床模型效果图。

图 5.23　各种风格的床的制作成品

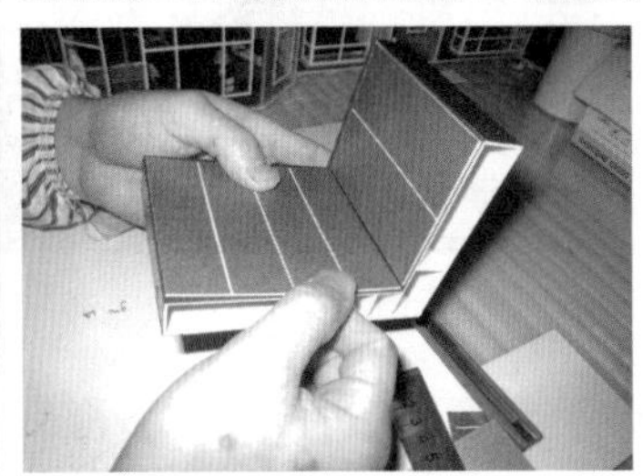

图 5.24　新中式的衣柜，金色与深色进行搭配

3. 柜子的制作

制作柜子相对简单，因为模型柜体的设计大多简洁大方。与床的制作顺序一样，先根据模型比例放样，计算出柜子每个块面的尺寸。需要特别注意的是，计算柜面尺寸时应当减掉先前计入的损耗面积，否则制作出来的柜子将不合比例，甚至可能出现柜子各面不能黏合到一起的问题。切割出主体构件，进行黏结并用砂纸打磨柜体。打磨转角处时应更加细致，以保证模型边线直挺。制作不开启柜门的柜子，可以使用 U 胶或三氯甲烷把柜子的基本块面直接黏合。在制作好的柜子上贴上双面胶，边缘转角处都需要沿边缘线贴双面胶，然后把选择好的材质粘贴在柜子的表面。为了更好地表现柜子的立体感，可以在柜子的边缘选用颜色相匹配的即时贴加以装饰。粘贴时需要耐心和一些小技巧，面积越小的越要谨慎操作。揭开即时贴的保护膜后，不要急于粘贴，要先对着即时贴挂胶的一面均匀喷水，再进行粘贴。粘贴时用压板或手轻轻地赶压，直至水被挤压出来，这样才会更加平整。

没有合适的即时贴，制作者可以自己用丙烯颜料或者油漆喷涂在薄的 PVC 或 ABS 板材上，然后用工具刀切割成装饰条。那么，色彩的选择会更多，同时还可以制作出一些富有肌理感的材料。当然，也可以选择与柜体设计相符合的材质贴在柜体上。最后，在柜子的正面加以装饰（图 5.24）。

制作可以开启柜门的柜子，则只须先黏合柜体，在柜体和柜门上分别贴上材质，然后用牙签或者铁丝将柜门固定在柜体上，使柜门可以转动。

同样的方法还可制作橱柜、洗衣机和冰箱等。不同的制作物体，喷漆的颜色有所不同。

5.3.3.5　陈设品的制作

不论时代如何发展变化，室内陈设品都起着其他装饰材料无法替代的作用。它以表达一定的思想内涵和精神文化为着眼点，并且对室内空间形象的塑造、气氛的营造、环境的美化起着锦上添花、画龙点睛的作用，是完整的室内空间必不可少的内容。居住空间设计也好，居室的模型制作也好，陈设品的布置，必须和居室内其他物件相互协调、配合，不能孤立存在。以下是室内陈设品的基本布置原则：

（1）陈设品的选择与布置应当与室内空间整体环境协调一致。 选择陈设品应从材质、色彩、造型等多方面考虑，与室内空间的形式、家具的样式相互呼应，为营造室内空间主题氛围而服务。

（2）陈设品的大小应与室内空间尺度及家具尺度形成良好的比例关系。陈设品的大小应以空间尺度与家具尺度为依据而确定，不宜过大，也不宜太小，最终达到视觉上的均衡效果。

（3）陈设品的陈列布置要主次得当，增加室内空间的层次感。在陈设品陈列摆放的过程中要注意，在诸多陈设品中应区分出主要陈设品和次要陈设品。主要陈设品与构成室内环境的其他要素在空间中形成视觉中心，而次要陈设品则处于辅助地位，这样就不会形成杂乱无章的空间效果，同时还进一步强化了空间的层次感。

（4）陈设品的陈列摆放要注重效果，要符合人们的欣赏习惯。陈设品的选择与布置可以体现一个人的职业特征、性格爱好、修养和品位，是人们表现自我的手段之一。因此，应充分考虑到通过陈设品来营造室内空间的人文气息。

1. 装饰画的制作

先根据所设计的室内空间户型的需要，确定装饰画的尺寸大小和数量，然后根据自己制作的模型空间缩放好比例。从报纸杂志等物上选择好装饰画的内容，接下来把画框雕刻好，并用砂纸轻轻打磨，然后根据设计喷上漆，油漆色彩可以根据画面的内容自行选择。把画框粘贴在画面上并裁剪好，装饰画就制作好了（图 5.25）。

微课视频

陈设品（装饰画）模型制作

2. 电视机的制作

电视机的制作方法与装饰画的做法大同小异。为了使电视机看起来逼真，可以从报纸、网络或模型工具店中收集电视剧情节画面图片。按照室内空间比例切割一块尺寸合适的 PVC 板作为电视机屏幕，然后把剧情图片粘贴在 PVC 板上。最后粘贴即时贴或有条纹的材质纸，表现电视机的轮廓（图 5.26）。

图 5.25　室内装饰画的制作及效果

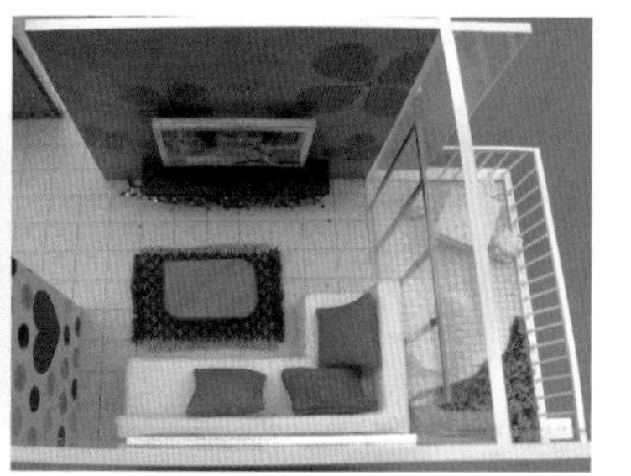

图 5.26　电视机模型效果

3. 室内植物的制作

室内植物一般都使用现成的材料进行加工。模型商店有各种花瓶和植物品种可以选择。这组模型中，我们选择了带有花纹的仿陶瓶和不同颜色的植物。把 U 胶涂抹在植物末端，插入陶瓶中固定几分钟，室内植物就做好了（图 5.27）。

图 5.27　室内植物的制作

5.3.3.6　底座的制作

无论是景观模型还是室内模型，底座都是模型的重要组成部分，对主体模型起支撑作用和装饰作用。在具体制作中要有标准和要求：首先，应达到自身坚固耐用的基本标准；其次，底座面层的制作材料要适合上面物体的制作；最后，保证制作的规范性、完整性。底座边缘的封边、扣角都不可忽略，甚至作品标牌制作的细节都要考虑到位。室内模型的底座一般采用层板和木线条结合的方式制作。本书在第 3 章景观模型设计与制作实战中已经讲解了底座制作的程序和方法，现在给大家介绍与景观模型底座制作不同之处。

参照现有的居住空间设计图纸，本模型根据居室的实有面积和实际的空间尺寸确定其比例为 1:25，底座设计尺寸为 600mm×1200mm。在层板上粘贴 ABS 板并在板面上喷漆，形成石材效果。然后加边框进行装饰。边框体现模型底座档次。根据模型的风格，可采用不锈钢、铝合金等材质作为边框，使底座为模型锦上添花（图 5.28）。

图 5.28　粘贴 ABS 板，喷漆制作石材效果，加边框装饰

5.3.3.7 模型的组装

在这一阶段，模型制作已经接近尾声，需要完成的任务就是把做好的各个单体部件准确地安装在模型的底座上。安装时应按顺序将墙体固定，注意墙与墙之间的排列关系。如果墙体变形，须立即进行调整。在墙的边缘涂上少许 U 胶，不要涂太多。底部的墙沿着划痕进行布局，可以借助三角尺等工具来保证精确的角落连接和墙的垂直调整。粘连过程中还可以使用胶带固定墙的结合点。安装完成后，放入制作好的家具模型并固定。最后对模型的整体效果进一步整理，看安装后哪些地方还存在缺陷，及时调整后，一件模型作品就大功告成了（图 5.29、图 5.30）。后续工作是将模型展出、拍照，供大家观摩并提出意见。

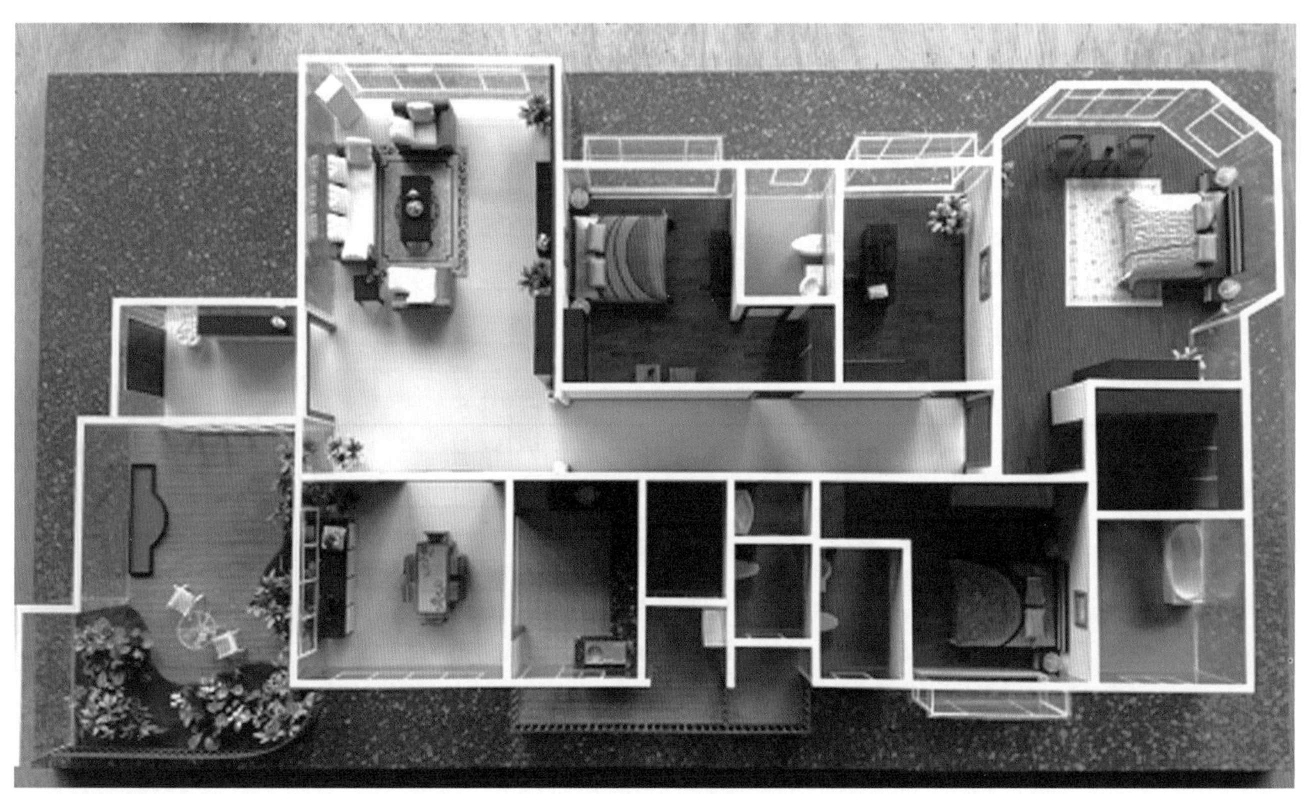

图 5.29 室内模型作品

图 5.30 室内模型作品局部

5.4 实战 9——以亚克力为主材的室内环境模型制作

不同的材料提供了不同表达方式的可能性，无论是普通纸张、色纸、铝箔、编织物、贴面板、实木、木料、金属薄板、塑料，还是亚克力，每种材料都有其固有的特性。它们的综合应用能更好地体现设计意图。当模型制作者理解了设计图纸和模型表达的意图以后，就要进行模型材料的选择。模型制作是一个仁者见仁、智者见智的再创作过程，制作效果受到个人综合素质、专业水平和个体喜好的影响。这些因素反映在模型作品中，便给人制作水平差别很大的感觉。模型制作的效果还取决于制作者对材料的了解、对工具的掌握以及对模型制作的整体构思。不同材料的运用会带给人不同的感受，当然就有不一样的效果。亚克力是一种热塑性材料，有透明和不透明两种，具有很好的热延性，易加工，色彩丰富，用它制作的模型纯粹、简洁，它是高档模型以及需要长期保存模型的理想材料。实战 9 介绍以亚克力为主材的室内环境模型制作。这组模型主要强调空间的组合关系。

5.4.1 项目概况与模型制作计划

该项目位于重庆西城绝版景观与居住双核心区域——双山之上、巴国城旁，面积为 276m^2。制作者根据项目定位对室内整体空间进行了分析，并重组空间构成，强调“生活化”和“功能化”，尽可能地满足功能需求。

模型制作计划见表 5.2。

表 5.2　　西城大院户型室内环境模型制作计划

制作工具与辅材		镊子、铅笔、美工刀、砂纸、精雕机、罐装手持式喷漆、三氯甲烷、502 胶、墙纸、布料
比　例		1∶50
时间计划	第一周	完成图纸调整工作，购买工具、材料，制作底座
	第二周	制作主体部分，包括墙体、门窗
	第三周	制作椅子、沙发、柜子等主要家具
	第四周	制作装饰画、电视机等陈设品；配合模型风格制作室外环境，组装模型
材料预算		5mm 厚亚克力板：2400mm×1200mm，1 张；画板 1 张；易于弯折的铁丝、铝丝或钨丝 1 卷；室外模型素材：草坪纸、树种、石材等
加工工艺		底座：采用画板制作，台面边框用 30 ~ 40mm 宽、3mm 厚的木线条包边。底座尺寸约为 1000 mm×1000 mm（以定稿后尺寸为准）。 主体：主要墙体采用 5mm 厚亚克力板制作，收口处用砂纸打磨；楼梯用椴木板切割而成的踏步组装。 家具：根据模型表现效果，室内家具采用模型成品，室外家具采用易于弯折的铁丝、铝丝或钨丝制作并做喷漆处理

5.4.2 模型制作

5.4.2.1 模型放样

加工制作前，先按室内平面图进行放样，然后准确计算立面墙体以及家具的比例尺寸，确保测量结果准确无误。一般的，亚克力板上都附有一层纸膜，用铅笔在纸上放样即可。墙体和地面的主材料选用厚度为 5mm 的亚克力板，家具则选用相应材料制作。整理图纸时注意把握平面、立面的对应关系及尺寸，校正后按一定比例缩小。本模型根据室内空间的实有面积和实际空间尺寸确定制作比例为 1∶50，规格为 1000mm×1000mm。

5.4.2.2 模型切割

手工切割亚克力板材必须使用钩刀，辅以钢尺反复划出刻痕。亚克力板的背面置于桌棱上，先在材料上画好线，用尺子护住材料留下部分的一侧，左手扶住尺子，右手握住钩刀的把柄，用刀尖轻刻切割线的起点，然后

第 5 章课件（三）

力度适中地往后拉割。钩刀切割先轻后重，逐步用力。当切割深度达到材料厚度一半时，用力压断板材，再对其边缘进行处理。亚克力板材较厚时，最好使用精雕机进行加工，用钩刀切割费力，而且切割边缘极不平整。切割亚克力板材时，使用一般的雕刻机，需要在垫子等保护性的表面上进行，工作台面应保持平整，条件允许的情况下使用切割垫板；如果使用激光精雕机，则要做好温度和精度的设置（图 5.31）。

本书中多次提到加工模型必须充分考虑材料、工艺等因素，下面根据实践经验介绍雕刻机在家具模型上的应用。

（1）加工复杂模型部件。家具模型中的一些曲线、异形复杂部件用普通手工工具加工，效率较低，且存在误差较大、材料浪费严重等问题。而利用雕刻机采用套裁划线的方法，按尺寸绘好 CAD 图后编程导入，再进行加工，效率高并且加工精度高，有利于实现模型的批量化加工。

（2）雕刻模型表面花纹、文字等装饰图案。古典家具模型表面常有优美的花纹、文字等装饰图案，一般由熟练制作者根据经验和技艺手工完成，难度较高，很难实现批量化加工，利用数控雕刻能使一些纹饰图案的加工变得高效与简化。

5.4.2.3　底座的制作

底座制作的方法、步骤在前文已作介绍，这里不再赘述。需要注意的是，底座的尺度和装饰处理决定着模型的视觉比例关系及最终展示效果，一般来说，可以最后制作。这组模型的设计，户型以通透的亚克力材料表现，然后辅以环境进行完善，因此需要先制作好底座。底座仍然是以木制底板为基面。

5.4.2.4　主体的制作

模型制作是一个理性化与艺术化相结合的过程，制作者既要掌握多种加工手段和工艺知识，还要有丰富的想象力和高度的概括能力。该组模型重在表现室内空间的布局以及室内与室外环境的融合，所以主体部分几乎全部使用亚克力材料，材料本身的特性使模型主体呈现轻盈剔透的视觉效果（图 5.32）。主体部分的具体制作方法在前面的实战中已有介绍，这里不再赘述。

图 5.31　用精雕机切割亚克力板

图 5.32　亚克力材质的模型主体部分组合后，形成通透的空间质感

室外楼梯的制作方法与室内楼梯相同：首先，设计楼梯踏步高度；其次，用建筑层高除以踏步高计算得出踏步步数；再次，用 CAD 软件绘制楼梯平面图并输入精雕机进行雕刻；最后，把雕刻好的踏步拼粘在一起，制作成精致的旋转楼梯（图 5.33）。

图 5.33　室外楼梯的制作

5.4.2.5　家具的制作

随着模型成品化的日趋完善，可以购买的模型构件越来越多，大到建筑构件中的屋面、墙体和景观模型中的树木、人物、汽车、各种公共设施，小到户型模型中的各种家具、门窗、器具等。这虽然为模型制作带来了方便，但无形中也提高了模型制作的成本。如果在有相应设备、条件的情况下，制作者应该学会自己加工制作，掌握各种构件元素的基本处理手法。前文已经介绍了很多家具和陈设品的制作方法，下面重点讲解配合本案模型展示的家具制作方法。本案家具模型较为简单，选择的是较为纯粹的材质搭配方式，部分家具（例如桌子、椅子等）选用软质的铁丝进行制作。

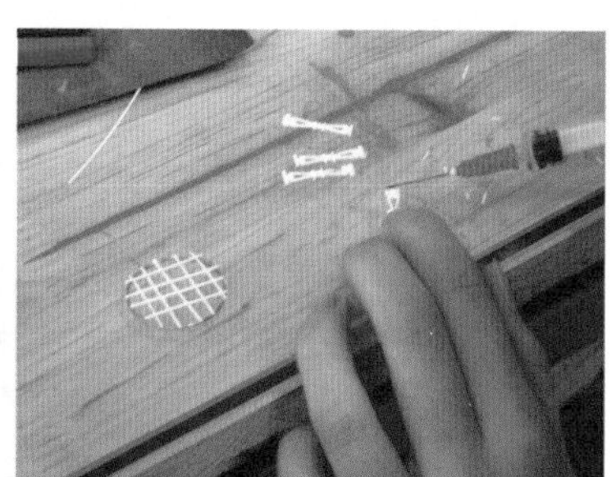
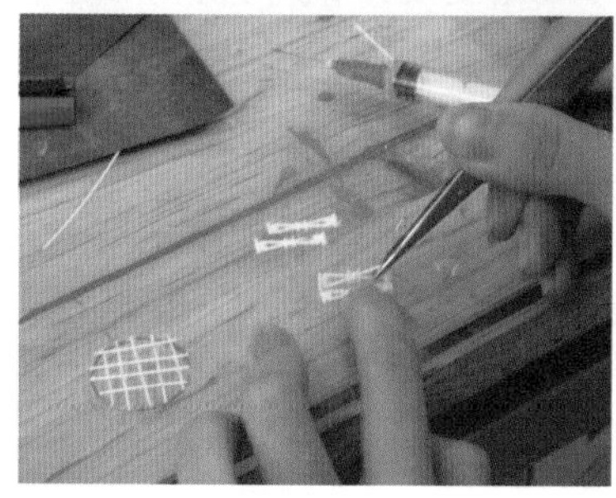

图 5.34　桌子的制作方法

1. 桌子的制作

找来制作时需要的一些材料，如饮料瓶或者其他圆柱状物品，然后把铁丝绕在瓶口上做成铁环，并用 502 胶黏结两端，细微处可用镊子辅助处理。根据圆形桌面的尺寸，剪若干铁丝或条状塑料，粘贴在铁环上，呈网状，使桌面更加稳固。桌面制作完成后，进行桌腿的制作。圆桌桌腿选用中央支撑柱式腿，用买来的栏杆模型加工制作。把桌腿粘在桌面下，桌子就基本做好了。最后，用喷色法上色。由于油漆的耐久性和附着力比较好，因此多数情况下使用油漆着色。通常要等胶水干透后，在室外喷涂上色。不需要上色的部位使用纸张等进行遮挡，以免被染色。铁丝制作的桌子，喷涂上色相对容易。如果是其他材料，喷涂上色时就需要小心谨慎。例如泡沫类的材料，油漆对其有腐蚀作用，上色时一定要慎重。如果要表现表面光滑的材质，那么在上色之前先用细砂纸对其表面进行打磨，然后再喷涂油漆，效果会更好。而表现一些特殊肌理效果，就要采取其他上色方法（图 5.34）。

2. 椅子的制作

计算椅子模型的尺寸，选用可塑性强、易于弯折的铁丝、铝丝或钨丝制作。

如图 5.35 所示，先用铁丝制作椅子外轮廓，然后制作椅子靠背、座面，最后用铁丝装饰靠背。铁丝交叉节点可用胶水黏合，使之更为牢固。待胶水干透后喷漆并晾干，注意不能在太阳下暴晒。同样的方法还可以制作其他样式的椅子，例如花园里的秋千等（图 5.36）。

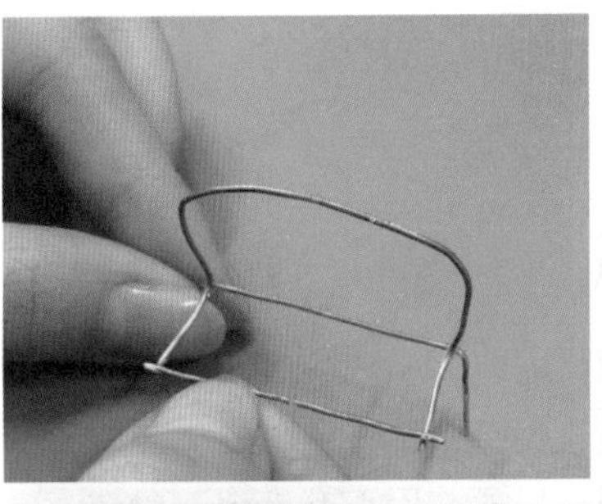
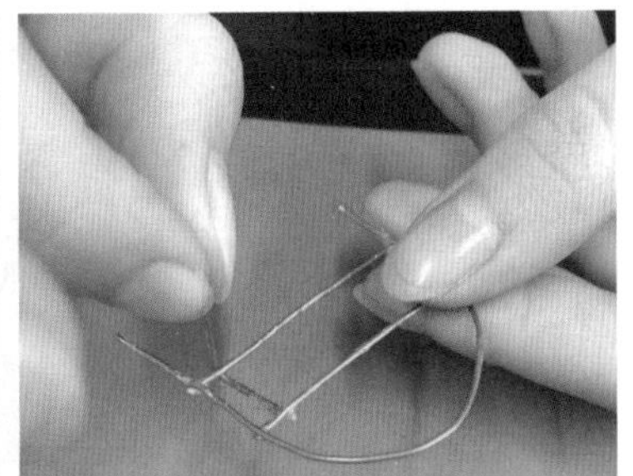
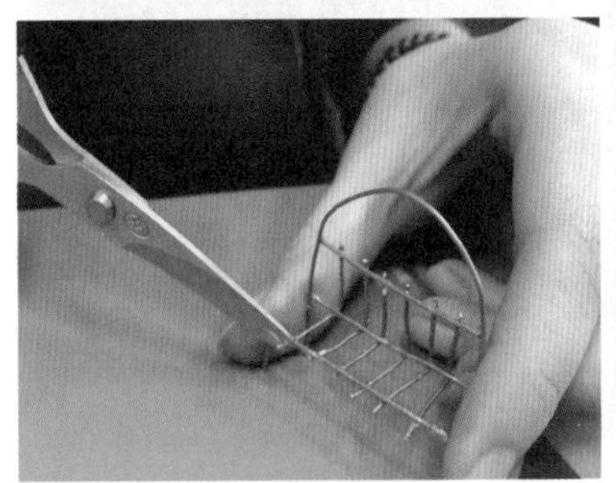

图 5.35 椅子的制作方法

图 5.36 以制作椅子的方法制作其他家具

5.4.2.6 陈设品的制作

微课视频

家具（桌椅）模型制作

一件成功的室内模型作品离不开准确的尺寸比例和恰当的繁简处理，尤其是墙、地面的处理和家具、配景等的搭配，而对空间氛围起烘托作用的陈设品也必不可少。但过分地渲染配景以致喧宾夺主则不可取。在模型中恰当地配置一些装饰小品，如壁画、床头灯、窗台布艺、餐台水果、花草等，可以营造活泼亮丽、富有生活气息的室内空间，增强艺术感染力。

本组室内空间模型主要为了凸出纯粹的空间效果，陈设配置较少，主要用窗帘、壁炉烘托空间氛围。

1. 窗帘的制作

（1）计算窗帘尺寸。一般来说，窗帘的宽度为窗户宽度的 2 倍，其长度则视室内空间的高度和设计风格、需求确定。

（2）选好布料并剪取两块窗帘布和一条横幅，注意边缘修剪平整。然后将剪裁好的布料平铺在桌面上，用一根线从中间扎捆起来，整理出窗帘的褶皱，要求尽可能地表现出自然的效果。

（3）将做好造型的窗帘布粘在横幅的 2/3 处，余下的 1/3 折到窗帘背面粘住。横幅和窗帘线上可以贴上或绑上一些装饰物，例如流苏、蕾丝等。装饰工作结束后，一副完整的窗帘就制作完成了（图 5.37）。

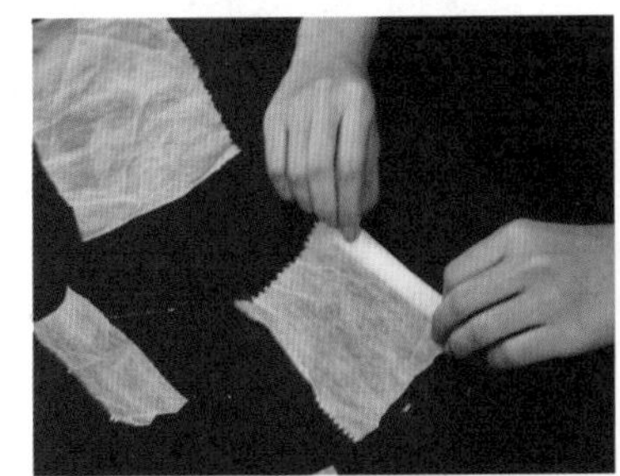

图 5.37 窗帘的制作

2. 壁炉的制作

壁炉的制作较为简单，技巧主要在于平时的观察和善于利用身边的材料。本案利用收集的小石子（直径不超过 1cm）制作。首先在亚克力板上划出壁炉的轮廓，然后沿着壁炉的边缘粘贴小石子即可（图 5.38）。粘贴时注意胶不要用得太多，否则会弄花亚克力板。

5.4.2.7　模型的组装

黏合是模型制作的主要工序，关系到模型制作的精度和模型表现的准确性。虽然精致的结构能增强模型的感染力，但操作技术要求也更高。模型的精致体现品质，工具和技术的良好接合是模型品质的保证。这组模型的亚克力材质采用边角黏结的方式，表现在各种界面的转角处。由于接触面积较小，所以需要固定。由于杆件是点接触方式，因此尽量使用快干型胶粘剂，如 502 胶、三氯甲烷等，以便迅速、有效地黏合固定。

图 5.38　室内壁炉的制作

模型全部做好后，应当按照图纸仔细检查，对不符合要求的地方应进行修改、调整，直到达到要求为止。为了使室外的环境氛围更好，可以配一些路灯、汀步等（图 5.39）。

图 5.39　模型制作完成，营造室外氛围

模型制作过程中会产生大量的纸屑、木屑、灰尘等粘在沙盘上，可用吸尘器清除。使用吸尘器前先清除大的废料。使用吸尘器应注意通风并间歇作业。吸入的尘屑也要及时清理，吸尘管要保持通畅。还可使用棉纱或纱头蘸酒精、天那水或松节油擦洗模型工件的灰尘、胶痕。油漆扫或板刷用于清扫局部碎屑和灰尘。另外，使用电吹风机也是个不错的办法：用吹风机冷风挡吹走模型中的碎屑和灰尘。

5.5　实战 10——以密度板为主材的室内环境模型制作

密度板也称纤维板，是将木材、树枝等物体放在水中浸泡后经热磨、铺装、热压而成，是以木质纤维或其他植物纤维为原料，施加脲醛树脂或其他适用的胶粘剂制成的人造板材。密度板分为高密度板、中密度板、低密度板，常用规格有 1220mm×2440mm 和 1525mm×2440mm 两种，厚度为 2.0 ~ 25mm。中、高密度板，是将小口径木材磨碎加胶，在高温高压下压制而成的。密度板质地软，耐冲击，强度较高，压制好后密度均匀，易于再加工，是制作家具的一种良好材料。它的缺点是防水性较差。密度板的牢固性和防水、防腐性能都不如 PVC

板和亚克力板。但是用密度板制作的室内环境模型的质感较强。

下面，运用密度板进行某一居住空间室内环境模型制作实战演练。

第 5 章课件（四）

5.5.1　前期准备

在制作模型之前，首先要对方案有所了解和分析，确定模型制作比例，选取材料并对每种用材进行用量计算，制订计划。

（1）方案分析。本次实战课程是居住空间方案设计的后续课程，已经形成了初步设计方案，经方案分析，明确本次室内模型制作重点表现一栋联排别墅空间的组合，该空间的界面处理、材质表现以及风格样式都属于现代简约式。

（2）确定比例。居住空间室内环境模型注重细节表现，其比例通常为 1:100、1:50、1:25，根据模型表现精细程度的要求，确定适当比例。相对于居住空间模型来说，公共空间模型更注重空间的整体组合和分析，其比例通常为 1:100、1:200 等。本实战模型比例定为 1:50。

（3）模型选材。对于注重表现性展示效果的模型，选材要重点考虑能否表现实际材质的质感；对于侧重空间设计分析的模型，选材要重点考虑能否准确地表现空间关系。在本次制作室内环境模型时，根据其精细程度，选用中密度板。

（4）用材计算。按制作比例计算模型材料的用量。例如，实际空间需要 1m 长的木材，制作成 1:50 的模型就只需要 2cm 的木材。以此类推，把模型制作需要使用的材料用量统统计算出来。计算用材有一个原则——“四不舍五也入”，即如果计算出来的材料是带小数点的数值，如 8.3cm，那么就算成 9cm，宁可多算不可少算，因为还要考虑材料的损耗。

（5）制订计划。模型制作计划见表 5.3。

表 5.3　联排别墅室内环境模型制作计划

制作工具与辅材		T 形尺、三棱尺、美工刀、锉刀、手持电钻、砂纸、U 胶、502 速干胶等
比　例		1 : 50
时间计划	第一周	完成图纸调整工作，购买工具、材料，制作底座
	第二周	制作主体部分，包括墙体、门窗、楼梯、地面铺装等
	第三周	制作柜子、桌凳、沙发等主要家具
	第四周	制作陈设品，组装模型
材料预算		木工板：2400mm × 1200mm，0.5 张；木线条：宽 30mm，长 3m；5mm 厚密度板：2400mm × 1200mm，0.5 张；3mm 厚密度板：2400mm × 1200mm，0.5 张
加工工艺		底座：采用木工板，按比例尺寸用轮盘锯切割制作，面层再粘贴密度板；台面边框用 30mm 宽、1mm 厚的木线条包边。底座尺寸约为 600mm × 800 mm（以定稿后尺寸为准）。 主体：室内主要墙体采用 5mm 厚密度板，次要隔墙采用 3mm 厚密度板，收口处用砂纸或锉刀打磨；楼梯用密度板切割、胶接，收口处用砂纸或锉刀打磨；地面铺装用雕刻机做表面浅雕，收口处用砂纸或锉刀打磨。 家具：用密度板制作，收口处用砂纸或锉刀打磨

5.5.2　模型制作

5.5.2.1　底座的制作

（1）底板制作。一般来说，1 : 50 的居住空间模型占用的面积较小，用半开大小的木板做底板就够了。将木工板用电动圆锯切割成约 600mm × 800mm 的木板，或者直接用半开大的旧画板来做底板。

（2）表层制作。底座表面必须有足够的黏性，但木工板由于切割和灰尘等因素影响，其表面的平整度和黏性都不够理想，所以还要制作一个平整、黏性较强的表层。密度板这种材料就符合这一要求，其表面光滑平整、材质细密、性能稳定、边缘牢固，最重要的是易于黏结。

首先，按照半开画板的大小切割一块 5mm 厚的密度板（图 5.40）；其次，将密度板和木工板的黏结面擦拭干净（图 5.41）；最后，在木工板表面均匀地涂满万能胶，将密度板放置其上压平、压严实（图 5.42）。

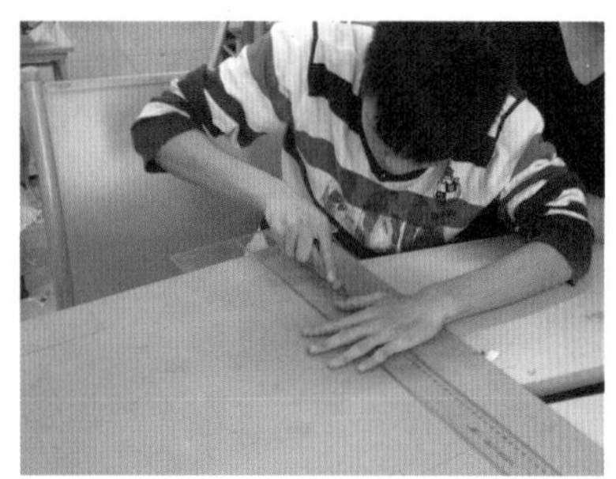

图 5.40　切割密度板

图 5.41　擦拭密度板黏结面

图 5.42　黏结底座面板

5.5.2.2　主体的制作

1. 放样

确定比例后，要根据比例把平面图绘制在底座中心处，这样才能确定墙体、家具的具体位置。在放样的过程中，需注意的是，无论用手绘还是电脑辅助，都只需画出墙体框架和家具的轮廓线，以确定其准确的黏结位置，而外轮廓线里面的次要轮廓线不需要画出来。放样有以下两种方法：

（1）手绘放样。参照初步设计方案，用丁字尺、铅笔或针管笔将设计平面图按照确定的比例绘制在已经制作好的模型基座上（图 5.43）。

（2）计算机辅助放样。用 AutoCAD 制图软件绘制平面图，并按照确定的比例打印出来，再将图纸垫上复写纸固定在底座上（也就是在图纸和底座之间夹一张复写纸），然后用笔描出平面的墙体、家具的位置（图 5.44）。这种方法比手绘放样更便捷、精确。

图 5.43　手绘放样

图 5.44　电脑辅助放样

2. 墙体的制作

（1）体块制作。根据比例大小，居住空间的墙体一般用 5mm 厚的密度板进行制作。5mm 以下厚度的板材可用钩刀手工切割（图 5.45）。

需要注意的是，为了把墙体粘严实，须先用砂纸把墙体边缘磨平、磨直。然后，用万能胶把墙体粘在底座上，并与其他墙体相互黏结（图 5.46）。

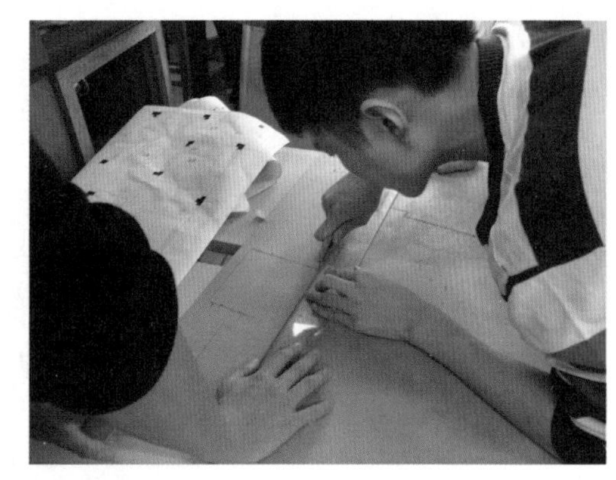
图 5.45　切割墙体

若是用比较厚的密度板或制作异形造型墙，则可用数控雕刻机切割板材，然后稍加打磨，依次黏结（图 5.47）。这样制成的墙体的几何尺寸更精确，衔接时误差较小。需要注意的是，计算墙体长度时，应当把与之垂直黏结的墙体厚度算进去。

制作弧形墙体，可将板材切割成小块，按照曲线路径围合而成。但是板材之间的接缝处有缝隙。若弧度较小，则缝隙较小，可以忽略；如果弧度较大，缝隙过大会影响效果，则须将板材之间的衔接处用砂轮或者砂纸磨成倾斜面进行拼接。

图 5.46　黏结墙体

（2）表面处理。为了保持密度板模型的质感，模型的表面不宜做过多的装饰，柜体、墙面造型等凹凸处采用比墙体稍薄的同质密度板进行造型处理。例如，墙体用 5mm 厚的密度板，柜体或墙面造型用 3mm 厚的密度板制作，这样既可以把模型做得更精细，也容易切割和加工材料。

墙面上凹凸不太明显的花纹或造型（如墙面和柜子上的门的造型等），则可用黑色或彩色签字笔绘制而成（图 5.48）。

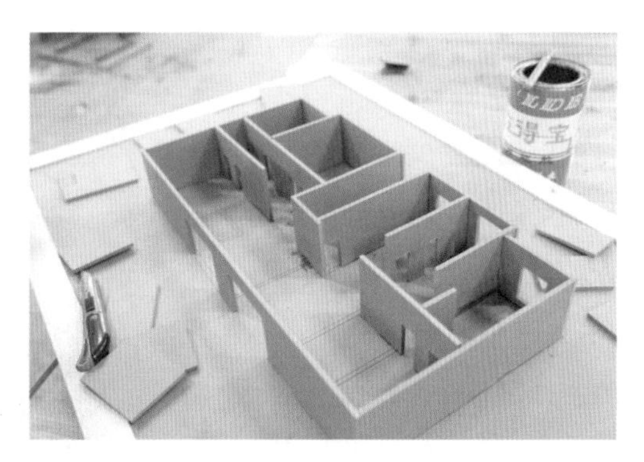
图 5.47　组合墙体

5.5.2.3　家具的制作

相对于墙体来说，家具尺度较小，但细节更多，一般也选用 3mm 厚的密度板来进行制作。若没有复杂的曲线造型，可采用手工切割。

1. 柜子的制作

家具中的柜子，大多是四四方方的长方体或正方体造型。制作柜子时，按照实际尺寸和比例换算模型的长、宽、高。注意同计算墙体模型尺寸一样，须把用材的厚度计算进去。切割好柜子各面，并把边缘用砂纸打磨平滑，以便黏结且更显美观。最后用万能胶将每面组合成一个长方体。

同样，为了模型的整体美观和质感效果，柜子的门扇和把手也可用密度板或软木制作，或者用勾线笔画出表示即可（图 5.49）。

图 5.48　密度板墙体的表面处理

2. 桌凳的制作

桌凳的制作更为精细，块面可以用厚度 3mm 左右的密度板制作。条状构件则可将密度板切割成条状，再重叠在一起，例如桌凳的方形腿（图 5.50）。

3. 曲线异形家具的制作

在概念模型中，异形或曲线造型比较多。制作曲线或异形立体家具，可将整体进行截面分解，然后把截面的形状绘制出来，用手工或者机械切割好，再把各个截面黏结在一起，做成一个立体造型，例如用密度板制作沙发（图 5.51）。

5.5.2.4 陈设品的制作

有些陈设品的制作比桌椅更为精细，可用密度板制作，也可用木质旧物改造而成，但整体效果应控制在密度板质感的范围内。

由于大多数陈设品比家具小，所以需要进行更精细的加工，如镂空、钻孔、磨边等。

多数密度板模型的侧重点在于运用较强的质感分析空间的组合与分隔，而非表现陈设，所以陈设品也常可忽略不做。

5.5.2.5 模型的组装

模型的主体和构件都制作完成后，根据设计方案，在控制整体效果的基础上进行组装，即对照设计图纸，将家具、陈设品等部件胶粘在模型相应位置。胶粘剂一般选用万能胶。小型部件可用镊子夹住蘸取 502 胶进行组装（图 5.52）。

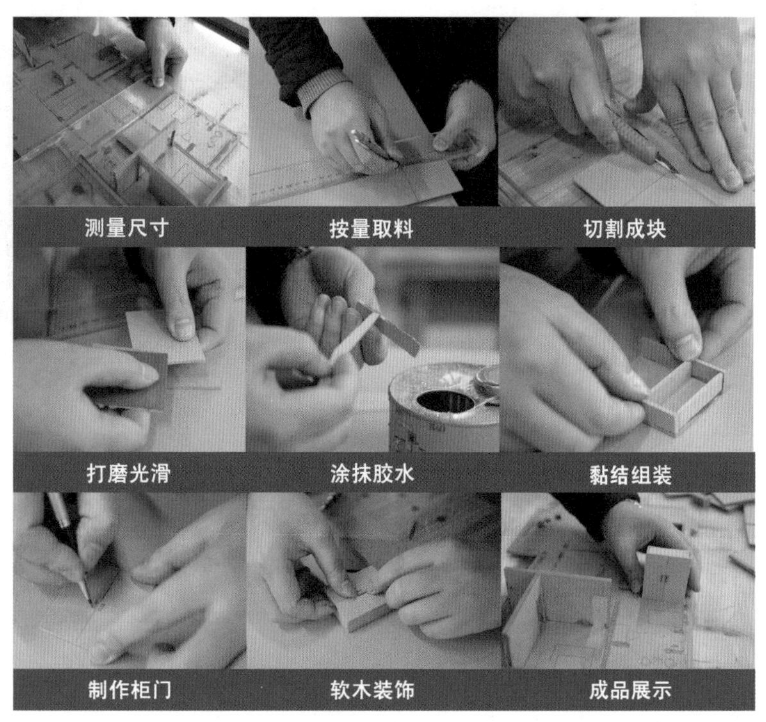

图 5.49　密度板制作柜子

图 5.50　密度板制作桌凳

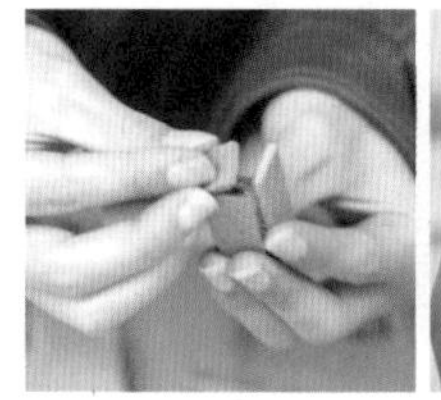
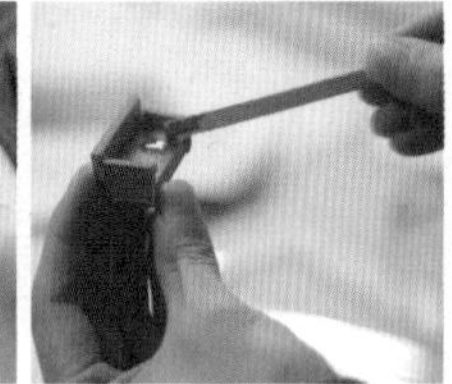

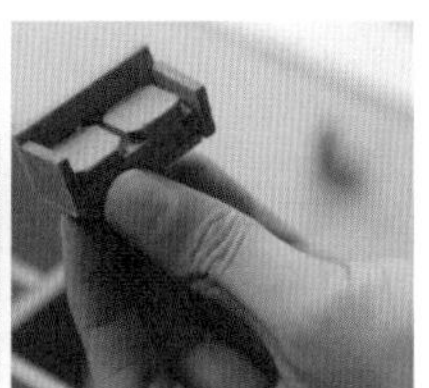

图 5.51　用密度板制作沙发

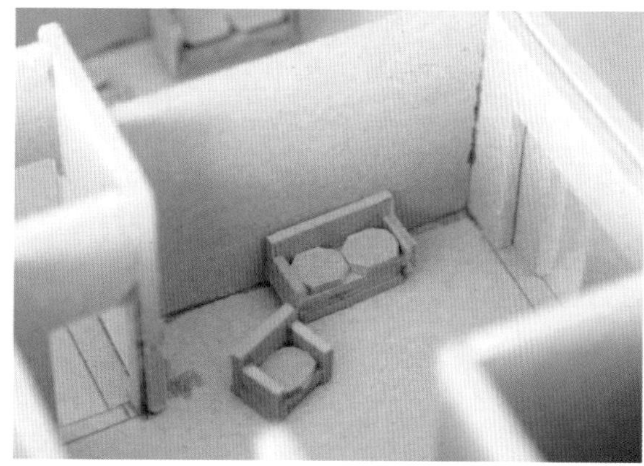

图 5.52　密度板模型整体组装

模型组装和最终修饰还常运用以下辅助材料：

（1）黏合材料。UHU 透明强力胶水（德国友好牌万能胶）、502 胶、双面胶等。

（2）色彩表现材料。丙烯颜料、彩色喷漆、即时贴胶纸等。

5.6　实战 11——以椴木层板为主材的室内环境模型制作

第 5 章课件（五）

实战 11 介绍以椴木层板为主材的室内环境模型制作。椴木是一种常见木材，具有油脂，耐磨、耐腐蚀，木材硬度较高，并且韧性强，不易开裂且木纹细，易加工。

实战导入

中国的传统文化是以“家”为单元来展开呈现的文化。“家文化”是“家国情怀”养成的源头。在本实战中，我们将设计和呈现一个不一样的“家”。

本实战项目是一个自住与民宿相结合的室内设计项目，由于所处位置的特殊性，项目方案设计要求嵌入重庆地域文化元素，并与现代装饰思想有机融合，营造气韵浓厚的地域文化氛围，增强居住者的文化体验、精神体验和审美体验，在彰显空间文化感染力、艺术凝聚力的同时，使居住者通过细节感受到设计的作用和魅力，也感受到家的温暖。

请思考和总结：在室内设计作品中怎样体现地域文化？为了突出方案特点，制作室内展示模型应选用什么材料和比例？

5.6.1　项目概况

该项目位于重庆江北一条民俗风情街的中部，是一栋二层小楼。根据风情街的风格，与业主沟通后，将本方案功能定位为自住与民宿结合，风格确定为新中式，将古典与现代完美结合且无沉重感。根据项目定位对室内空间进行分析，空间分区首先满足业主的自住需求。一层设有自住房、对外营业的咖啡厅以及民宿接待处；二层面积约 90m^2，全部作为民宿客房（图 5.53）。由于建筑一面背靠山体，一面临江，设计因地制宜将大厅外立面设计成落地窗，既有良好的观景视野又满足了室内的光线需求。

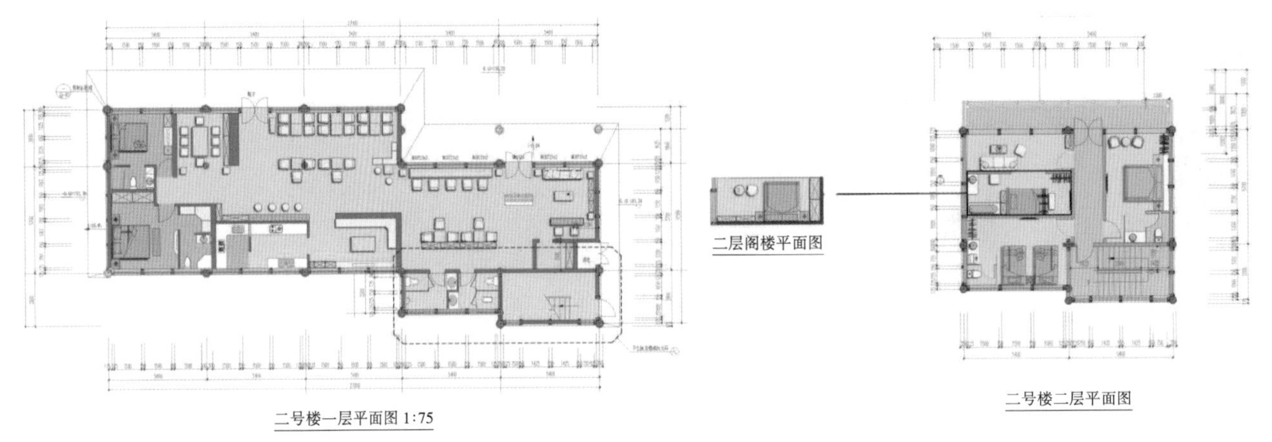

图 5.53　椴木模型平面设计方案图

5.6.2　模型的制作要求及材料准备

模型主要表现建筑室内空间布局和功能分区。经思考和分析，根据室内空间实有面积和实际空间尺寸，确定模型比例为 1:50，选用 5mm 厚的椴木层板制作墙体、3mm 厚的椴木层板制作隔断墙，5mm 厚的 PVC 板制作侧墙、实木方制作家具。制作模型之前先拟订一份详细的模型制作计划，见表 5.4。然后按室内平面图进行放样，准确计算立面墙体、家具等的模型尺寸，确保测量结果准确无误。

表 5.4　　　　重庆某民宿设计模型制作计划

制作工具与辅材		T 形尺、三棱尺、美工刀、锉刀、手持电钻、砂纸、U 胶、502 速干胶、实木方等
比　例		1:50
时间计划	第一周	完成图纸调整工作，购买工具、材料，制作底座
	第二周	制作主体部分，包括地板、墙体、柱子、门窗、楼梯、屋顶等
	第三周	制作椅子、沙发、床、柜子等主要家具
	第四周	制作陈设品、花坛，组装模型
材料预算		5mm 厚 PVC 板：2400mm×1200mm，0.25 张；5mm 厚 椴 木 层 板：2400mm×1200mm，0.5 张；3mm 厚 椴 木 层 板：2400mm×1200mm，0.5 张；圆棍：直径 7mm，长 2m；椴木条：直径 5mm，长 3m
加工工艺		底座：采用木工板，按比例尺寸用轮盘锯切割制作，面层再粘贴 PVC 板；台面边框用 30 ~ 40mm 宽、1mm 厚的木线条包边。底座尺寸约为 600mm×900 mm（以定稿后尺寸为准）。 主体：室内主要墙体采用 5mm 厚椴木层板制作，隔断墙采用 3mm 厚椴木层板制作，侧墙采用 5mm 厚的 PVC 板制作；楼梯用 3mm 厚的椴木层板雕刻后打磨、拼粘；屋顶用 5mm 后的椴木层板雕刻组件和直径 5mm 的椴木条拼装、胶接。 家具：用 3mm 厚的椴木层板制作，手工测量、切割、打磨，然后组合、封面、圆角

5.6.3　模型的线性整理及切割要求

从设计图纸到模型图纸，比例尺寸计算非常重要，务必计算准确，避免返工重做，浪费时间和材料。制作模型之前，如果对模型的整体效果不是特别清楚，可以采用建模软件清晰、准确地呈现模型，例如哪些地方应该用半墙，哪些地方做满墙，等等。即便是一个非常简单的问题，如果在模型切割之前不能确定好，也会对模型最终的呈现效果产生很大影响。切割立面墙体之前，应该使用 CAD 软件将每个墙体立面画出来，并在选择的材料上进行排版。需要注意的是：仿古建筑对建筑外观要求比较高，常见的雕花窗和墙面线条最能表现仿古建筑特征，但它们也是雕刻工作的难点。因此在排版时，需要把这些线条排列在单独的图版上（图 5.54）。具体做法如下：新建两个图层，把墙体（雕透）与装饰线条（刻线）区分开。雕刻屋顶之前，同样应当计算好屋顶尺寸，确定天窗位置等。由于切割的图形较多，容易混淆，因此在绘图时应当同时给图形编序。

为了最大化地利用材料，排版时还应注意切割部位的形态与比例。矩形材料一般是从长边端点（雕刻机钻头原点）开始切割，图版与材料边缘的间距最小为 10mm。对墙体图形排版时，应该保证墙体图形之间有 5 ~ 10mm 的间距，以便雕刻机进行雕刻，同时也留有材料打磨余量。

雕刻浅色易脏的材料时，需要在雕刻机上放置垫子等，切割时注意保持工作台面平整，条件允许最好使用切割垫板。使用激光精雕机应当设置好温度和精度。5mm 厚的 PVC 板和 3mm 厚的椴木板家具包边也可采用手工切割。为了保证 PVC 板边缘光滑，切割时应慢速用力拉刀，争取一次成功。切割 3mm 厚的椴木板，应用力快速来回拉刀，然后做磨边处理（图 5.55）。加工模型必须充分考虑材料、工艺等因素的特点。

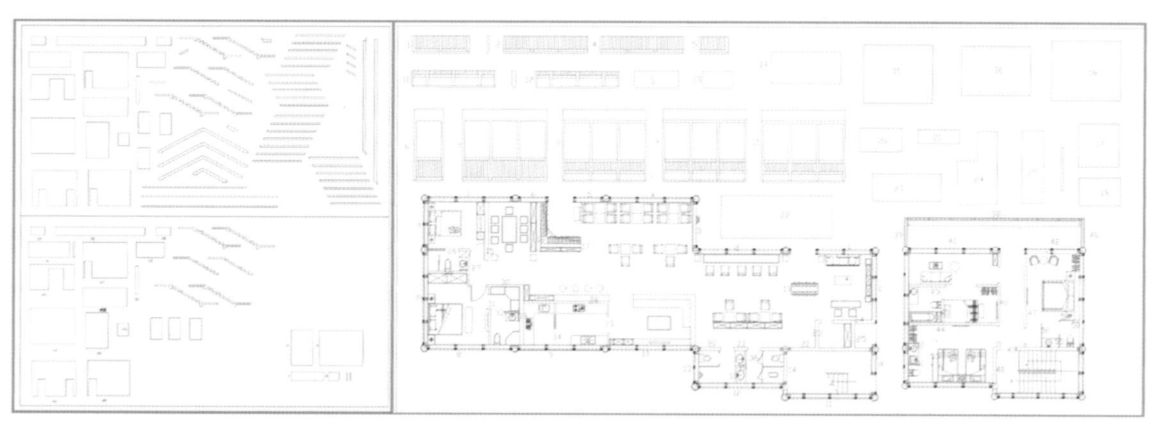

图 5.54　雕刻排版图

图 5.55　椴木板雕刻与打磨

微课视频

椴木模型制作基础

民宿外墙设计与模型制作

5.6.4　模型制作

精致感体现模型的品质，而工具和技术的良好结合是模型品质的有力保证。制作经验是随时间的推移而不断增长的，初学者通常容易急躁，技术不稳定，虽埋头苦练手艺，力求将每个细节都表现得非常逼真，但由于能力不足，有时会画蛇添足了，制作的模型作品并不像想象中的那样完美和真实。模型制作是一个理性化与艺术化相结合的创作过程，制作者既要掌握各种加工手段和工艺，还要有丰富的想象力和高度的概括能力。

5.6.4.1　底座的制作

这组模型整体呈原木色，考虑到色调统一与协调，同时兼顾底座与模型的比例，采用半开画板包边封面的方式，在半开画板上大面积涂抹万能胶后再铺上同比大小的浅色密度板，最后用 5mm 厚的木板包边并打磨，底座就制作完成了。

5.6.4.2 墙体和柱子的制作

首先制作墙体和柱子的附着物——地板。室内地板采用雕透的方式雕刻，同时把 CAD 平面图中的家具图形删除后用刻线的方式对房屋地板进行放样，减少手工劳动（用铅笔和 T 形尺进行放样）。

接下来制作墙体。整个模型中，墙体所占面积较大，所以选择制作材料时必须考虑色差与质感，本组模型采用 5mm 厚的椴木层板。使用 CAD 软件排版时，除特定的墙体（如矮墙、半墙）按照比例计算尺寸外，其他墙体高度统一设置为 84mm。用机器把墙体雕刻出来后，应该按编号核对每一块墙体。如果墙体边缘粗糙，需要进行打磨。磨边时注意应尽量保证切边始终为 90°，否则将影响后续墙体黏结工作。有些隔断墙体（如卫生间隔断）可采用 3mm 厚的椴木层板制作。

圆柱的制作相对简单，按缩放后的实际尺寸计算出柱子的直径为 7mm、高为 84mm，手工切割直径 7mm 的圆棍，并对切面进行打磨，直到切面平整光滑（图 5.56、图 5.57）。

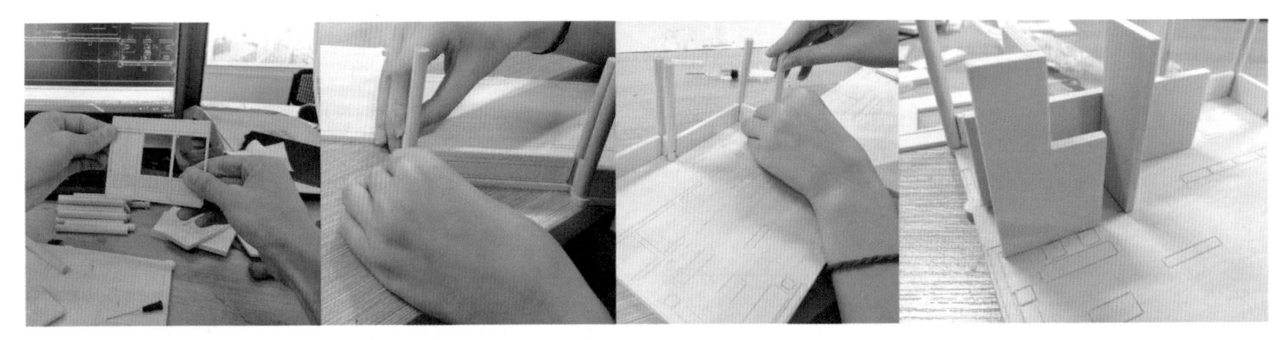

图 5.56 按照图纸黏结模型

图 5.57 外墙的制作

5.6.4.3 楼梯和屋顶的制作

（1）楼梯的制作。首先，计算每个踏步的尺寸和踏步间距，根据计算数据用 CAD 软件绘制楼梯平面、立面图，并在 3mm 厚的椴木层板上排版；其次，用雕刻机刻出楼梯的形状，再将雕刻的每一块木材打磨光滑，保证外观没有毛刺；再次，把每一个踏步和平台用 U 胶粘在相应的位置；最后，把做好的楼梯黏结在楼梯口（图 5.58）。

（2）屋顶的制作。建筑屋顶为悬山式屋顶。悬山式屋顶有一条正脊（这是最能表现模型屋顶特征的主要结构）和四条垂脊。屋顶不与山墙平齐，前后和两侧都伸出墙体一部分，伸出的屋顶由桁支撑（这也是一个需要表现的特征），因此屋顶的制作有几个很好的着手点，即正脊（整个建筑最顶端的一条脊）、屋面（建筑屋顶的表面，正脊与屋檐之间的地方）、垂脊（整个屋顶除了正脊，其他的屋脊都为垂脊）、桁（支撑垂脊伸出墙体的部分）。用 CAD 软件排版时，对上述部位做了以下设计：①正脊排版没有做多余的装饰，只做了两端的宝顶，用

5mm 厚的椴木层板雕刻；②只做屋顶两边的垂脊，用 5mm 厚的椴木层板雕刻。为了让人能透过模型的屋顶看到内部结构，对垂脊做了简化处理，但仍然突出了仿古屋顶的重点。屋架也采用 5mm 厚的椴木层板制作，每间隔 50mm 设一根椴木条。建筑内部空间设有很多矮墙，为了看清内部结构，所以省略了桁，但保留了部分支承屋顶的结构。全部结构雕刻完成后，进行打磨，然后拼装。由于接触面积小，因此选用 502 速干胶黏结所有结构组件。最后，使用 502 速干胶黏结屋顶与建筑墙面（图 5.59）。

图 5.58 楼梯的制作

图 5.59 屋顶的制作

5.6.4.4 家具、电视墙和花坛的制作

本案例的家具、电视墙和花坛等模型的设计较为简单，采用较为纯粹的材质搭配，制作材料均选用椴木板。

（1）家具的制作。座椅、沙发、床等家具模型按照事先设计好的形状比例制作，首先用钢尺量好尺寸，然后用钩刀或美工刀切割后再打磨，最后对粘好的模型进行圆角处理。衣柜采用同样的方法制作：测量，切割，磨边，封面。有表面装饰的衣柜、酒柜、橱柜，可用美工刀在木材表面刻划出需要的纹样。由于用材、色彩比较统一，所以其他常见家具（如书架等）都采用同样的方法制作（图 5.60）。

（2）电视墙的制作。电视墙模型按照床模型的制作方法制作（图 5.61）。

（3）花坛的制作。从大门进来是一个内庭院，院中花坛的模型采用 3mm 厚的椴木板手工制作，制作方法与家具模型相同。

微课视频

楼梯的制作

椴木座椅模型制作

椴木沙发模型制作

椴木书架模型制作

椴木床与电视墙模型制作

模型粘接

5.6.4.5　模型组装

这组模型比例小，有些部位太小太窄，可用镊子代替徒手操作。组件之间的接触面小，对黏结要求非常高，所以选用 502 速干胶迅速固定。模型组件全部黏结完成后，应仔细检查模型每个块面，对不符合要求的地方应作调整；对不光滑的边缘，用细砂纸继续打磨。最后，用吹风机（调至冷风挡）清理存留在模型上的木屑和灰尘。模型最终效果如图 5.62 所示。

图 5.60　转角式书架的制作

图 5.61　电视墙的制作

图 5.62　椴木模型的组装和效果

拓展资料

项目设计
全套方案

实战项目链接

静隐居·民宿改造项目设计方案展示。

静隱居·民宿改造設計方案

QUIET SECLUSION.B & B TRANSFORMATION DESIGN

伍

功能：休闲大厅

Function:Lounge

功能区：就餐厅，休闲娱乐厅，接待厅

Functional areas: restaurant, recreation hall, reception hall

面积约200平方米

Area of 200 square meters

人口容量：40-50

Population capacity: 40-50

该建筑是小空间区域，较适合在此停留时间较长的游客，平面布置采用简洁大方的仿古组合家具，给人空间感，放松感。

The building is a small space area, more suitable for the longer stay in the tourists, the layout of the use of simple and generous antique combination furniture, giving a sense of space, relaxation.

为了打破原有装饰语言单一化的问题，我们除了从地域建筑特征上提取造型元素外，还可以结合当地的民风民俗，文化艺术等进行符号提取。比如，重庆码头文化中的纤绳、竹泥、土石等元素，塑造出重庆地域文化和现代感结合巴渝风格，让游客感受到舒适放松的氛围。

In order to break the problem of unitary architectural decoration language, we can not only extract modeling elements from regional architectural features, but also combine local folk customs, culture and art to extract symbols. For example, the rope, bamboo mud, earth and stone elements in Chongqing's dock culture create a combination of Chongqing's regional culture and modern Bayu style, allowing visitors to feel comfortable and relaxed atmosphere.

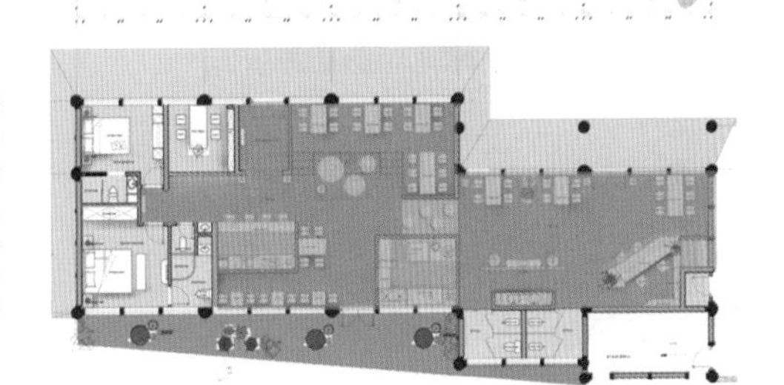

一楼大厅效果图

A rendering of the lobby on the first floor

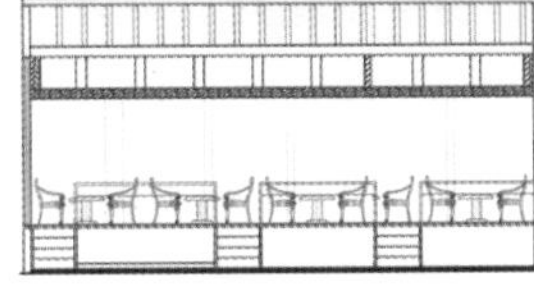

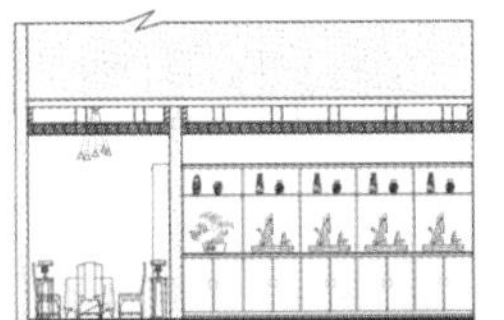

中式元素与现代材质的巧妙兼柔，明清家具、窗棂、布艺床品相互辉映，再现了移步变景的精妙小品。新中式风格非常讲究空间的层次感，在需要隔绝视线的地方，则使用中式的屏风或窗棂、中式木门、工艺隔断、简约化的中式“博古架”，通过这种新的分隔方式，展现出中式家居的层次之美。

Chinese style element and contemporary material is clever and soft, the furniture of clear and clear furniture, window lattice, cloth art bed goods reflect each other, recreates the delicate sketch that moves a step change scenery. New Chinese style style is very pay attention to dimensional administrative levels, where the need to cut off the line of sight, use the Chinese style screen or window lattice, the Chinese wood door, partition, process simplified Chinese "rich ancient frame", through this new way of separating, show the beauty of Chinese style household, level.

整个大厅通透宽敞，船木桌椅、木质窗棂构成了独特、质朴的民宿风格。如同进入雨林老屋酒店，会感觉一阵雨林气息迎面而来，不仅因为它的整个基调很让人放松，外观上给人感觉既时尚又古朴。

The whole hall is spacious and spacious. The wooden tables and chairs and wooden Windows form a unique and rustic style. Like entering a rainforest house hotel, you will feel a shower of rainforest, not only because its tone is very relaxing, but it feels stylish and simple.

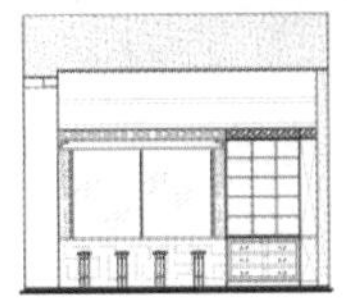

一楼大厅立面图

The first floor plan of the hall

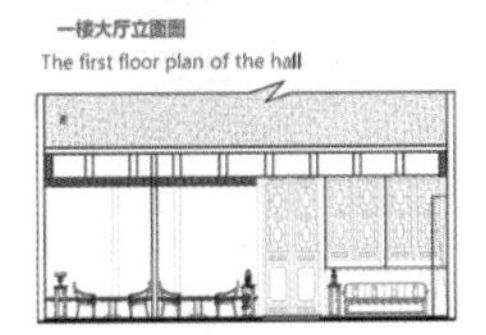

静隱居·民宿改造設計方案
QUIET SECLUSION.B & B TRANSFORMATION DESIGN
叁
柒
陆
捌

5.7　实战 12——以 PVC 板为主材的室内环境模型制作

第 5 章课件（六）

PVC 即聚氯乙烯，是英文“Polyvinyl chloride”的缩写。PVC 曾是世界上产量最大的通用塑料，应用非常广泛，在建筑材料、工业制品、日用品、地板革、地板砖、人造革、管材、电线电缆、包装膜、瓶、发泡材料、密封材料、纤维等方面均有广泛应用。

PVC 板是以 PVC 为原料制成的截面为蜂巢状网眼结构的板材，具有防水、阻燃、耐酸碱、防蛀、质轻等特性，和木材同等加工，且加工性能远远优于木材，是木材、铝材、复合板材的理想替代品。用 PVC 板为主材制作室内模型，空间的分割和表现比较明显，而且 PVC 板与木材一样，便于加工、切割。PVC 板有灰、米黄、象牙白等多种颜色以及透明板，常规标准有 1.5m × 3m 的大板、1.22m × 2.44m 的小板，厚度有 2mm、3mm、5mm、9mm 等，是楼盘销售处制作沙盘的常用材料。

本实例室内模型主要强调空间的组合关系，部分墙体做切角处理，采用白色 PVC 板材，做喷漆处理。实战基本步骤是：资料解读与整理→模型选材与放样→模型制作与表现。

实战导入

随着社会的发展和科技的进步，当今社会越来越关注健康、环保、智能的人居环境。在经历新冠病毒疫情后，安全卫生、学习办公、康养休憩、智能环保等将成为后疫情时代人们对居住空间的新需求。作为新一代设计师，应当具备绿色发展意识、热爱科学和勇于创新的意识，了解专业领域的新思想、新方法及发展趋势，为建设创新型国家而努力。

请思考和总结：智能、环保的居住环境能给人们的生活带来哪些便捷和好处？制作智能环保型科技住宅的室内模型，可以采用哪些模型表现手法？你的创新手法是什么？

5.7.1　项目概况与模型制作计划

拓展资料

邂逅·零通勤住宅设计全套方案

该项目位于重庆西城绝版景观与居住双核心区域——双山公园双园路，户型面积达 407.9 ㎡。根据项目定位，设计方案为三层联排别墅，属于零通勤住宅，以生活、工作一体化的功能需求为主进行改造，设有独立工作区域。方案采用 loft 风格，以简洁、实用、创意为主。方案将居住空间与摄影工作室融为一体，并加入“智能”“环保”的设计理念，满足现代年轻人居家办公、追求方便快捷生活方式的居住需求，符合“向上向善、爱岗爱家、积极干事创业”的社会主义价值观。在模型表现上，采用墙体切角，表面作 PVC 喷漆处理。模型制作计划见表 5.5。

5.7.2　模型制作

5.7.2.1　模型放样

本实例选定的模型比例为 1∶25，按照确定的比例整理的户型平面图规格为 500mm × 550mm。整理时，需将 CAD 平面图中的尺寸线删除，家具的内轮廓线和次要轮廓线也需删除，如此，放样出来的平面图才会显得清晰、明白。户型放样采用精雕机直接将户型的平面图雕刻、制作在 10mm 厚的 PVC

表 5.5　　零通勤住宅室内环境模型制作计划

制作工具与辅材		T 形尺、三棱尺、美工刀、锉刀、手持电钻、砂纸、U 胶、502 速干胶、实木方等
比　例		1∶50
时间计划	第一周	完成图纸调整工作，购买工具、材料，制作底座
	第二周	制作主体部分，包括墙体、地面、柱子、门窗、楼梯等
	第三周	制作椅子、沙发、柜子等主要家具
	第四周	制作装饰画、电视机等陈设品，组装模型
材料预算		木工板：2400mm × 1200mm，0.5 张；5mm 厚 PVC 板：2400mm × 1200mm，0.5 张；3mm 厚 PVC 板：2400mm × 1200mm，0.5 张；木线条：30mm 宽，3m 长
加工工艺		底座：采用木工板，按比例尺寸用轮盘锯切割制作，面层再粘贴 PVC 板；台面边框用 30 ~ 40mm 宽、1mm 厚的木线条包边。底座尺寸约为 1000mm × 800 mm（以定稿后尺寸为准）。 建筑：室内主要墙体采用 5mm 厚 PVC 板制作，次要隔墙采用 3mm 厚 PVC 板制作，表面做喷漆处理；楼梯用 PVC 板雕刻后打磨、拼粘，表面做喷漆处理；地面铺装用雕刻机做表面浅雕，再做喷漆处理。 家具：采用 PVC 板制作，表面做喷漆处理

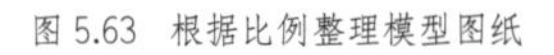
图 5.63　根据比例整理模型图纸

板材上。这种做法比在 PVC 板上手工绘制户型图更加精确，也比较省时省力。

在雕刻之前，还需要整理平面图和相应的立面图，做好各个部件（特别是墙体）的编号。例如在平面图上给墙体编号 1、2、3、4……那么在立面图上也要给相应墙体标注与平面图一致的编号，并把图纸打印出来对照着进行雕刻，以免雕刻的部件相互混淆（图 5.63）。

5.7.2.2　模型切割

剪裁、切割贯穿建筑模型制作的始终。不同材料的模型用到的工具也有所不同。选用 PVC 板材制作室内模型，较大的模型构件可用精雕机进行机械加工，较小的模型构建则可以用勾刀、美工刀、剪刀等手工制作工具。

本实例室内模型的制作过程中，平面图、墙体和部分家具构件采用精雕机雕刻。使用精雕机雕刻时，除了前文中叙述的要按照比例整理好 CAD 图纸外，还要注意以下几点：

（1）所选的 PVC 板材规格应大于平面图输出比例 1∶25 的规格。也就是说，选用的 PVC 板材无论是 1.22m × 2.44m 的整板还是切割后余下的材料，其尺寸应大于 50cm × 55cm。雕刻前，应将所选的 PVC 板左右两侧的边缘固定在精雕机的机床底上，尽量保持平整。

（2）整理 CAD 图纸时，除了准确计算比例，还要标明做边缘切割的线和做表面雕刻的线。怎么理解呢？即墙体外边缘需要完全切割，作为房屋平面图的边界，而里面的墙体线和家具线则需做表面雕刻表示墙体和家具的位置关系。

（3）使用精雕机切割和雕刻，学生必须由实训老师指导并做辅助工作。有些 PVC 板不是特别平整，在精雕机工作时需要使用木棍、扳手等工具将翘起的空鼓部位压下，特别是小块的墙体和家具部件，更需使用工具压

微课视频

底座制作（雕刻与喷漆）

楼梯的制作

住，以防小部件随着精雕机刀片的起落而翻转。精雕机在雕刻作业时，会产生一些材料粉末，有时会影响雕刻的效果，此时需要用气枪吹开材料粉末。当然，这些辅助工作都要在保证人身安全的前提下进行（图 5.64、图 5.65）。

图 5.64 调整雕刻机的精度与位置

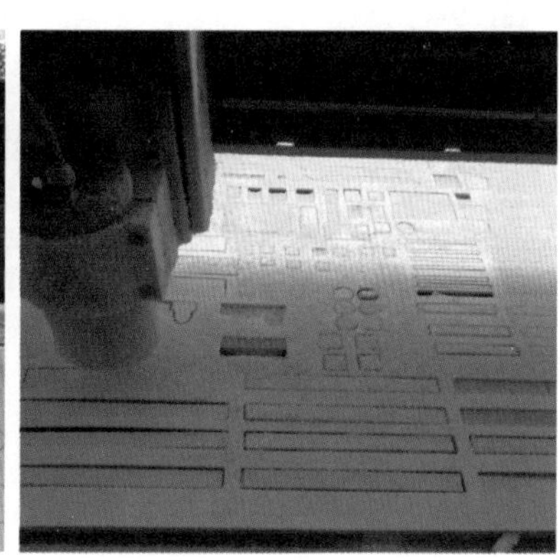

图 5.65 按照图纸雕刻平面图和家具分解部件

（4）墙体编号除在图纸中标注外，还可以用铅笔在刻好的 PVC 墙体上标注，这样，就能在组装模型时更加方便、快捷地找到平面图和立面图中对应的墙体。

（5）切割工作完成后，还有一个必要环节——打磨。打磨效果决定了模型的细节和精致程度。打磨可以通过手工完成，也可以用机械完成。本案模型采用手工打磨，用锉刀、手锯等手磨工具打磨雕刻好的 PVC 平面地形块，磨掉雕刻边缘不平整或有毛边的地方。

5.7.2.3 底座的制作

模型底座的制作步骤在前文已作介绍，这里不再赘述。需要强调的是，模型底座和布景的处理在很大程度上会影响模型的比例协调关系和最终展示效果。一般来说，模型底座的规格可根据模型大小来设计制作，所以可放在模型制作后期来做。本案模型底座采用木工板做基层，表面贴 PVC 板材并做喷漆处理，绿化处以草坪绒纸和自制绿化树木点缀，四边用木线条切角封边。

5.7.2.4 主体的制作

模型的主体包括墙体、地面、柱子、门窗等。本实例的大部分主体使用精雕机雕刻，还有一部分为了最终呈现效果而有所改动的主体构件，可以通过手工切割制作完成。手工切割选用锋利的美工刀，沿尺子边缘从上往下割划。厚度超过 5mm 的 PVC 板不易一次性划断，需要重复割划几次。要扶好尺子，在同一个位置割划，力度适当，匀速滑动，直到划断为止（图 5.66）。门窗等构件需要开孔洞，可使用手锯或线形锯制作。切割好的模型主体表面和边缘要经过打磨后再做喷漆处理。

图 5.66 手工切割 PVC 板

本实例是一户三层楼的联排别墅，楼梯也是空间关系的重要表现部分。制作楼梯首先根据层高和比例计算楼梯梯步的步数和尺寸，然后根据楼梯的尺寸和步数（一般为单数）制作出楼梯侧面的承重结构和扶手，注意在计算楼梯步数的时候要考虑到踢面和踏面的尺寸。再根据实际尺寸和比例制作出梯步踏面，然后将踏面黏结在整体的侧面梯步上，最后黏结在预留好的楼梯位置（图 5.67）。

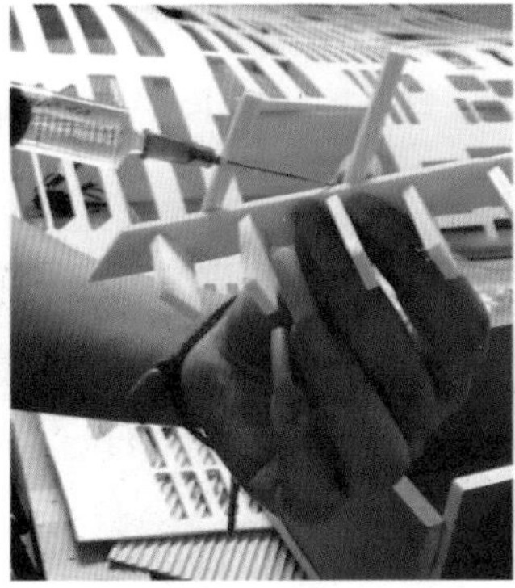

图 5.67 楼梯的制作

5.7.2.5 家具的制作

室内模型中的家具款式和材料应当统一，不能东拼西凑。常用的材料要准备充分。本实例中的家具选用 PVC 材料制作，没有过多的装饰细节。

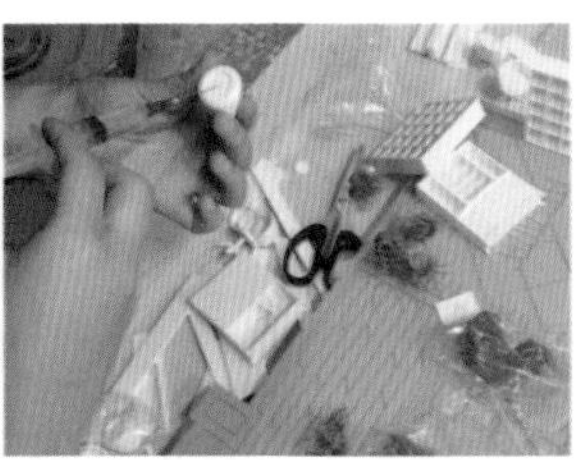

图 5.68 家具的制作

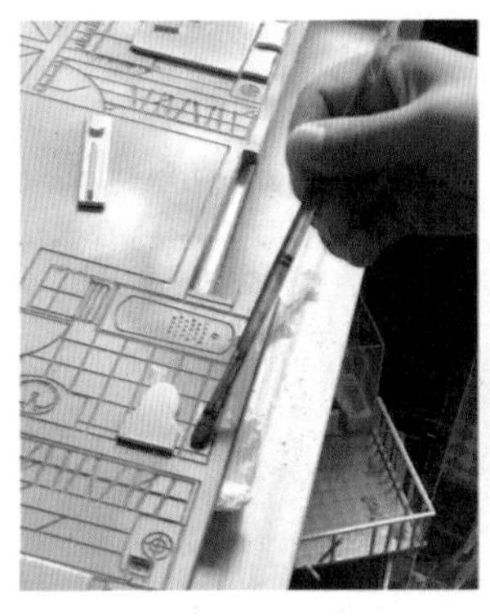
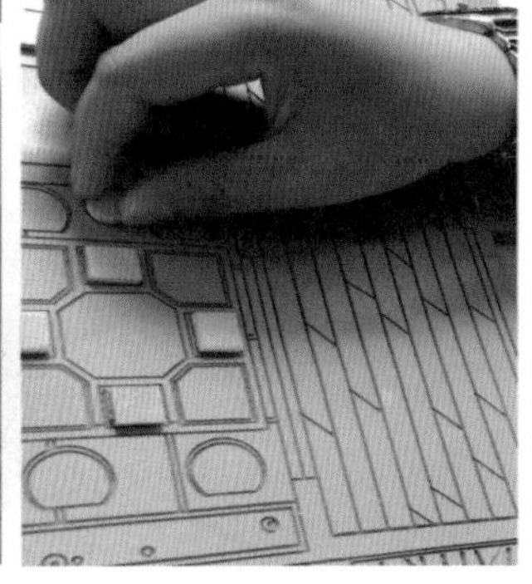

图 5.69 降高处理的家具

制作一件立体家具，可采用层叠 + 打磨的方法。例如，椅子的块面可采用厚度约 3mm 的 PVC 板，用锉刀、砂纸、电砂轮等打磨工具打磨出边缘、凹槽等，然后用 PVC 细条制成椅腿，粘在椅子坐面底部（图 5.68）。条型椅可采用先将 PVC 板切割成条形再组合的方法制作。

出于展示效果需要，本实例中的部分家具做了降高处理（图 5.69），仅用 3mm 厚的 PVC 板做了一个概念性的轮廓。例如，桌椅仅按长、宽尺寸制作，没有表现高度和桌椅脚等细节；马桶仅用精雕机雕出俯视的形状，然后粘贴在地板上。

但无论是立体家具，还是做了降高处理的家具，都要制作精细，尺寸也必须准确，否则就失去了制作模型来分析空间规划合理性的意义。不同高度的家具根据视线和整体效果表现的需要，做了局部表现和整体表现的规划，这样一来，模型的层次更加立体和明显，有主有次。

5.7.2.6 陈设品的制作

室内模型中的家具和陈设，一方面能更详细地表现空间的构成关系和功能分区；另一方面，又可营造室内空间环境的氛围，提高模型的整体效果。家具和陈设的制作往往体现了一件模型的精致程度。

陈设品可以利用生活中的废弃物品（如牙签、细木棍、编织线、吸管、旧布条、废电线等）改造制成。金属材质的陈设品可利用铁、铜、铝、钢、锡、锌等板材、管线通过拼接、黏结制作而成。由于本组室内空间模型主要是为了表达比较纯粹的空间效果，因此对陈设配置的表现相对较少。本案除绿植的制作使用了细铁丝（用于制作树干）和绿草粉（用于制作树叶），其他大部分陈设品使用 PVC 材料制作。

制作绿植先用 10 ~ 20 股不等的细铁丝拧成一股作为树干，在末梢处再分出几股做成树枝，依次再分成细股做出更细的树枝，直到分成一股一股的，末梢做一点弯曲，粘上胶水裹上绿树叶粉，稍干以后再粘上胶水裹绿树叶粉，重复几次，直到树叶看上去比较浓密为止。然后在地面板材上钻孔，在树干底部抹胶并插入孔内固定（图 5.70）。

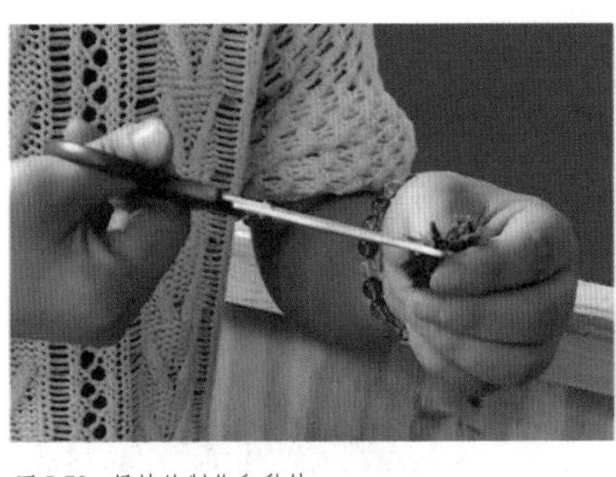

图 5.70　绿植的制作和黏结

微课视频

家具的制作（雕刻成型与喷漆上色）

景观树的制作

模型组装

整体调整

5.7.2.7　喷漆处理

油漆的耐久性和附着力较好，本案仍然选用方便、快捷的手摇式喷漆罐来完成着色。这组模型选用了两种颜色的油漆：一种是灰色；另一种是中黄色。灰色油漆用来喷涂室内空间模型的主体部分，中黄色油漆主要用来喷涂家具及其他构件。这样处理一是为了使整个模型显得简洁；二是为了将主体与其他构件相区别，使人对室内空间的规划一目了然。

1. 主体喷漆处理

室内地面喷漆要在精雕机完成雕刻并且打磨后进行。喷涂时需注意技巧，并戴上手套和口罩等防护用品。先将喷漆罐上下左右地晃动几下，以使罐内的油漆混合均匀，再将室内地面板材斜立（约 45° 角），在其背后和底面各垫一张废纸。手持喷漆罐距离目标 20 ~ 30mm 远，先横着匀速喷涂一次，稍干后再竖着喷涂一次，按此步骤重复喷涂 2 ~ 3 次，每次喷涂后都要放置几分钟等漆干至约八成时，再进行下一次喷涂。如果还有喷涂不均匀的地方，可以用排笔蘸油漆刷涂。不便喷涂的地方（如墙体的侧面）也可刷涂上色（图 5.71）。

图 5.71　建筑主体的上色处理

2. 家具和配件的喷漆处理

本实例家具整体喷涂中黄色油漆。喷漆时，不必使用废纸遮挡，可将家具平放在搁板上喷涂，以防地面被染色。为了使油漆均匀、美观，应喷涂 2 ~ 3 遍，每喷完一遍待油漆稍干后再重复喷涂。需要注意的是，每次喷涂后，油漆未干时，要用镊子将家具翻面，以免油漆干后与搁板粘在一起不好分离。如果有喷涂不均匀的地方，也可以用排笔蘸油漆刷涂（图 5.72）。

图 5.72　家具部件喷漆

5.7.2.8　模型的组装

组装是室内模型制作的主要工序，关系到模型制作的精度和模型表现的准确性。本组模型主要使用胶水黏结组装。前文介绍的胶粘剂中，用于 PVC 板材的主要是 U 胶和三氯甲烷等。

首先，组装模型主体。主体构件较大，常使用 U 胶黏结。U 胶不是快干型胶水，它便于把较大的构件调整到合适的位置再黏合固定。组装注意事项如下：①地面和底座黏结，应保证室内地面和底座的清洁，应将灰尘和杂物清理干净，否则会影响黏结效果；②墙体和地面黏结，应先将墙体边缘打磨平整，墙体应垂直于室内地面，并且与精雕机在地面上雕刻的墙体位置重合在一起；③墙体与墙体黏结，一般是把墙体的侧面与另一个墙体的边缘相黏结，黏结面涂满 U 胶后，将打磨好的平整墙体边缘对齐黏结在一起。如果还有不重合的地方，就在缝隙处填补胶水（图 5.73）。

图 5.73　模型主体的黏结组装

其次，组装家具和陈设品。虽然这组模型没有过多的家具等陈设表现，但是准确的比例尺寸和恰当的繁简处理，尤其是与室内墙、地面的搭配处理，对烘托空间氛围仍是必要的。沙发、桌椅、陈设品等小物件一般使用三氯甲烷等快干型胶水组装，因为小物件零部件较多，且接触面积较小，不需要做长时间的黏合和拼接（图 5.74）。

图 5.74　模型部件的黏结组装

再次，组装整体模型。这组模型共有三层，每一层的细节处理和主体黏结步骤都大同小异，而最后要将它们拼接到一起，除事先制作好合适的底座外，还要考虑最佳的表现视角。特别是两层以上的室内模型，楼上楼下的空间关系会有所遮挡，做降高处理的墙体和家具应该事先规划好位置，一般安排在前部（图 5.75）。

图 5.75　整体观察与调整

最后，对室内模型做整体调整。模型组装完成后，应当对照着图纸进行全面检查，核对空间布局、尺寸、比例。不匹配的地方须修改和调整，直到达到要求为止。模型制作过程中会产生大量的粉尘、碎屑等，还有黏结时留下的胶痕，可用小刷子和小型吸尘器清除，也可将吹风机调至冷风挡吹走模型中的碎屑和灰尘，保持模型的整洁（图 5.76）。

图 5.76　整体调整与细节处理

第6章　模型后期处理

6.1　模型的拍摄

环境艺术模型是三维立体实物，它的保存需要占用空间。如果保存不当，模型可能损坏。一般常用照相机拍摄模型，并将模型照片存储在计算机或U盘等存储设备中。

完成环境艺术模型的拍摄，除了要制作好精致的模型外，还要对摄影知识（包括摄影器材、布景、光线、拍摄角度等）有所了解。

第6章课件

6.1.1　摄影器材概述

摄影器材是照相机、镜头及其相关附件等与摄影活动相关的各种设备、物品的统称。

摄影器材种类繁多（图6.1），主要包含主器材和配件，主器材包括相机机身、各种变焦镜头、定焦镜头、闪光灯等，配件包括三脚架、独脚架、云台、滤镜、快装板、摄影包、承载板、摇臂、滑轮、怪手、胶卷、摄影用坎肩。摄影器材的品牌也有很多种，常见的有尼康、佳能、索尼、劲捷KINGJOY、百若、图锐思、变色龙等。面对五花八门的器材，摄影时主要根据拍摄需求进行选择。

图6.1　种类繁多的摄影器材

6.1.2 照相机的种类

图 6.2 传统的胶片相机

按照使用的核心传感材料，照相机大致分为胶片相机（图 6.2）和数码相机。胶片机是 20 世纪常用的传统机型，目前顶级的商业摄影还在使用，其特点是画质细腻、宽容度高，但是胶片需多次购买，费用较高，而且冲洗不太方便。现在使用的绝大多数相机是数码相机，其优点是一次购机多次使用，数字化成像，使用更方便；不足之处是宽容度还有待提高。

按照取景方式划分，照相机分为双反相机、单反相机和旁轴相机。目前多用单反相机（图 6.3），其他两种相机有视差，距离越近越明显。

图 6.3 单反相机

图 6.4 卡片机

按照专业性划分，照相机又可分为消费机和专业相机。消费机又称傻瓜机、卡片机（图 6.4），特点是价格便宜、使用方便，但是手动性能较差，测光和对焦功能较差，画质不好；专业相机的画质较好，对焦快速准确，但是价格较高，后期投入较大，特别是镜头。

6.1.3 模型拍摄技巧

6.1.3.1 选择合适的照相机

由于模型的体积通常较小，所以拍摄局部细节，必须使用微距功能。在这一点上，数码相机比传统胶片相机更有优势，即便是普通的数码相机机型，往往都有不俗的微距拍摄效果。如果使用数码单反相机，还需要同时配备微距镜头。副厂镜头性价比较高。除了照相机，如果还能配备一套三脚架，那就更好了，因为微距拍摄对握机的稳定性要求很高，轻微的抖动就会影响画质。模型拍摄属于静物拍摄，使用三脚架（尤其配合相机的自拍模式）能大大提高成功的概率。镜头焦距也很重要，原则是使模型的拍摄效果接近 1∶1 的透视关系。

拍摄的环境艺术模型图像绝大多数作为教学资料保存，所以选用数码单反相机拍摄就足够了，即便是第一次接触数码单反相机，只要掌握一些基础操作就能轻松拍出好照片，而且数码照片比传统胶片更便于保存。所以，本章重点介绍使用数码单反相机拍摄模型的方法。首先介绍数码单反相机的结构、操作方法、设置方法以及拍摄前的准备工作。

（1）数码单反相机的结构。使用数码单反相机拍摄前，首先应当了解相机各部分的名称，正确掌握其功能，这是提高拍摄水平的第一步。

下面以佳能 700D 相机为例，简要介绍数码单反相机的结构，其他机型大同小异。佳能 700D 相机机身正面、背面、上面和侧面各部分的名称及功能如图 6.5 ~ 图 6.10 所示。

图 6.5 单反相机机身正面

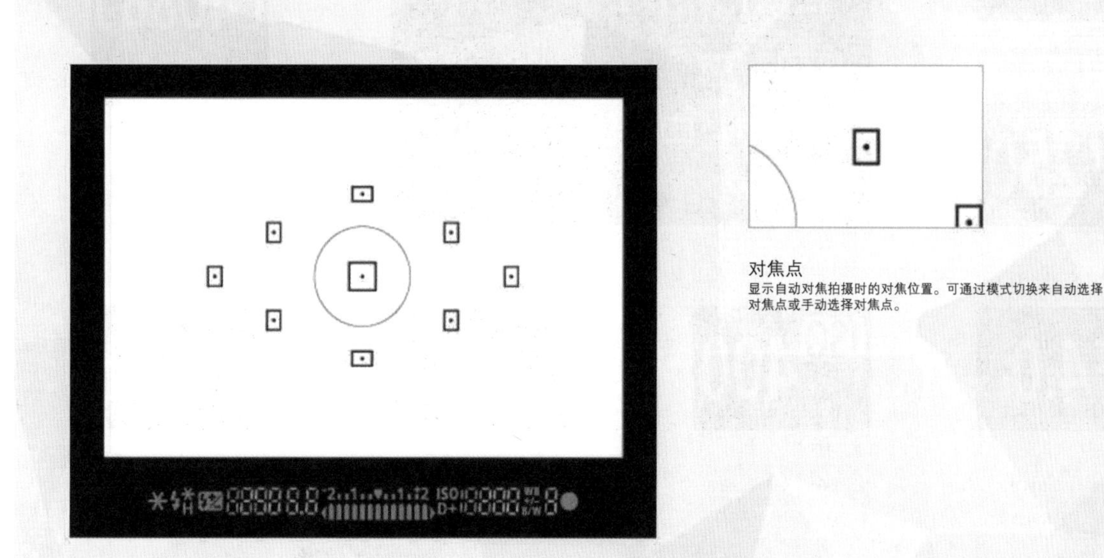

图 6.6 单反相机取景器内的显示

眼罩
在通过取景器进行观察时可减少外界光线带来的影响。为了降低对眼睛和额头造成的负荷，采用柔软材料制成。

数据处理指示灯
相机与存储卡之间读取数据时，指示灯闪烁。指示灯闪烁期间不能取出存储卡，也不要打开存储卡插槽盖、电池仓盖或撞击相机，否则可能会损坏存储卡和相机。

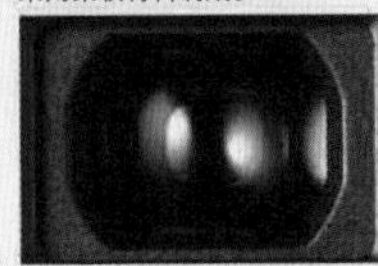

取景器目镜
用于确认被摄体状态的装置。在确认图像的同时，取景器内还将显示相机的多种设置信息。

MENU（菜单）按钮
可显示调节相机多种功能时所使用的菜单。选定各项目后可进一步进行详细设置。

回放按钮
用于回放所拍摄图像的按钮。按下按钮后，液晶监视器内将显示最后一张拍摄的图像或者之前所回放的图像。

删除按钮
用于删除所拍摄的图像。可删除不需要的图像。

图 6.7 单反相机机身背面

拍摄模式
显示通过模式转盘选定的拍摄模式。以图标或文字的形式显示所选拍摄模式。

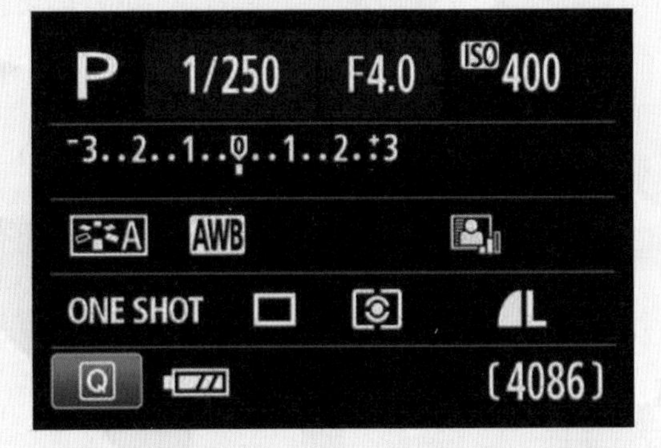

可拍摄数量
表示可拍照片的张数。可拍摄数量会根据存储卡和所选的图像画质产生变化。

1/250

快门速度
显示快门打开的时间。所显示分母数值越大，则快门打开时间越短。

F4.0

光圈值
显示镜头内光圈叶片的打开状况。数值越小则光圈打开越大，越能够获得更多的光量。光圈值显示因所使用的镜头而异。光圈值也被称为 F 值。

ISO 400

ISO 感光度
数值越大则拍摄昏暗场景越容易。选择 ISO 自动时，相机会根据拍摄场景选择合适的感光度。也可以手动设置感光度。

图像记录画质
显示所选择的图像画质。

电池电量检测
表示电池剩余电量的图标。

图 6.8 液晶监视器拍摄设置显示

麦克风

短片拍摄时录制声音用的内置麦克风。根据机型搭载单声道或立体声麦克风。

背带环

将背带两端穿过该孔，牢固安装背带。安装时应注意保持左右平衡。

电源开关

打开相机电源用的开关。还可用于切换至短片拍摄模式。

主拨盘

用于在拍摄时变更多种设置或在回放图像时进行多张跳转等操作的多功能拨盘。

ISO（感光度设置）按钮

按下该按钮可以改变相机对亮度的敏感度。ISO感光度是根据胶片的感光度特性制定的国际标准。

变焦环

进行旋转来改变焦距。可观察下方的数字和标记的位置来掌握所选择的焦距。

对焦模式开关

用于切换对焦方式，也就是切换AF（自动对焦）与MF（手动对焦）的开关。一般设置为相机自动对焦的AF。

热靴

与外接闪光灯之间传输信号的电子触点。搭载了多个触点用于交换多种多样的数据。为使外接闪光灯正确闪光，请保持触点的清洁。

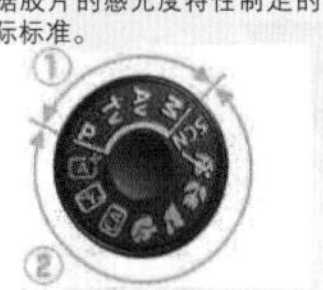

模式转盘

可旋转转盘以选择与所拍摄场景或拍摄意图相匹配的拍摄模式。主要可分为创意拍摄区和基本拍摄区。

①创意拍摄区：可根据拍摄者的拍摄意图设置多种相机功能。

②基本拍摄区：相机可根据所选择的场景模式自动进行恰当的设置。

对焦环

采用MF（手动对焦）模式时，旋转该环进行对焦。对焦环的位置因镜头而异。

图6.9　单反相机机身上面

闪光灯弹出按钮

用于弹出内置闪光灯的按钮。当采用基本拍摄区的某些模式时，闪光灯有时会与功能联动而自动弹出。

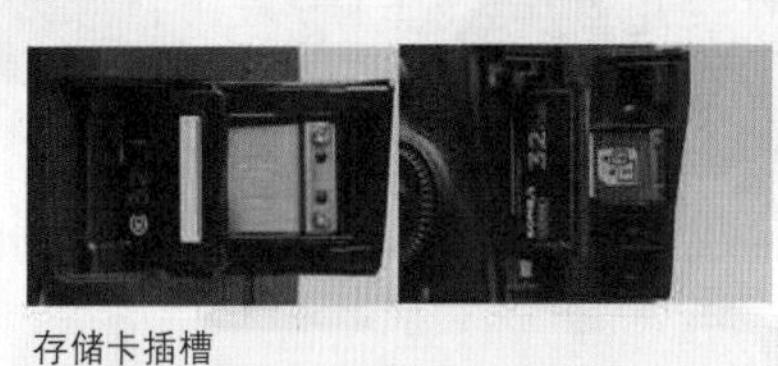

存储卡插槽

从此处插入用于存储所拍摄图像的存储卡。可使用的存储卡类型因相机机型而异。

（左）SD卡（右）CF卡

景深预览按钮

按下此按钮，光圈叶片按照选定光圈收缩。透过取景器和液晶监视器画面可以查看当前光圈下被摄体景深（合焦范围）。

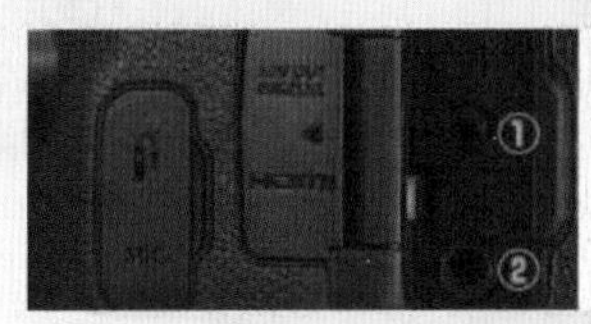

外部连接端子

用于连接相机与外部设备的端子。注意确认能够连接使用的设备，保证进行正确连接。

①遥控端子②外接麦克风输入端子③音频/视频输出/数码端子④HDMImini输出端子

图6.10　单反相机机身侧面

（2）拍摄前的准备工作。实际拍摄前，应当检查和确认相机各部分的功能，并进行调节以保证使用时的便捷。首先进行相机的初始设置，如图 6.11 所示，然后尝试拍摄，如图 6.12 所示。

打开电源

装好电池和镜头后，就可以打开相机电源了。电源开关的位置和形状因机型不同而异，应仔细确认。

设置时区

第一次打开电源时要进行初始设置。通过十字键选择时区后按 SET（设置）按钮确定。有些机型不显示时区设置的画面，会显示日期 / 时间的设置画面。

设置日期和时间

利用十字键设置日期和时间。正确输入当前日期、时间，这会使以后的照片整理工作变得非常轻松。完成设置后，可按下 MENU（菜单）按钮，显示设置菜单。

调节取景器屈光度

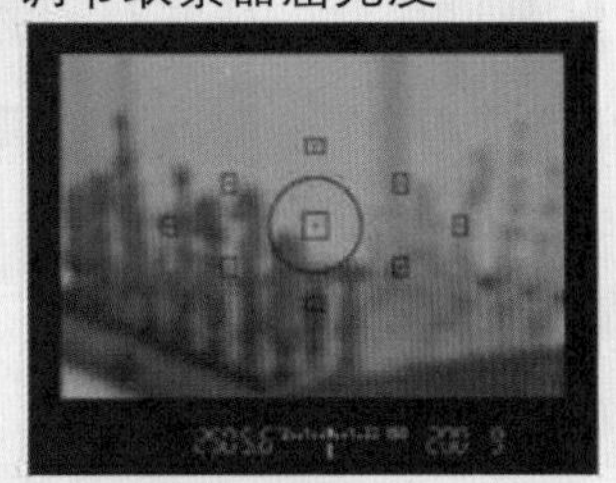

观察取景器

相机购入时未进行屈光度调节，可能因拍摄者的视力情况差异而导致取景器显示模糊。

用屈光度调节旋钮进行调整

在观察取景器的同时，旋转屈光度调节旋钮，寻找显示清晰的位置。

可以看清楚了

可将取景器下部的信息显示是否清晰可见作为标准来进行调整。当眼睛疲劳时视力可能出现变化，所以应牢记调整的操作方法，随时进行调节。

图 6.11　数码单反相机的初始设置

图 6.12　尝试拍摄

（3）正确的持机姿势。正确的持机姿势不仅能使拍摄工作顺利完成，而且能提高拍摄的质量。正确的相机持机方法如下：右手抓握相机手柄，左手托握住镜头底部，单眼瞄准镜头焦点，找到适当的焦距后，先半按快门按钮对焦，接收到对焦完成的信息后再继续按下快门按钮拍摄。必要时，用手肘或者脚架做固定支撑，以防机身抖动影响拍摄效果。图 6.13 所示为正确的持机姿势和错误的持机姿势。

使用传统相机摄影有一个不容忽视却又不容易掌握的色温值设置问题，这一问题在数码相机中不复存在，因为数码相机可以通过白平衡来调整解决，而无需考虑光源色温与底片的关系。这是数码相机的又一大优点。但与

图 6.13　正确的持机姿势和错误的持机姿势

传统感光材料尤其是新的染料型感光材料相比，数码相机在曝光宽容度指标上并无优势，所以准确曝光是使用数码相机获得良好影像质量的基本原则。在实际拍摄中，我们发现数码相机对光线的要求更高，室内拍摄尤为明显。因此在室内拍摄时，若不能添置照明设备时，就应当尽量使用闪光灯。

6.1.3.2　精选拍摄地点和背景

器材准备就绪，接下来进入情景准备阶段。在摄影环境以及背景上稍微下点功夫，拍摄出来的效果会更好。

最简单的布景，可用纯色背景布以 L 形铺在桌子上。背景布在照相器材市场就可买到，价格约为 10 元 /m^2。也可以选择价格稍高的图画纸布景。通常白色的背景最受欢迎，但如果模型色彩偏淡，可以选择黑色、蓝色或红色等背景。这个根据实际情况灵活掌握。

图 6.14　户外拍摄模型

（1）户外拍摄。在户外拍摄模型时，应当尽量选择在光线充足的阴天或者晴天和光线充足的场所，如户外的草坪（图 6.14）、平地等。

模型摄影与广告摄影较为相似，户外拍摄时，宜在早上 10 点以前或下午 4 点以后。阴天也是进行户外拍摄的好天气，但此时阳光不强烈，光线反差不大，所以需要两块以上的反光板来补光。例如，阳光从斜上方射入，可在下部设置反光板进行补光，以获得不同方向、强弱不同的光线，拍出层次分明的照片。反光板可以利用烟盒制作，在盒内包上锡纸或较光滑的白纸即可。

图 6.15　室内拍摄模型

（2）室内拍摄。在室内拍摄模型应当选择靠近光源的地方，如窗边、灯光下。如果光线太暗，除了可以用相机的设置来控制照片质量，还可用一张白纸或者亮色纸衬在底面做背景（图 6.15）。

想要获得理想的拍摄效果，可在室内设置 2 ~ 3 盏闪光同步感应灯、柔光伞、背景进行拍摄。背景可以使用挂历纸（最好是布纹纸，以免反光）或摄影专用的背景纸（常用的有灰色、白色、黑色）。摄影时，一定要使用顶光，而且光照面积越大越好。至少使用一盏同步灯，最好在模型左右两侧各设一盏同步灯，根据需要的光效调整灯距。相机上的闪光灯起引闪作用，如果有测光表，则可以准确地测出曝光量，达到曝光准确。

室内摄影主要靠经验，建议初学者在每次拍摄时做记录，并把拍摄的照片按记录进行核对，查找不足，再次拍摄时加以修正。随着实践积累，摄影经验不断增加，拍好模型写真照片并不是件难事。

6.1.3.3　光的使用

拍摄模型最好使用自然光照射，如果自然光不足，也可采用灯光照明，但最好不使用闪光灯拍摄。因为闪光灯的射向与相机拍摄角度一致，即光从正面射向被拍景物，这种用光方式很难表现建筑本身的体量关系和光影变化，拍摄的照片平淡模糊，没有表现力。因此，光线的照射方向应与拍摄方向呈一定角度，一般水平夹角为 45° 左右，可根据实际情况适当调整。水平方向和垂直方向的光线角度，使模型的优美体块和轮廓线在光影的作用下得以充分表现。

（1）合理布光。在拍摄技巧中，布光是最关键的。因为光线照射到模型表面，就会有明暗的反差，摄影利用这种光影效果可以突出模型的立体感。但要注意布光光线与背景光线关系要一致，避免光线失真。

一般情况下，可用家用台灯配合节能灯泡做主光，用泡沫板或者白纸做成反射面，把光反射到模型上。之所以强调反射，是因为反射光是散射、柔和的光。也可以在投光灯上蒙一层磨砂纸，使点光源变成柔和的面光源（图 6.16）。但此时，相机的自动白平衡将不准确，最好用白板或者灰板手动调整白平衡。拍摄体积较大的公共空间模型时，在灯光条件下操作有一定限制，建议采用自然光。

（2）确定主光。主光是主导光源，决定着画面的主调。布光时，只有确定了主光，添加辅助光、背景光和轮廓光等才有意义。一般地，应当根据被摄体的造型特征、质感表现、明暗分配和主体与背景的分离等情况系统考虑主光光源的光性、强度、涵盖面以及到被摄体的距离。对于大多数的模型拍摄，一般都选择光线较柔和的灯（如反光灯、柔光灯和雾灯等）作为主光。直射的泛光灯和聚光灯较少作为主光，除非画面需要由它们带来强烈反差的效果。

图 6.16　使用柔光灯

主光通常要高于被摄体，这是因为使人感到最舒适、自然的照明通常是模拟自然光的光效。主光过低，会在被摄体上形成反常的底光照明效果；主光过高，将形成顶光，使被摄体的侧面与顶面反差偏大。多数情况下，主光入射角设为 45° ，此时光影效果最为平衡（图 6.17）。

（3）设置辅助光。主光的照射会使被摄体产生阴影，除非摄影画面需要强烈的反差，一般地，为了改善阴影面的层次与影调，在布光时均要设置辅光（图 6.18）。根据画面效果的需要，辅助光可以设一个，也可以设多个。为了控制多余的阴影，尽量多使用反光板。反光板能恰当地控制光比，产生出人意料的好效果。通过调整反光板的位置，调整模型的光比。对浅淡的被摄体，光比应小些

图 6.17　确定主光源

（即反光板远些），而对深重的物体，光比则要大些（即反光板近些）。

（4）设置背景光。背景光能起到烘托主体或渲染气氛的作用，因此设置背景光，既要讲究对比，又要注意和谐（图6.19）。拍摄模型时，往往因主体与背景距离很近，一般难以对背景单独布光，此时主光兼作背景光。主体与背景的光比可通过选择合适的灯距、方位和照明范围来控制，也可以利用不透明的遮光物在适当部位进行遮挡，得到需要的明暗变化。

图6.18 设置辅助光源

（5）设置轮廓光。轮廓光的主要作用是使被摄物的轮廓鲜明，可将被摄模型从背景中分离出来。轮廓光通常采用聚光灯，它的光性强而硬，常会在画面上产生浓重的投影。通过调节灯位，借助反光器（例如镜子）作轮廓光，经常会产生意外的好效果。布光时，主要根据拍摄主体的需要选择用硬光或者柔光作为轮廓光。

图6.19 设置背景光源

（6）设置装饰光。装饰光主要是对被摄模型的局部或细节进行装饰。它是局部、小范围的用光，所以适用于局部加光等。

6.1.3.4 选择恰当的拍摄角度

在用相机拍摄时，对模型的整体效果、细节表现等方面都要进行拍摄。整体效果采用俯拍、4个倾斜角度、侧面拍摄等，尽可能完整地把模型的每个角度都拍摄下来（图6.20）。整体效果记录完成后，细节和局部用近摄或者微距功能可以拍出比较清晰的画面。

模型的拍摄角度一般是从多个角度中选择几个比较重要的角度。如以表现建筑模型为主，往往着重摄取一两个主要立面的透视角度，并且以低视点为主。这样拍出的照片就更接近人观察建筑的自然角度，也就更有参考价值和说服力。在几个低角度拍片之外，还需有一个俯

图6.20 选择恰当的拍摄角度

角拍摄，以便在没有模型的情况下，使人了解建筑总平面及环境设计的情况。表现性角度是指具有一定内涵和表现力的角度，其构图比较理想。这样的照片更有表现力和收藏价值。

规划设计类模型常采用俯角拍摄，意在一目了然地表现规划布局。但因俯视的角度不同，拍摄的照片也各有特点。一般的，坡地上的规划，取较小的俯角；平地上的规划，取较大的俯角。通常不采用从上往下的垂直拍摄角度。垂直拍摄，布局虽表现得清楚，但各单体建筑的高低体量却很难表现。

拍摄室内模型（特别是居住空间模型）更注重对空间、材质和细节的表现，有些优秀的室内模型作品拍摄出来的效果可以和样板房媲美（图 6.21）。

图 6.21　室内模型的拍摄效果

拍摄景观设计类模型，往往要把整个场景（包括地形、绿化、道路、建筑等）表现得更加完整，当然也要进行反映局部的近距离拍摄（图 6.22）。

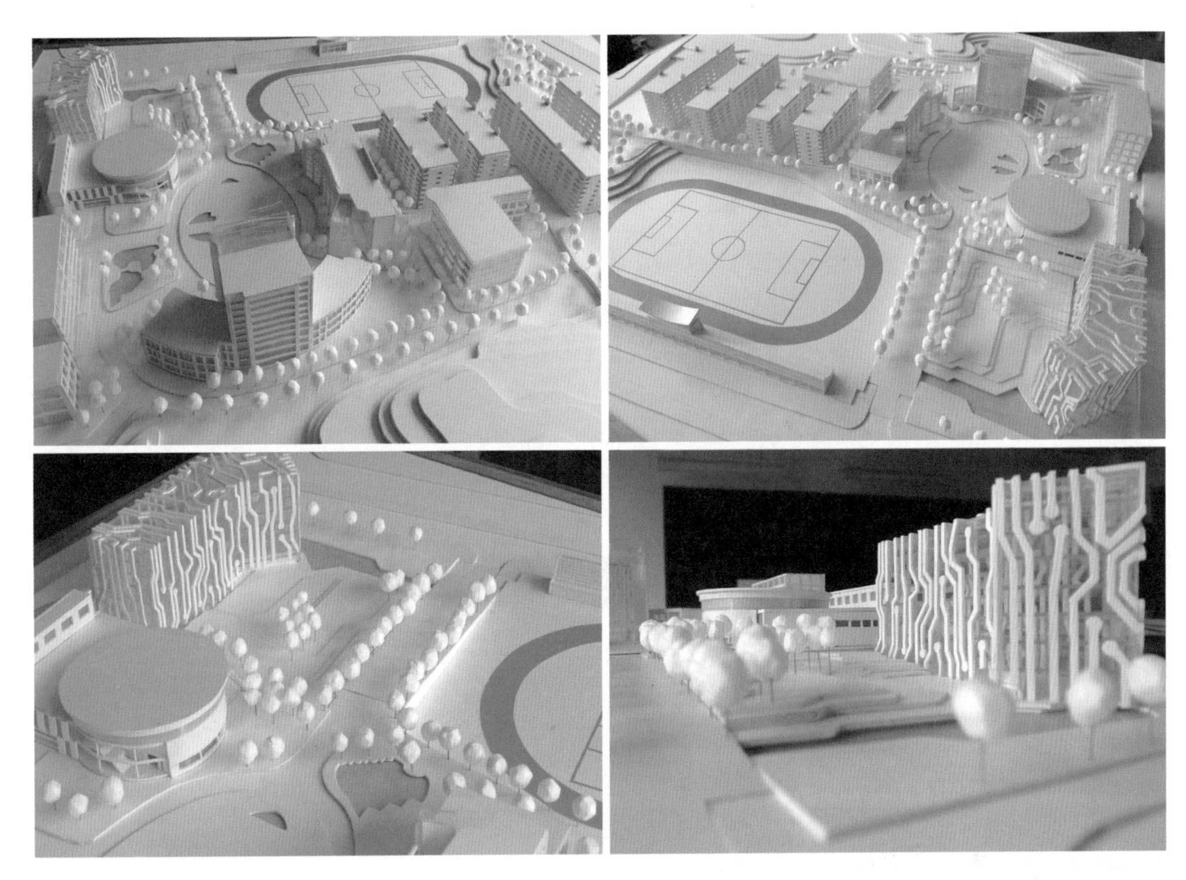

图 6.22　景观设计模型的拍摄效果

6.2　模型的调整与保存

拍摄完模型后，可根据实物或者照片进行分析，观察还有哪些需要处理的地方，例如空间规划是否合理，色彩搭配是否统一，细节处理是否完善，等等，然后做整体调整。

调整后的最终模型可密封保存。可用有机玻璃制作一个透明罩封存模型，这样既不影响观赏，也能阻挡灰尘，使模型的保存时间更为长久。根据有机玻璃的厚薄程度和承载限度，小一点的居住空间模型，用厚度 3mm 左右的有机玻璃罩即可；稍大一点的公共空间模型，则需用厚度 5mm 左右的有机玻璃制作透明罩，才较为坚固（图 6.23）。

图 6.23　模型的保存

第7章 模型作品欣赏

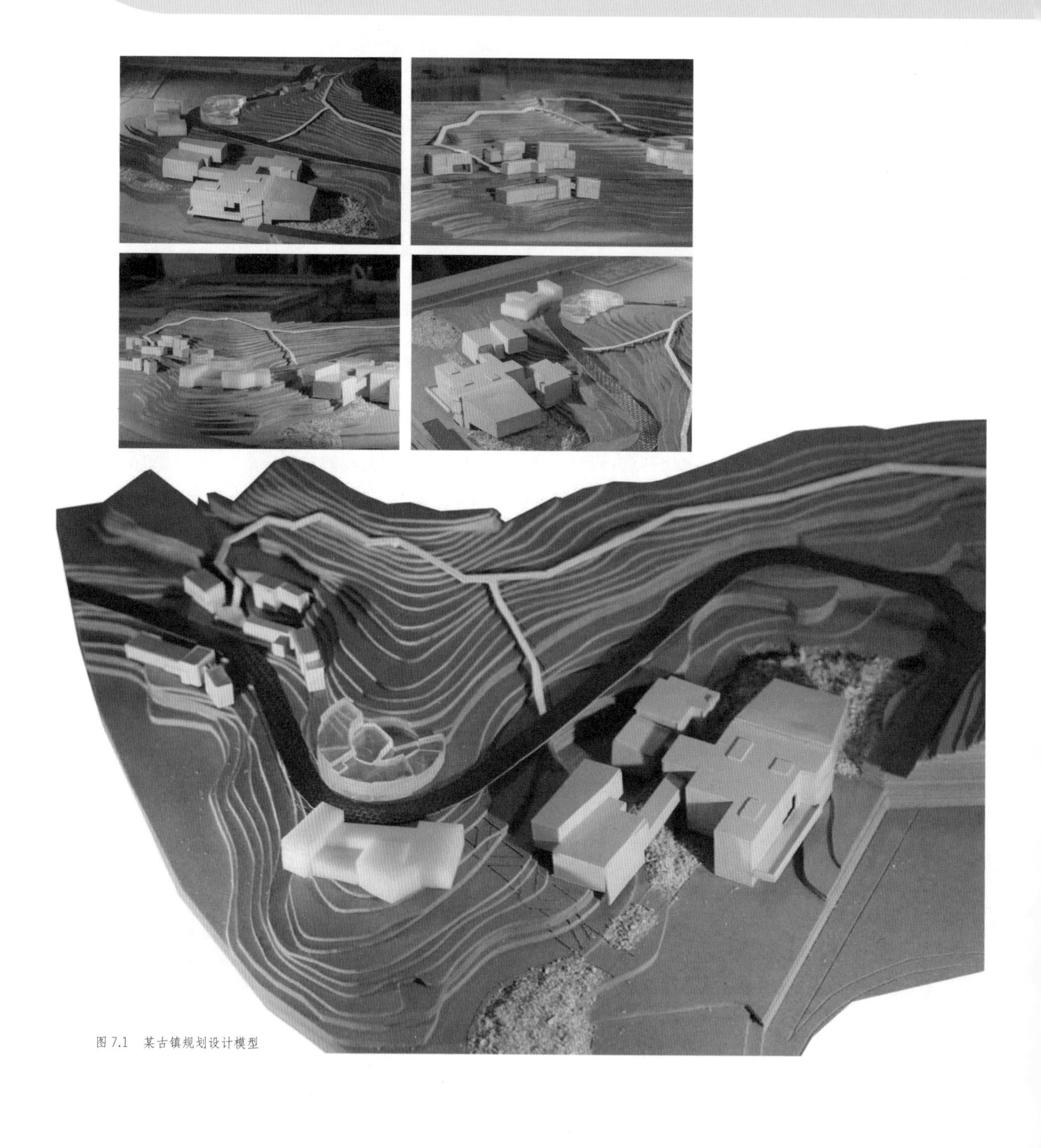

图 7.1　某古镇规划设计模型

作品组图

古镇、村镇规划模型

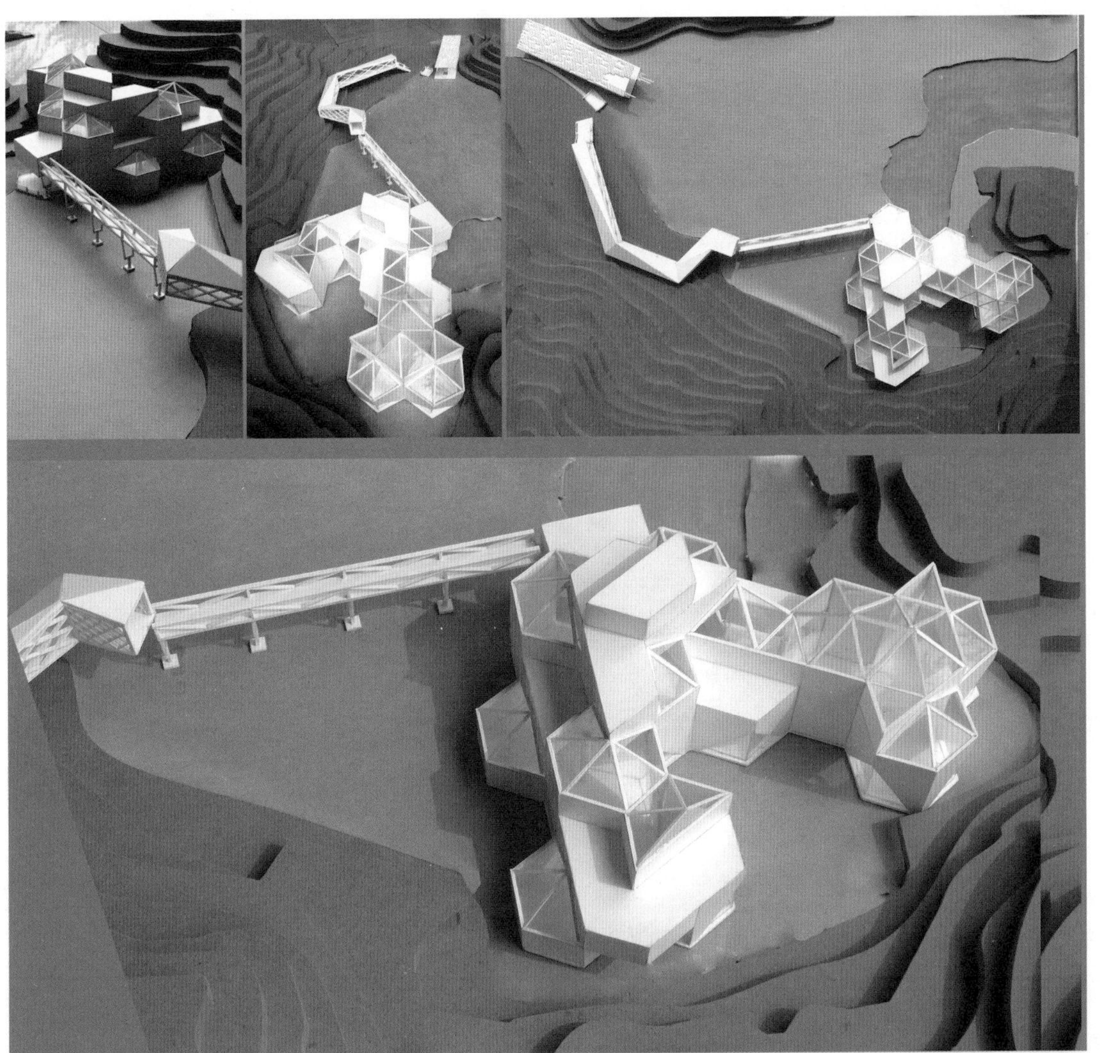

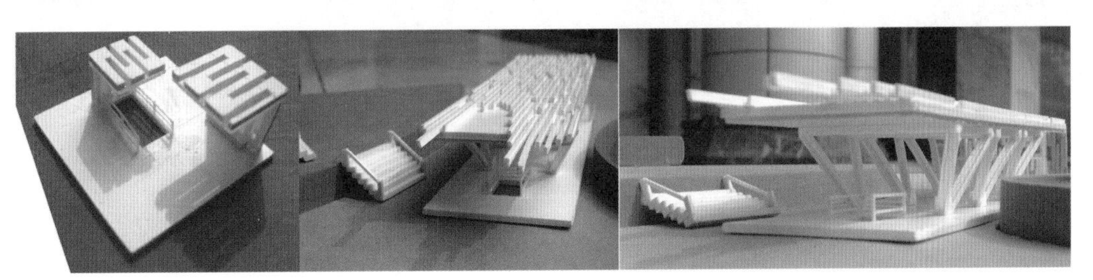

图 7.2 某动物园改建项目景观规划设计模型

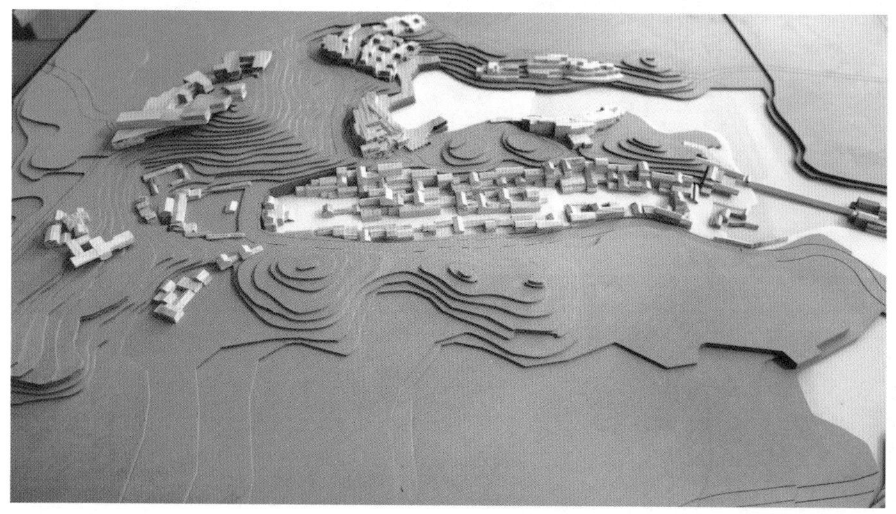

图 7.3　某古镇规划设计模型

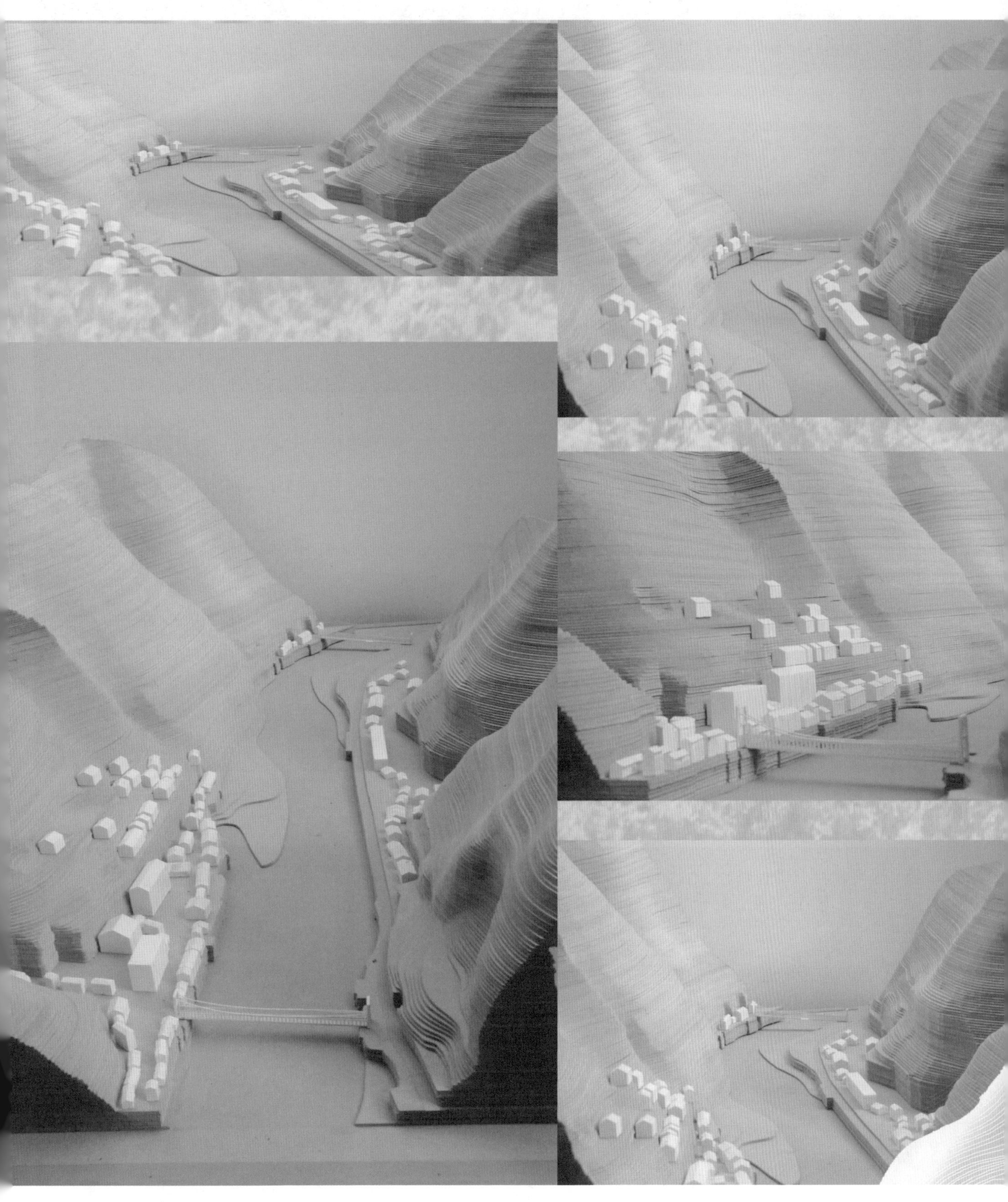

图 7.4　某滨江古镇规划模型

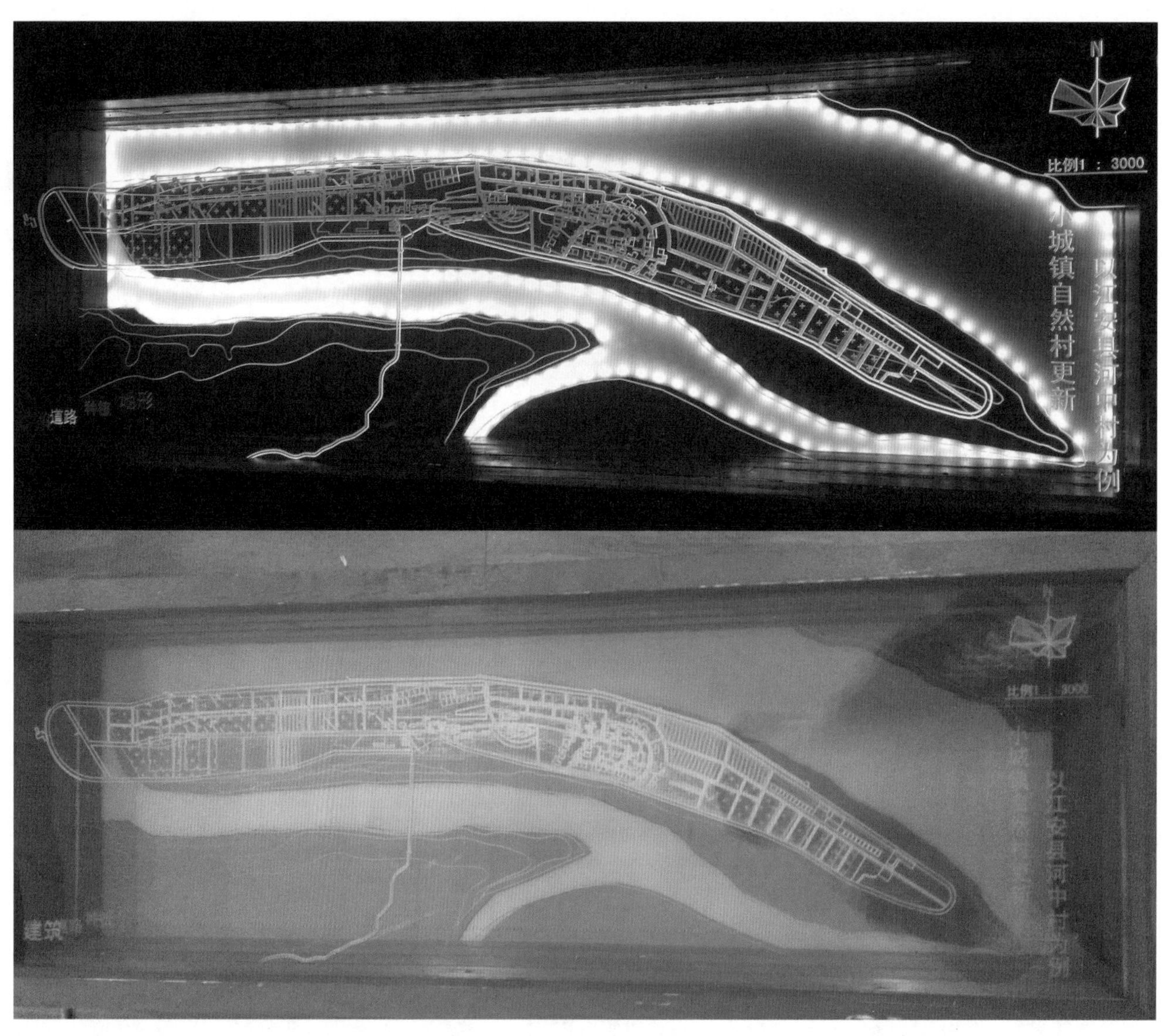

图 7.5　某城镇自然村更新规划设计模型

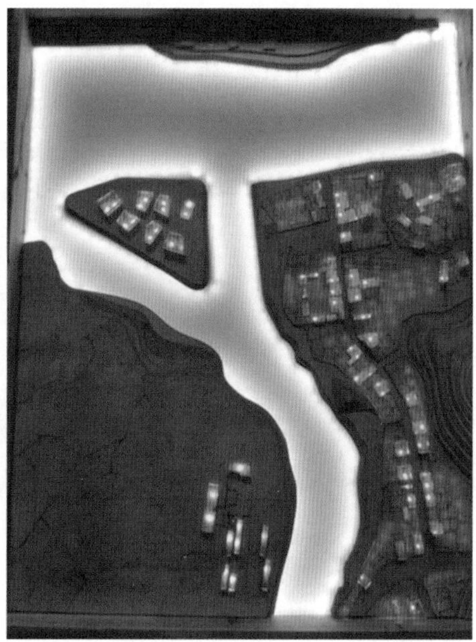

图 7.6　城镇景观规划设计模型

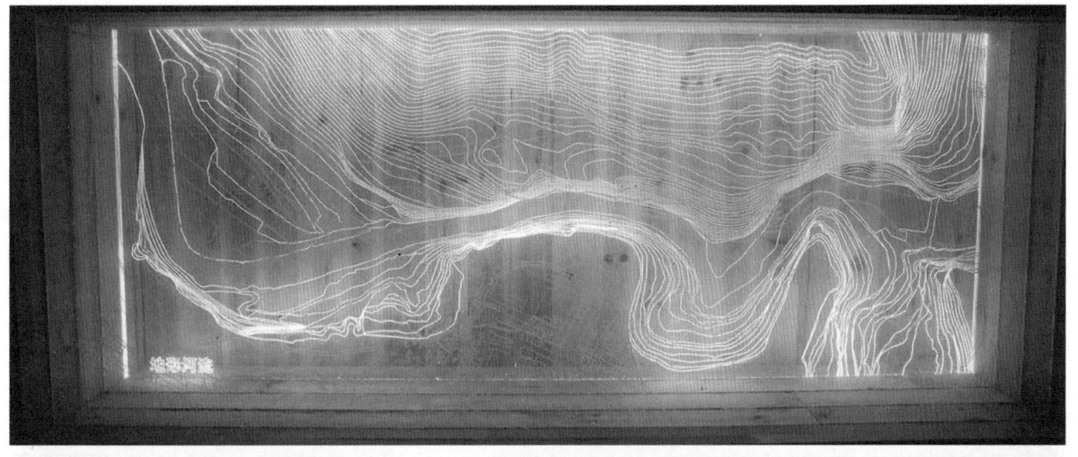

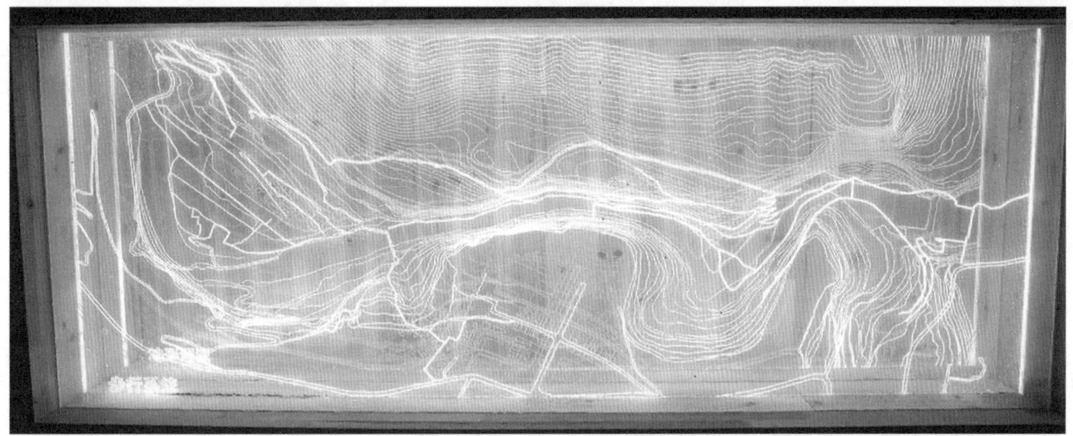

图 7.7 某镇河谷地带景观规划设计模型

作品组图

灯光表现的规划模型

景观规划模型（一）

景观规划模型（二）

图 7.8　某校园景观规划模型（一）

图 7.9 某校园景观规划模型（二）

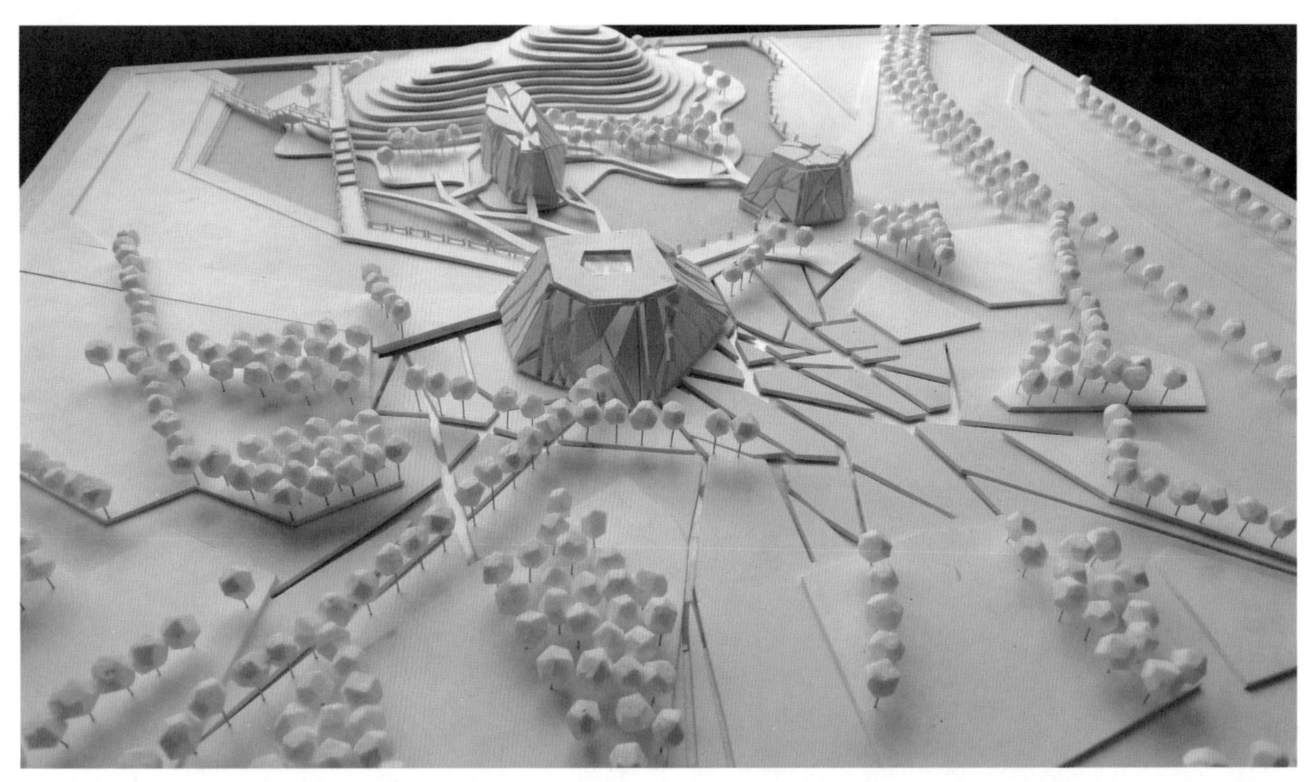

图 7.10　某公园景观设计模型

图 7.11　滨水景观模型

图 7.12　某景观建筑模型

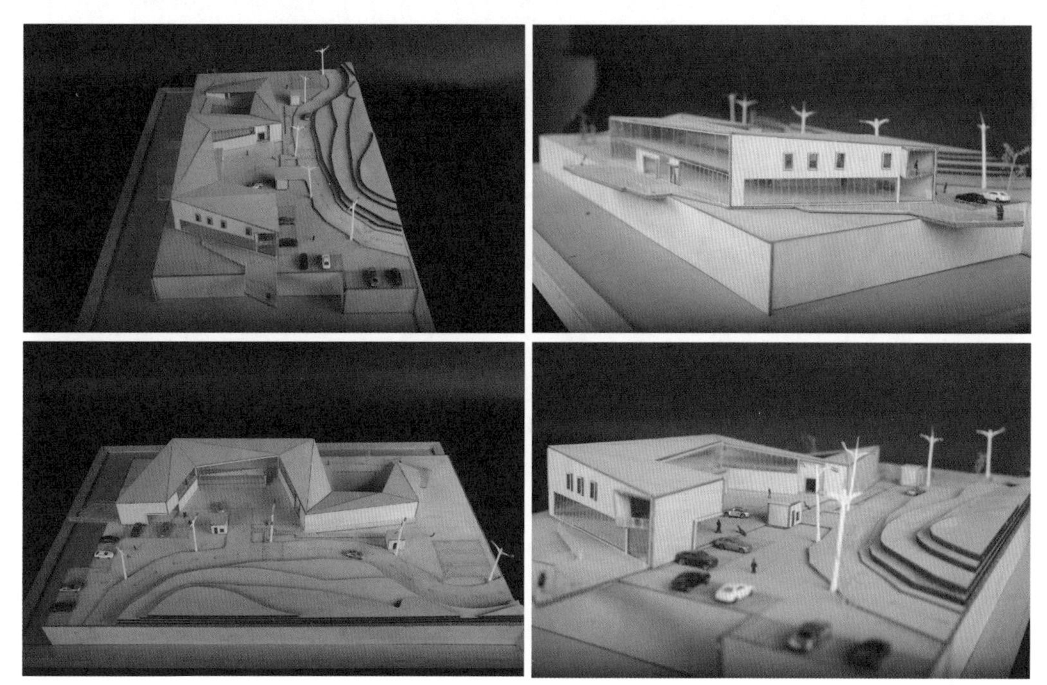

图 7.13　某景观建筑模型

作品组图

校园景观规划模型

景观设计模型

景观建筑模型

图 7.14　现代建筑模型

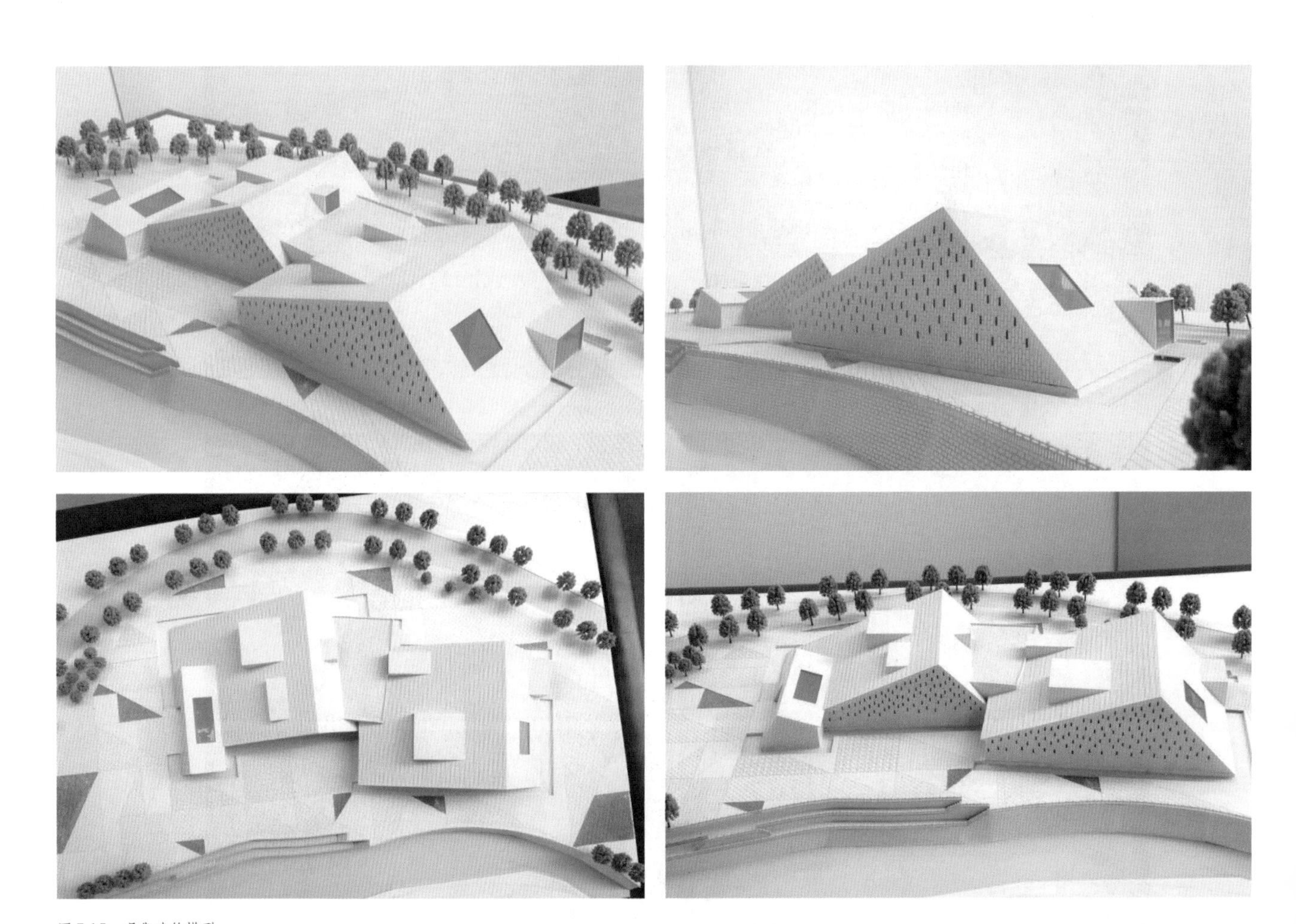
图 7.15　现代建筑模型

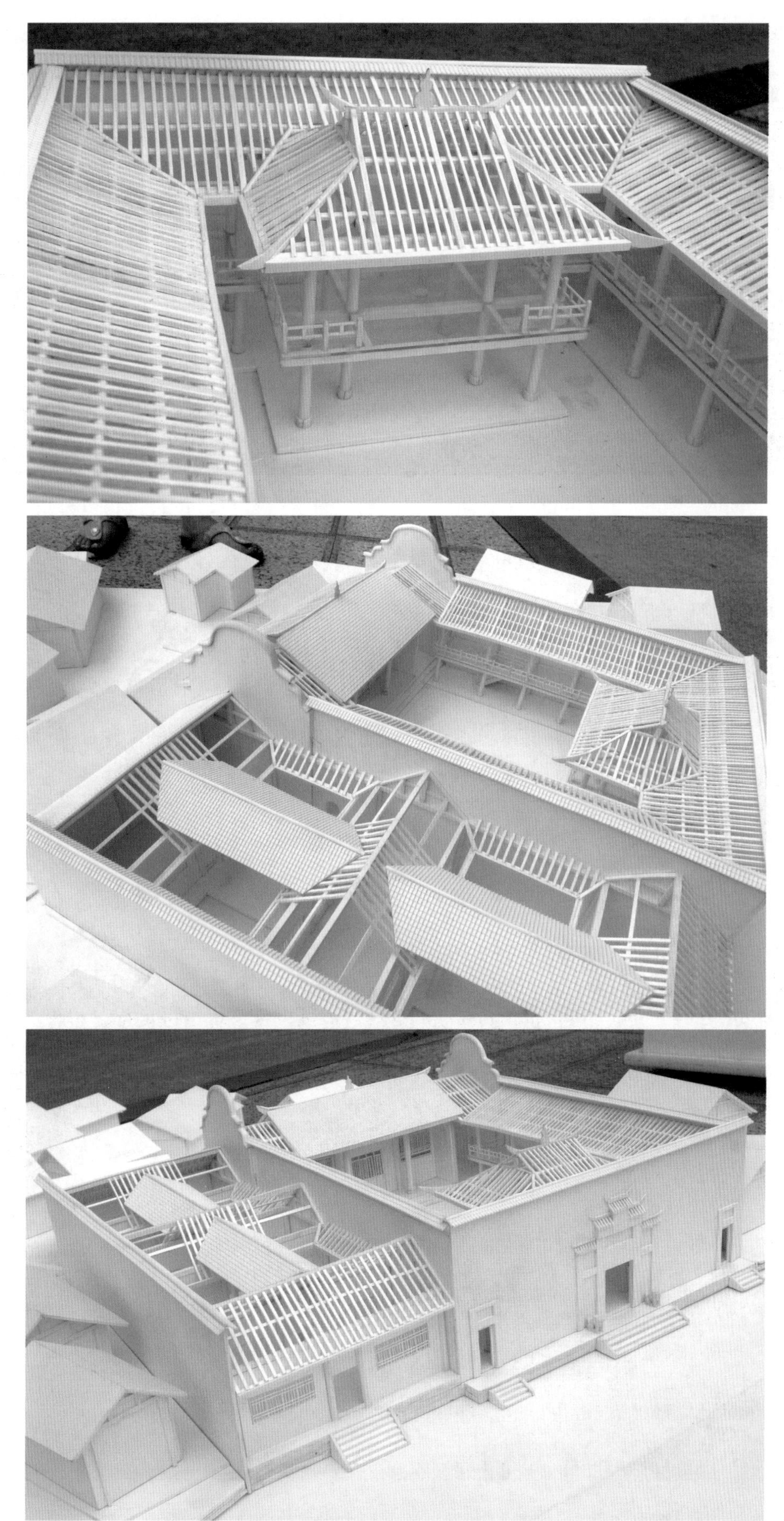

图7.16　古建模型

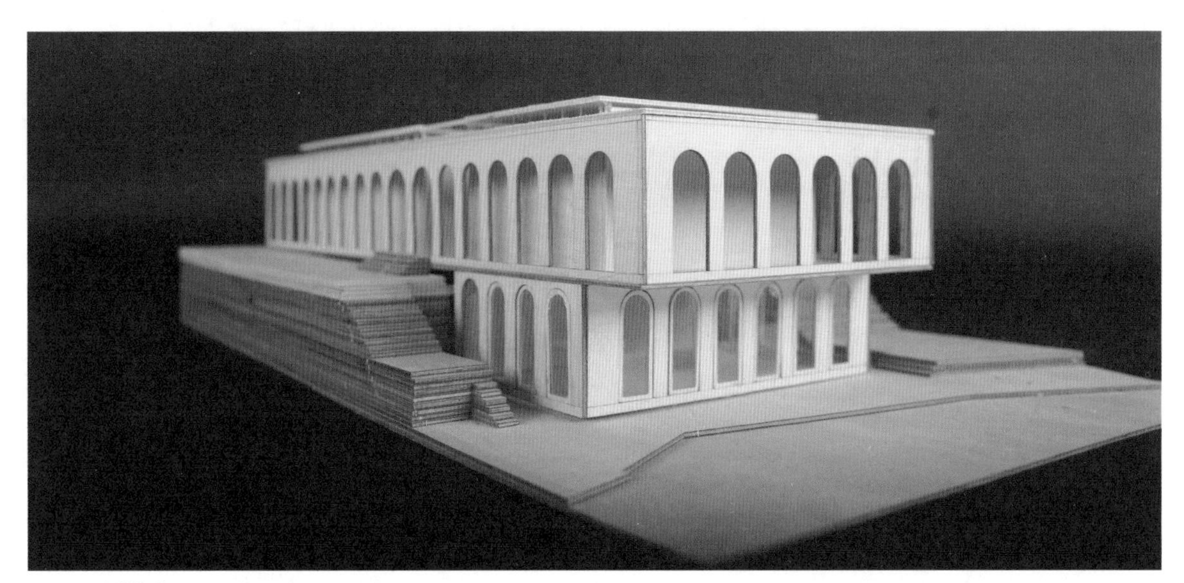

图 7.17　建筑模型

图 7.18　建筑模型

图 7.19 建筑模型

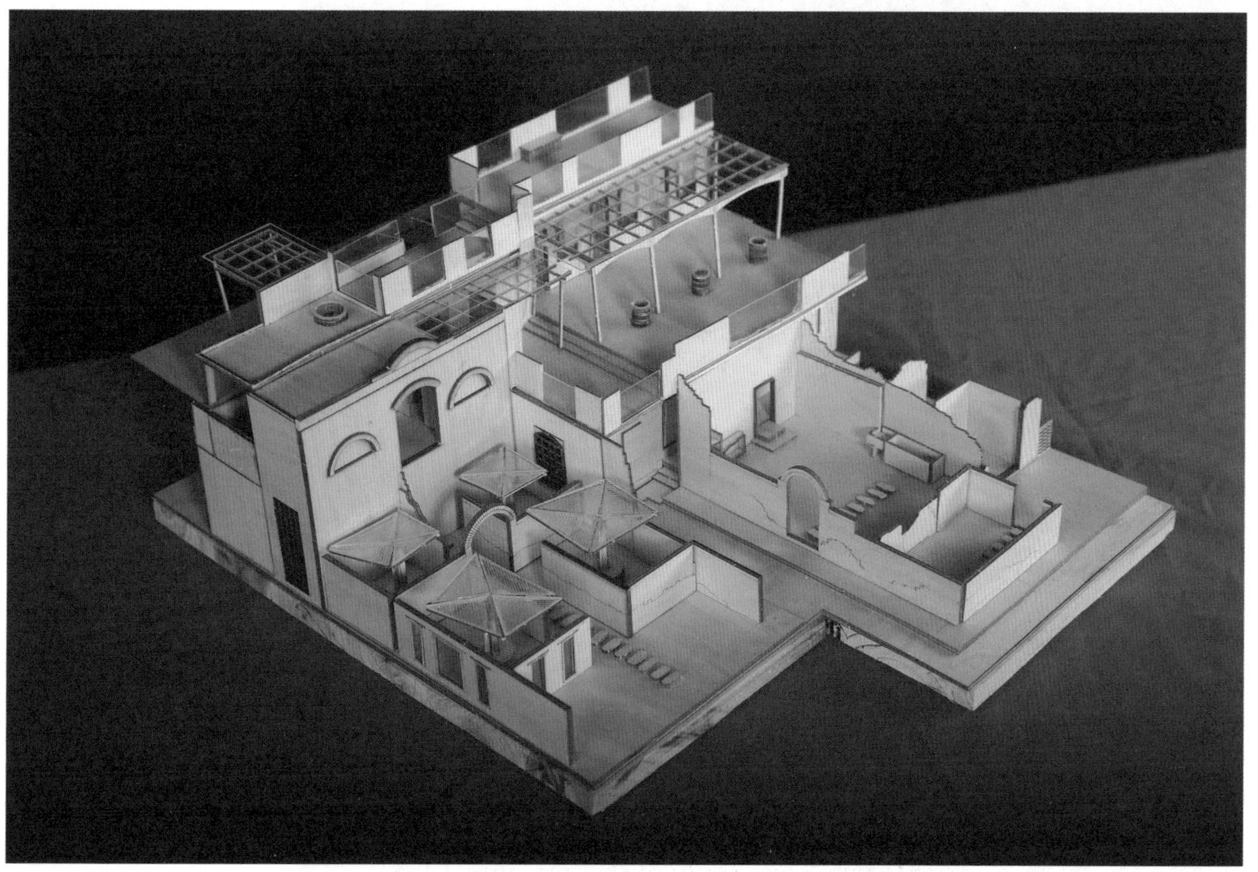

图 7.20 某别墅模型

图 7.21　曲线形现代建筑模型

图 7.22　某别墅模型

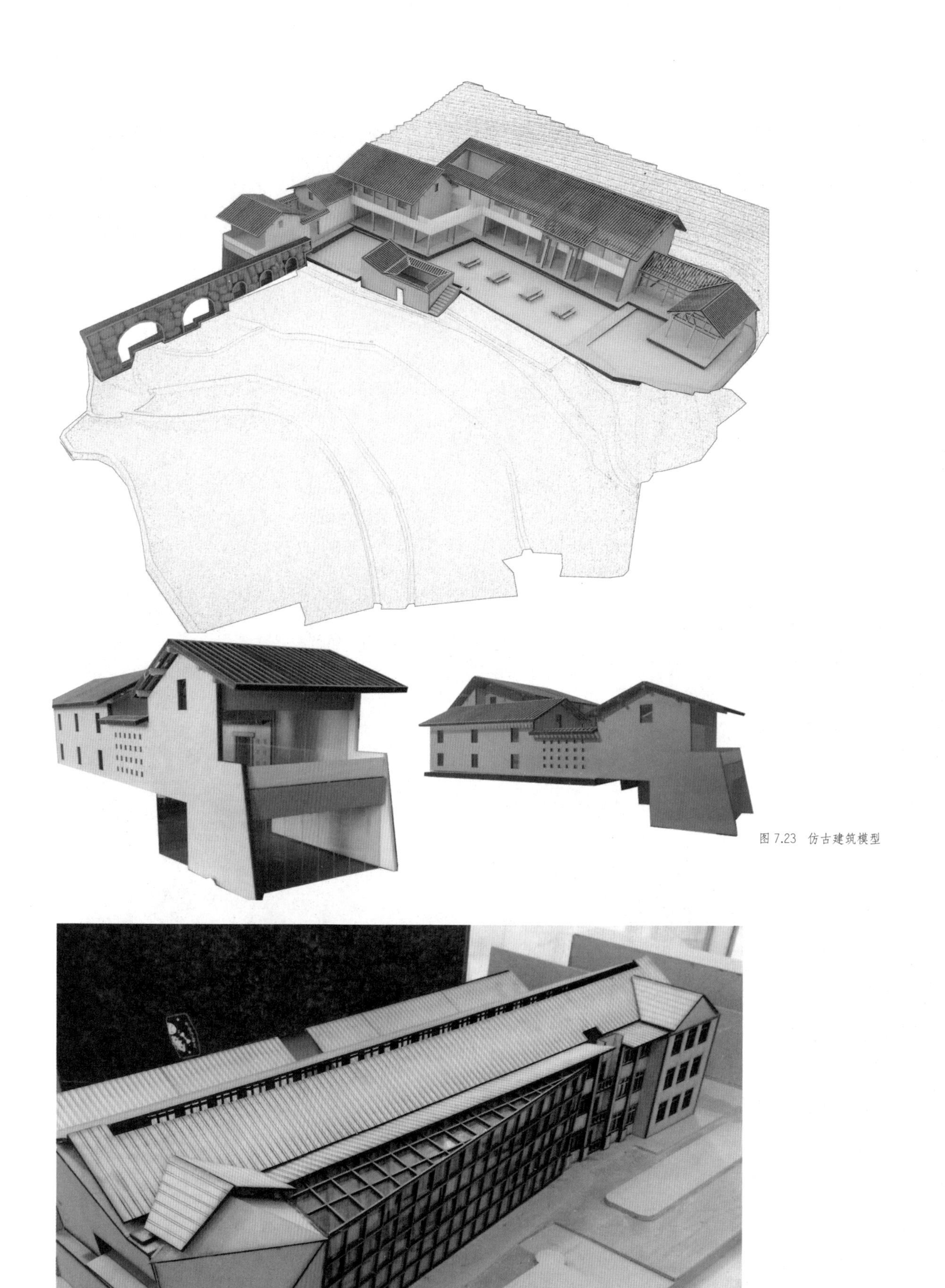

图 7.23　仿古建筑模型

图 7.24　直线形现代建筑模型

作品组图

建筑模型（一）

建筑模型（二）

图 7.25 某乡村度假酒店模型

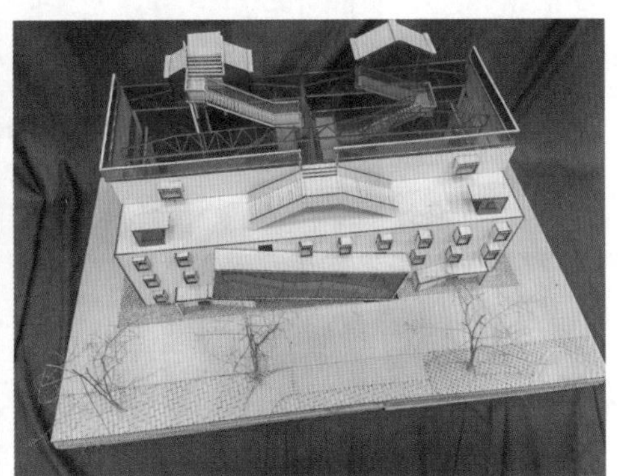

图 7.26 洋炮局建筑模型

图 7.27　乡村振兴民居更新改造项目模型

作品组图

室内环境模型

室内家具与陈设模型

图 7.28　某办公空间室内模型

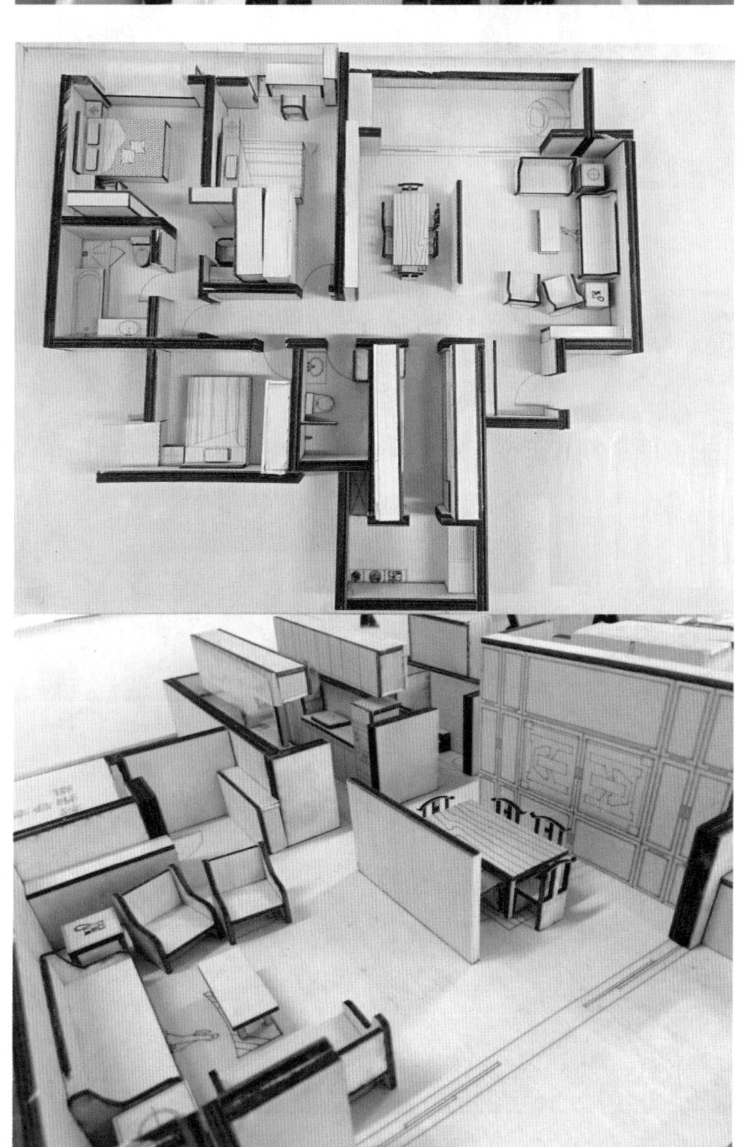

图 7.29　智能家居室内模型（材料：椴木板）

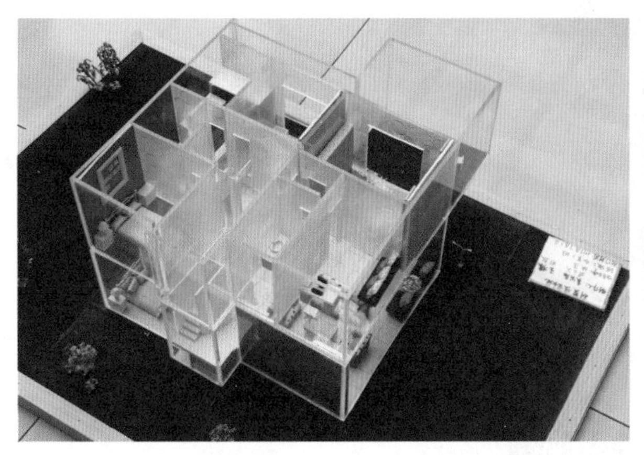
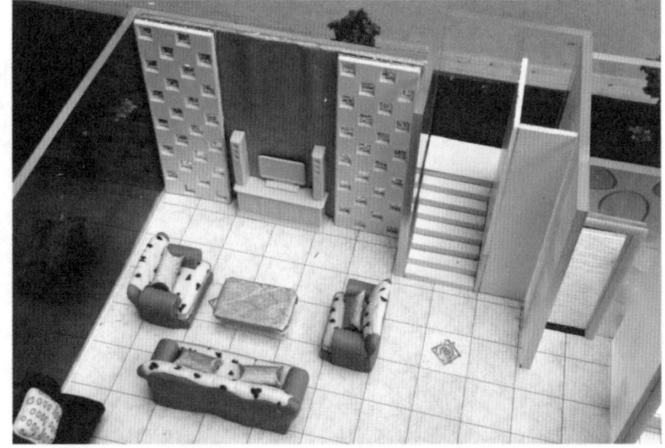

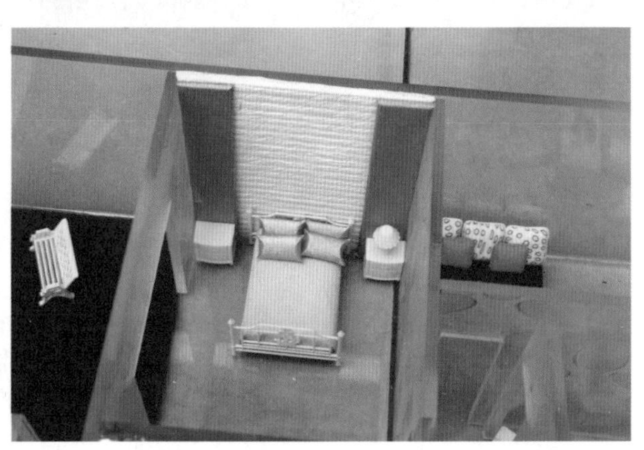

图 7.30　现代风格室内模型

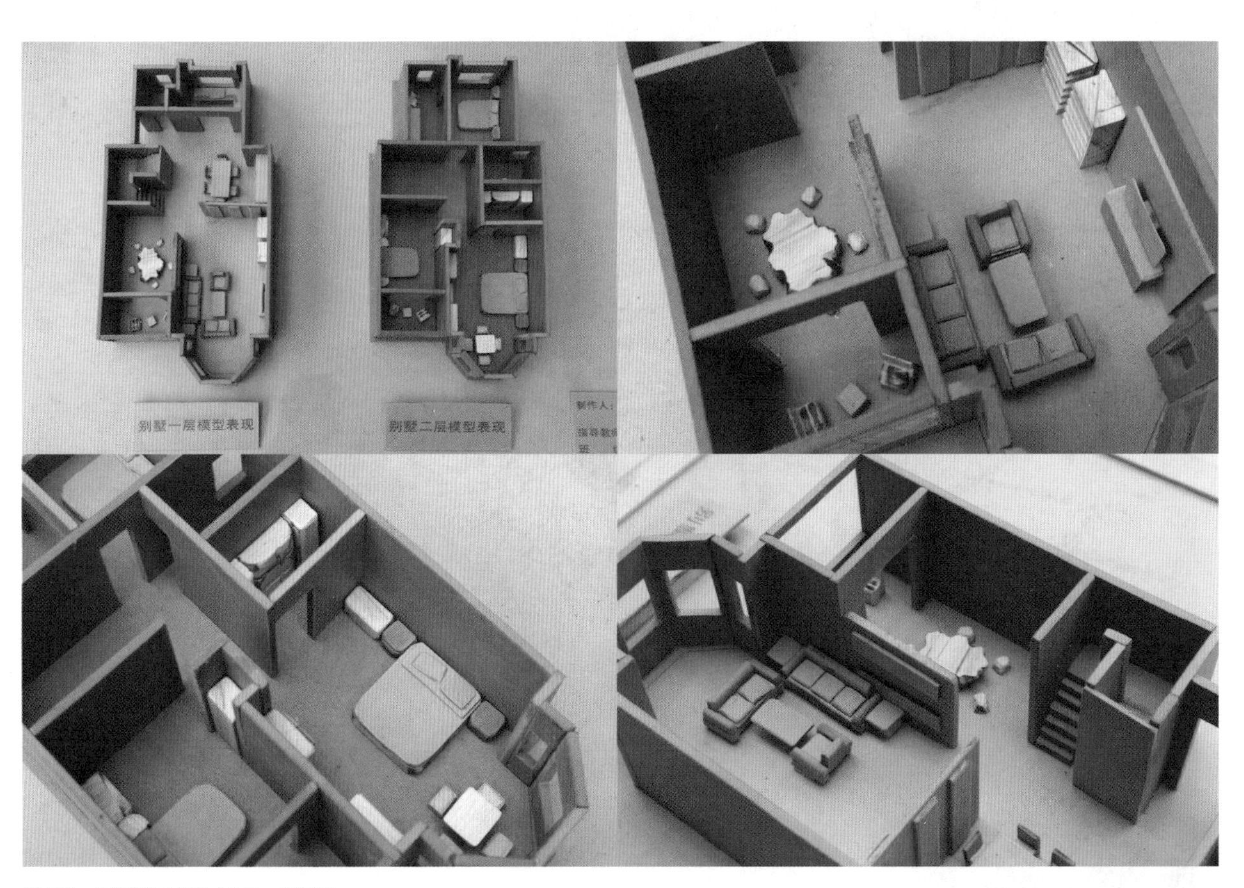

图 7.31　某别墅室内模型（材料：密度板）

附录 学习评价表

每组学生在完成学习任务后，将进行成绩评定。成绩评定按照学生自评、教师综合评价、企业评价三方面评定进行，并按自评占 20%、教师评价占 50%、企业评价占 30% 作为综合评价结果。学业考核总成绩达 60 分及以上者为合格，不合格者须进行期末课程结业补考或重修。

1. 学生进行自我评价，并将结果填入《学生自评表》中。

学 生 自 评 表

班级＿＿＿＿＿＿ 姓名＿＿＿＿＿＿ 学号＿＿＿＿＿＿ 日期＿＿＿＿＿＿

自评项目	评 价 标 准	分值	自评分
设定制作范围	能分析设计重点和框选恰当的模型制作范围	5	
设定比例尺度	能根据模型制作范围设置合理的模型比例	5	
数控切割图绘制	能独立调整设计图并完成模型板件切割图的制作	5	
板件切割排版	能依据材料版面尺寸规划紧凑规范的切割版面	5	
模型用材方案	能依据地形、建筑特征制定合理的材料搭配方案	5	
模型色调搭配	能依据选用材料的特性进行主体明确、色调美观的色彩搭配	5	
模型制作流程	能根据模型制作步骤准确执行、全面完成制作	15	
模型制作工艺	能发扬工匠精神，专注、标准、精准地进行工艺制作	15	
模型情景配置	能通过配置模型周边景物、人物凸显模型比例，使模型表现生动	10	
创新创意表现	能运用声光电技术、多媒体技术等新技术方式，创新模型表现	10	
工作态度体现	能发扬劳动精神，不怕苦，不怕累，高质量完成任务	10	
职业素质体现	严格遵守各项规章制度，安全生产，文明工作	5	
团队协调合作	能与小组其他成员积极交流、相互配合，共同完成任务	5	
合 计		100	

注 学生自评占最终综合评价结果的 20%。

2. 教师进行综合评价，并将结果填入《教师综合评价表》中。

教师综合评价表

班级＿＿＿＿＿＿　　姓名＿＿＿＿＿＿　　学号＿＿＿＿＿＿　　日期＿＿＿＿＿＿

评价项目及权重		评价标准	分值	得分
考勤（10%）		遵守考勤制度，无迟到、早退、旷课现象	10	
工作过程考核（65%）	设定制作范围	能分析设计重点和框选恰当的模型制作范围	5	
	设定比例尺度	能根据模型制作范围设置合理的模型制作比例	5	
	数控切割图绘制	能独立调整设计图并完成模型板件切割图的制作	5	
	板件切割排版	能依据材料版面尺寸规划紧凑规范的切割版面	5	
	模型用材方案	能依据地形、建筑特征制定合理的材料搭配方案	5	
	模型色调搭配	能依据选用材料的特性进行主体明确、色调美观的色彩搭配	5	
	模型制作流程	能根据模型制作步骤准确执行、全面完成制作	10	
	模型制作工艺	能发扬工匠精神，专注、标准、精准地进行工艺制作	10	
	模型情景配置	能通过配置模型周边景物、人物凸显模型比例，使模型表现生动	5	
	创新创意表现	能运用声光电技术、多媒体技术等新技术方式，创新模型表现	10	
职业素质考核（25%）	工作态度体现	能发扬劳动精神，不怕苦，不怕累，高质量完成任务	10	
	职业素质体现	严格遵守各项规章制度，安全生产，文明工作	10	
	团队协调合作	能与小组其他成员积极交流、相互配合、共同完成任务	5	
合　计			100	

注　教师综合评价占最终综合评价结果的50%。

3. 邀请 1 ~ 3 家企业参与学生分组项目成果审核评价，学生按组汇报并提交评价材料，企业代表按组进行评定，并将结果填入《企业评价表》中。企业评分的平均分按 30% 折算，计入小组各成员的个人成绩中。

企　业　评　价　表

班级＿＿＿＿＿＿＿＿　　组别＿＿＿＿＿＿＿＿　　日期＿＿＿＿＿＿＿＿

评价项目	评价标准	提交评价材料	分值	等级标准		得分	评述
分析理解能力	结合设计要点，划定合适的模型制作构图，设置合理的模型制作比例，并制定材料搭配和色彩搭配方案	1. 模型设计构图方案 1 份 2. 模型材料搭配方案 1 份 3. 模型色彩搭配方案 1 份	20	优	18 ~ 20		
				良	14 ~ 17		
				中	9 ~ 13		
				差	0 ~ 8		
技术技能运用	熟练运用软件调整设计图；准确完成模型板件切割的制作，尽可能节约材料；熟练运用工具，按照制作工序完成制作	1. 模型板件切割图纸 1 份 2. 模型使用材料清单 1 份 3. 使用设备、工具清单 1 份 4. 制作流程和工序编排说明 1 份	40	优	36 ~ 40		
				良	30 ~ 35		
				中	21 ~ 29		
				差	0 ~ 20		
制作效果呈现	作品造型美观、精致整洁；通过配置模型周边景物、人物，使模型表现生动；运用声光电技术、多媒体技术等新技术方式，创新模型呈现方式	1. 模型作品 1 件 2. 模型照片、视频等资料 1 份 3. 作品实地展览资料	30	优	25 ~ 30		
				良	18 ~ 24		
				中	11 ~ 17		
				差	0 ~ 10		
综合职业素质	资料整理汇编完整有序，图、文、视频等多形式并举；项目总结汇报重点突出、逻辑清晰	1. 项目报告汇总资料 1 份 2. 项目成果汇报 PPT 1 份	10	优	8 ~ 10		
				良	5 ~ 7		
				中	3 ~ 4		
				差	0 ~ 2		
合　计			100				
评定企业＿＿＿＿＿＿＿＿　　评审人＿＿＿＿＿＿＿＿							

注　企业评价占最终综合评价结果的 30%。

参考文献

[1] 郭红蕾，阳虹，师嘉，等 . 建筑模型制作:建筑、园林、展示模型制作实例 [M]. 北京：中国建筑工业出版社 ,2007.

[2] 建筑知识编辑部 . 易学易用建筑模型制作手册 [M]. 金静，朱轶伦，译 . 上海：上海科学技术出版社 ,2015.

[3] 杨丽娜 . 建筑模型设计与制作 [M]. 北京：中国轻工业出版社 ,2017.

[4] 李映彤，汤留泉 . 建筑模型设计与制作 [M].2 版 . 北京：中国轻工业出版社 ,2013.

[5] 郎世奇 . 建筑模型设计与制作 [M]. 3 版 . 北京 : 中国建筑工业出版社 ,2013.

[6] 徐福山，魏嘉 . 建筑模型设计 [M]. 北京 : 中国轻工业出版社 ,2007.

[7] 洪惠群，杨安，邬月林 . 建筑模型 [M]. 北京 : 中国建筑工业出版社 ,2007.

[8] 黄源 . 建筑设计与模型制作：用模型推进设计的指导手册 [M]. 北京：中国建筑工业出版社 ,2009.

数字资源索引

微课 / 慕课视频

课件

作品组图

拓展资料

教材配套

虚拟仿真资源

向老师提问

注：请通过智慧职教平台登录，再扫描打开网址参加答疑，老师会及时反馈您的问题或建议。

环境艺术模型设计制作实战

（实践教学微课视频版）